elemente chemie 7 – 10

Arbeitsbuch 2

Oliver Blauth

Paul Gietz

Werner Schierle

Ernst Klett Verlag
Stuttgart · Leipzig

Hinweise zu den Versuchen Vor der Durchführung eines Versuchs müssen mögliche Gefahrenquellen besprochen werden. Die geltenden Richtlinien zur Vermeidung von Unfällen beim Experimentieren sind zu beachten.
Da Experimentieren grundsätzlich umsichtig erfolgen muss, wird auf die üblichen Verhaltensregeln und die Regeln für Sicherheit und Gesundheitsschutz beim Umgang mit Gefahrstoffen im Unterricht nicht bei jedem Versuch gesondert hingewiesen.
Beim Experimentieren muss immer eine Schutzbrille getragen werden!

Bei der Erstellung dieses Unterrichtswerkes wurde auch auf andere Titel der Reihe **elemente chemie**, **elemente chemie Arbeitsblätter**, **Prisma Chemie** und **Arbeitsblätter plus** zurückgegriffen. Deren Autorinnen und Autoren sind: Peter Anselment, Siegfried Abberger, Wolfram Bäurle, Prof. Dr. Susanne Bickel, Annette Both, Prof. Dr. Gerhard Bouchon, Heike Brauer, Edgar Brückl, Achim Bühler, Harald Daumke, Torsten Eggert, Prof. Werner Eisner, Alexander Frey, Paul Gietz, Friedrich Glück, Erwin Graf, Yvonne Greve, Heike Große, Vanessa Herkenhoff, Ursula Himmler, Barbara Hoppe, Dr. Erhard Irmer, Marie-Luise Janning, Ute Jung, Axel Justus, Rolf Kleinhenn, Rainer Knetsch, Dr. Andreas Korn-Müller, Elke Koßmann, Wencke Lehmacher, Prof. Dr. Klaus Laitenberger, Hans Linke, Martin Lüdecke, Antonia Marquart, Prof. Dr. Peter Menzel, Dr. Martina Mihlan, Anna Neumann-van-Duffelen, Hildegard Nickolay, Norbert Nuscher, Reinhard Peppmeier, Dr. Christian Preitschaft, Meike Reinhold, Nadine Richter, Gyda Rupprecht, Bernd Schäpers, Horst Schaschke, Hartmut Scheible, Prof. Dr. Werner Schierle, Bärbel Schmidt, Andrea Schuck, Holger Schulz, Bettina Sommer, Michael Sternberg, Chris Telscher, Eberhard Theophel, Dr. Jutta Töhl-Borsdorf, Tanja Tüllinghoff, Michael Wächter, Ingrid Wald-Schillings, Rudolf Wastl-Mayrhofer, Martina Weißmeyer, Burkhard Weizel, Reinhard Werner, Charlotte Willmer-Klumpp, Thomas Zahn, Peter Zehentmeier, Simone Zetzl, Dr. Thorsten Zippel.

1. Auflage

1 5 4 3 2 1 | 2019 2018 2017 2016 2015

Alle Drucke dieser Auflage sind unverändert und können im Unterricht nebeneinander verwendet werden.
Die letzte Zahl bezeichnet das Jahr des Druckes.

Autoren: Oliver Blauth, Paul Gietz, Prof. Dr. Werner Schierle
Regionale Beratung: Tatjana Noé, Renate Wollscheid

Redaktion: Bettina Sommer
Umschlaggestaltung: Susanne Hamatzek, Martin Raubenheimer

Grafiken: Alfred Marzell, Schwäbisch Gmünd; Karin Mall, Berlin; normaldesign, Schwäbisch Gmünd
Druck: Druckhaus Götz GmbH, Ludwigsburg

Printed in Germany.
ISBN: 978-3-12-756205-7

9 783127 562057

Dieses Symbol weist auf ein Arbeitsblatt hin.

elemente chemie Arbeitsbuch 2 ist – neben der thematischen Gliederung nach Themenfeldern – auch nach funktionellen Bausteinen strukturiert. Die nachfolgende Auflistung gibt einen Überblick.

Motivation / Kontexte
Die Kapitelüberschrift (s. auch Inhaltsverzeichnis), Abbildungen und Phänomene aus dem Kapitelinhalt kennzeichnen die Motivationsseite. Verschiedene Impulse sollen zum Inhalt des Kapitels hinführen.
Auf den Kontextseiten werden verschiedene Themen des Kapitels kontextorientiert angesprochen.
Bei den Arbeitsaufträgen handelt es sich hier häufig um Rechercheaufgaben.

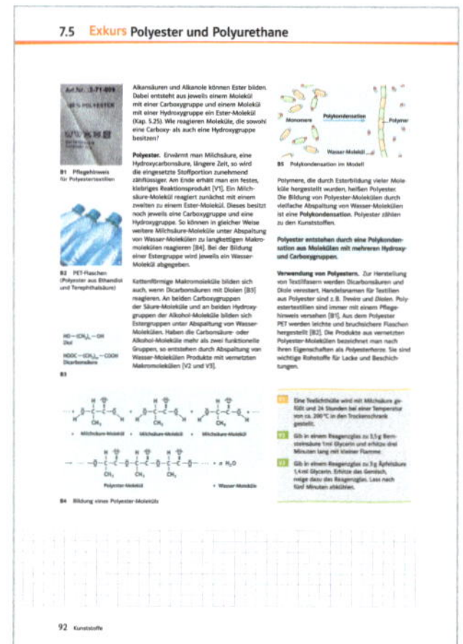

Exkurs
Abschnitte oder ganze Seiten, gekennzeichnet mit orangefarbenen Linien.
Inhalt: Weiterführender Stoff sowie Zusatzinformationen zu Kontexten aus Umwelt, Medizin und Naturwissenschaften, Technik und Geschichte.

Praktikum
Ausführlich beschriebene, leicht durchführbare Schülerexperimente, welche die Schüler in Chemieübungen eigenständig durchführen können.

Surftipp
9ww6sp

elemente-chemie-Codes sind auf den jeweiligen Seiten des Kapitelbeginns zu finden. Diese führen zu weiteren Informationen, Materialien oder Übungen im Internet. Den Code einfach in das Suchfeld auf www.klett.de eingeben.

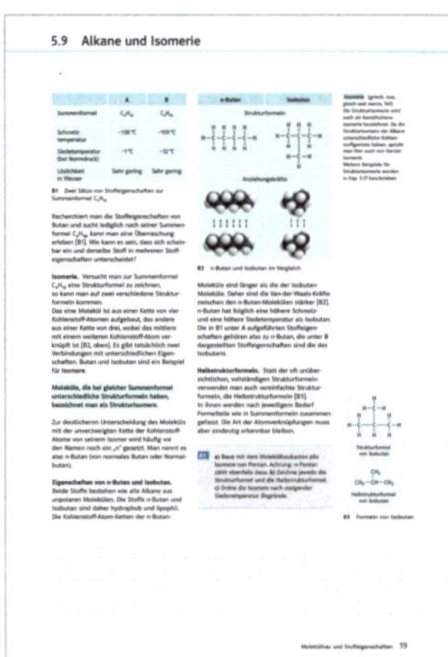

Grundwissen
Sachlogisch und übersichtlich strukturierte Lern- und Informationsseiten, welche einen sicheren Erwerb der vom Rahmenlehrplan geforderten Kompetenzen gewährleisten.

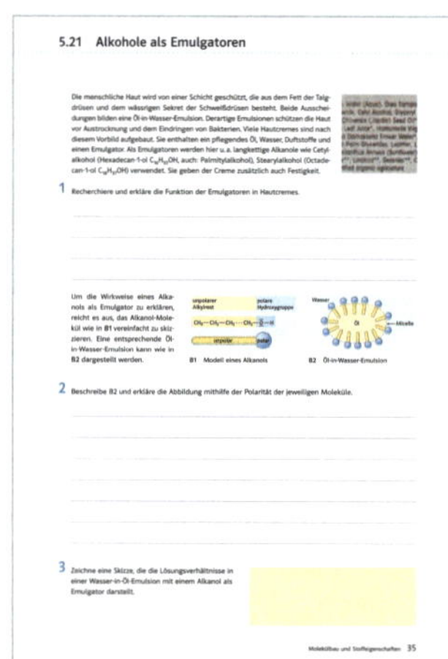

Arbeitsblätter
Diese Seiten beinhalten Versuche und Aufgaben zu den Themen und Inhalten des Arbeitsbuches.
Die Lösungen zu den Seiten sind über den jeweiligen angegebenen elemente-chemie-Code erreichbar.

Impulse
Auf diesen Seiten werden fächerverbindende Inhalte oder Vorschläge für besondere Unterrichtsmethoden dargestellt bzw. Fachmethoden vertieft.

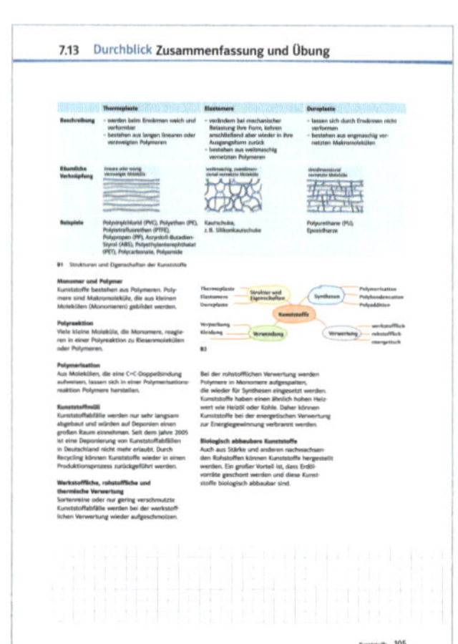

Durchblick
Auf diesen Seiten werden einerseits die wichtigsten Lerninhalte und Fachbegriffe des Kapitels kurz erläutert. Andererseits enthalten diese Seiten eine Auswahl an Aufgaben, mit denen die Schülerinnen und Schüler ihr jeweiliges Grundwissen der Themenfelder selbst kontrollieren können.

Alle Seiten (außer den Arbeitsblättern) enthalten Schreibfelder für eigene Notizen, Kommentare und Lösungen.

V1 Schülerversuch. Die allgemeinen Hinweise zur Vermeidung von Unfällen beim Experimentieren müssen bekannt sein. Insbesondere ist immer eine **Schutzbrille** zu tragen. Auch Schülerversuche sind nur auf Anweisung des Lehrers auszuführen.

V1 Lehrerversuch

⚠ **Gefahrensymbol.** Bei Versuchen, die mit diesem Zeichen versehen sind, müssen vom Lehrer besondere Vorsichtsmaßnahmen getroffen werden.

5 Molekülbau und Stoffeigenschaften

Wir nutzen Stoffe in allen Bereichen unseres Lebens. Dabei wählen wir z. B. zum Reinigen, Pflegen oder Schminken ganz gezielt geeignete Stoffe nach ihren Eigenschaften aus. Die Stoffeigenschaften hängen vom Aufbau der Teilchen der Stoffe ab.

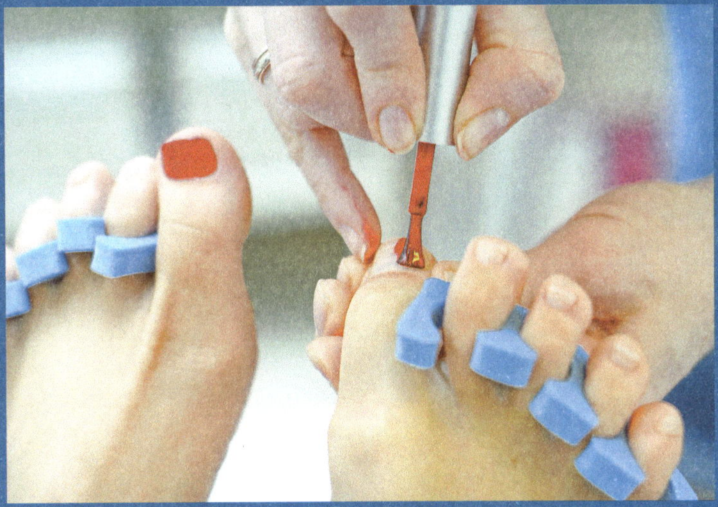

Viele der im Alltag verwendeten Stoffe sind keine Reinstoffe, sondern Stoffgemische. Dabei sollten sich die enthaltenen Reinstoffe möglichst gut ineinander lösen. So ergibt sich ein homogenes oder zumindest homogenisiertes Produkt. Je nach zu lösendem Stoff werden geeignete Lösungsmittel benötigt.

Neben der Löslichkeit sind die Zähflüssigkeit sowie die Schmelz- und die Siedetemperatur wichtige Stoffeigenschaften, damit man entscheiden kann, ob sich ein Stoff für einen bestimmten Zweck eignet.

In diesem Kapitel wirst du einige neue Modelle kennenlernen. Mit diesen kann man die Eigenschaften eines Stoffes anhand des Baus seiner Moleküle und den damit verbundenen Wechselwirkungen zwischen den Molekülen erklären. Außerdem kann man mithilfe dieser Modelle sogar vom Molekülbau auf die Eigenschaften schließen, ohne diese zuvor zu kennen.

Surftipp
re2th3

5.1 Sauber und schön

Wasser – Reinigungsmittel Nr. 1
Der durchschnittliche Deutsche verbraucht pro Tag etwa 70 l Wasser insgesamt zur Körperpflege, zum Putzen und Wäsche waschen. Wasser ist mit Abstand das wichtigste Reinigungsmittel.

B1 Waschbenzin aus dem Baumarkt

B3 Schweiß auf der Haut

A1 Schwitzen gehört zum Sport dazu [B3]. Schweiß enthält Kochsalz und weitere Salze. Erkläre, warum ein Duschbad hilft, diese Salze von der Haut zu entfernen.

B2 Gesichtswasser

Reinigen ganz ohne Wasser
Viele Verschmutzungen im Alltag können mit Wasser beseitigt werden. Manche Stoffe wie Fette oder Lacke sind aber nicht gut wasserlöslich. Es gibt auch noch andere Gründe, warum Wasser nicht immer zum Reinigen geeignet ist.

V1 **a)** Teste, welche deiner Filzstifte wasserlöslich sind. Male dazu Punkte auf ein Stück Stoff (z. B. ein Stück eines alten Betttuches). Gib dann etwas warmes Wasser auf die Punkte und reibe mit einem weiteren Tuch.
b) Überprüfe, ob sich die Lösungsmittel aus A2 und A3 dazu eignen, die Flecken zu entfernen.

A2 Recherchiere, welche Lösungsmittel Glasreiniger und Brillenputztücher enthalten. Welche Verschmutzungen werden dadurch gut gelöst? Beschreibe.

A3 Recherchiere, welche Lösungsmittel Maler und Lackierer zum Reinigen von mit Farben oder Lacken verschmutzten Gegenständen, wie z. B. Pinseln, verwenden.

A4 **a)** Informiere dich über die chemische Reinigung von Textilien. Nenne die Bedeutung der Textilpflegesymbole P und F.
b) Erkläre, warum die Kleidungsstücke nicht einfach mit Wasser gereinigt werden.
c) Nenne Kriterien, die bei der Wahl eines zum Reinigen geeigneten Lösungsmittels beachtet werden müssen.

Kosmetikprodukte
Kosmetikprodukte dienen der Körper- und Schönheitspflege. Je nach konkretem Einsatzgebiet enthalten sie verschiedene Festigungsmittel, Duftstoffe, Pflegestoffe oder Farbstoffe. Dadurch werden unangenehme Körpergerüche überdeckt, die Haare bleiben in Form, die Haut wird vor dem Austrocknen geschützt und die Fingernägel strahlen in leuchtendem Rot. Um diese Stoffe zu lösen, werden aber gleichzeitig die unterschiedlichsten Lösungsmittel benötigt.

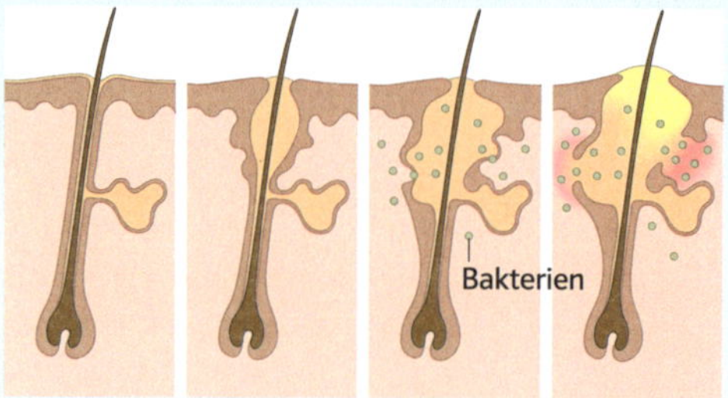

B4 Entstehung von Pickeln. Öliger Talg verstopft die Hautporen, dadurch entsteht eine Entzündung

A5 Gesichtsreiniger gegen Pickel [B2] enthalten entzündungshemmende Wirkstoffe, die wenig wasserlöslich sind. Die enthaltenen Lösungsmittel lösen außerdem auch Fette und Öle. Beschreibe eine weitere Wirkung der enthaltenen Lösungsmittel [B4].

V2 Besorge dir ein Fläschchen Nagellack [B7] und überprüfe, welche der folgenden Stoffe Nagellack lösen: Wasser, Waschbenzin, Ethanol, Isopropanol, Aceton. Verstreiche dazu wenig Nagellack auf verschiedene Stellen eines Porzellantellers, gib je einige Tropfen eines Lösungsmittels dazu und reibe mit einem Tuch.

A6 Häufig enthält Nagellack die Lösungsmittel Essigsäureethylester, Essigsäurebutylester oder Isopropanol. Seit einiger Zeit wird aber auch „lösungsmittelfreier Lack auf Wasserbasis" beworben. **a)** Erkläre, wieso dieser Begriff aus chemischer Sicht nicht korrekt ist. **b)** Nenne mögliche Nachteile solcher Nagellacke.

Guter Duft

Viele Duftstoffe kommen in der Natur nur in Gemischen vor. Beim **Extrahieren** (Herauslösen) nutzt man die unterschiedliche Löslichkeit der Gemischbestandteile aus. Wenn man das passende Extraktionsmittel wählt, können die gewünschten Bestandteile vom Rest getrennt werden.

B5 Lavendelfeld in der Provence, Frankreich

A7 Bei der Parfümherstellung wird ein Verfahren angewandt, das man *Enfleurage* nennt. Damit kann man z. B. aus Lavendelblüten [B5] kostbare, reine Blütenöle gewinnen. Informiere dich über dieses Verfahren. Beschreibe die beiden Extraktionsschritte und nenne die Lösungsmittel, die dabei genutzt werden.

V3 **Orangenöl aus Orangenschalen**
Die Schalen von Zitrusfrüchten enthalten bis zu 5% Öl, das die Frucht u. a. vor Insekten, Pilzen und Bakterien schützt. Das Öl verbreitet einen angenehmen Duft und kann als Aromaöl in Duftlampen verwendet werden. Auf der Haut wirkt es unverdünnt allerdings reizend.
Geräte und Materialien: 2 Bechergläser, Gasbrenner, Dreifuß, Keramik-Drahtnetz, Stativ, Doppelmuffe, Stativklemme, Rundkolben, 2 gewinkelte Glasrohre, durchbohrter Stopfen, Schlauchstück, Reagenzglas, Schalen von ca. 2 (ungespritzten) Orangen.
Durchführung:
Zerkleinere die Orangenschalen in ca. 5 mm lange Würfel und fülle den Rundkolben zu zwei Dritteln. Fülle ebenso hoch mit Wasser auf. Baue die Apparatur gemäß B8 zusammen und achte darauf, dass das gewinkelte Glasrohr nicht in das Destillat eintauchen kann. Erhitze den Kolben im Wasserbad bis zum Sieden des Gemischs und verringere die Wärmezufuhr so, dass es schwach weitersiedet. Beende den Vorgang, sobald das Reagenzglas zu einem Drittel gefüllt ist.
Auswertung:
Schaue das Destillat an, mache eine Geruchsprobe. Wenn du das Orangenöl zur Herstellung eines Duftwassers verwenden willst, darfst du nur die Schalen von unbehandelten Orangen verwenden.

B6 Orange

A8 Im Handel gibt es Reinigungsmittel, die gelöstes Orangenöl enthalten [B9]. Teste, welche Arten von Verunreinigungen sich gut mit dem in V3 hergestellten Öl lösen lassen. Erstelle zunächst einen Versuchsplan.

B7 Nagellacksortiment

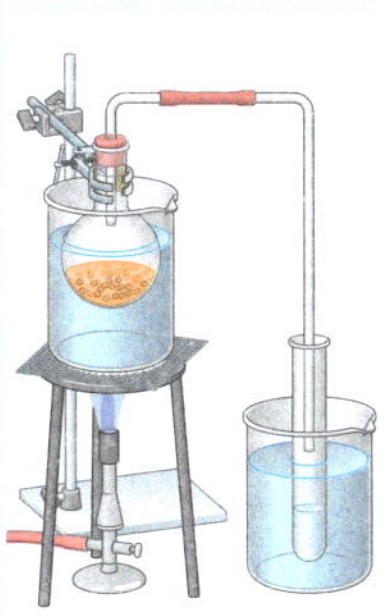

B8 Versuchsaufbau zu V3

B9 Orangenreiniger

5.2 Der räumliche Bau von Molekülen

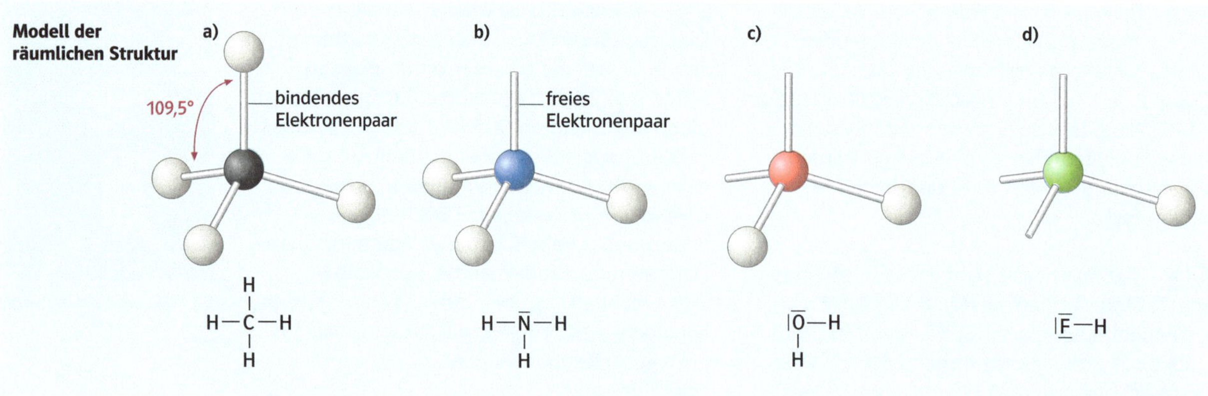

B1 Ableitung einiger Molekülstrukturen aus der tetraedrischen Anordnung der bindenden und nicht bindenden (freien) Elektronenpaare: **a)** tetraedrisch, **b)** pyramidal, **c)** gewinkelt, **d)** linear (gestreckt)

Stoffeigenschaften, wie die Löslichkeit, können mit dem Aufbau der Stoffe erklärt werden. Dazu muss man aber zunächst einmal verstehen, wie Moleküle räumlich aufgebaut sind.

lat. linea (gerade) Linie

Anordnung der Atome und räumlicher Bau von Molekülen. Für Moleküle, die nur aus zwei Atomen bestehen, muss man keine Überlegungen zum räumlichen Aufbau anstellen. Bereits bei dreiatomigen Molekülen sind jedoch verschiedene räumliche Anordnungen denkbar. So findet man z. B. beim Wasser-Molekül [B1c] eine gewinkelte Struktur, im Kohlenstoffdioxid-Molekül [B6, unten] dagegen sind die Atome linear angeordnet.

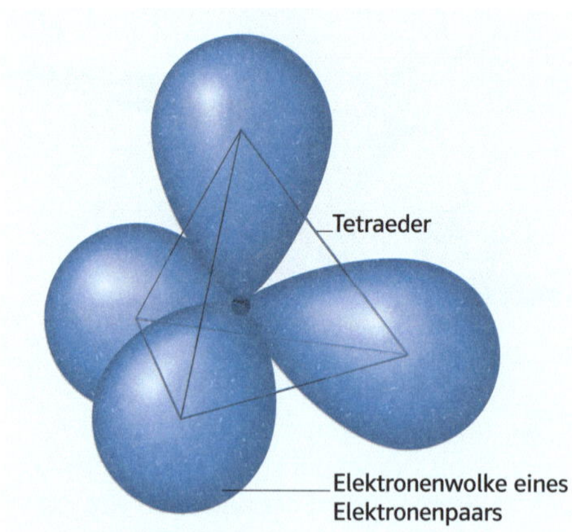

B2 Vier Elektronenpaarwolken ordnen sich durch Abstoßung tetraedrisch an

Elektronenpaare und Molekülstruktur. Eine Modellvorstellung, die diese Befunde erklärt, ist das **E**lektronen**paar**-**A**bstoßungs-Modell (**EPA-Modell**). Es wurde 1957 von Ronald J. Gillespie entwickelt. Er nahm an, dass sich die negativ geladenen Elektronenpaarwolken im Molekül gegenseitig abstoßen. Sie ordnen sich daher so an, dass sie den größtmöglichen Abstand voneinander einnehmen. Für ein Molekül, in dem ein Atom mit vier weiteren Atomen verbunden ist, ergibt sich die Form eines **Tetraeders** [B2].
Diese Struktur hast du am Beispiel des Methan-Moleküls (CH_4) bereits kennengelernt (Kap. 3.17). Das Kohlenstoff-Atom befindet sich im Zentrum des Tetraders [B1a]. Die Verbindungslinien von zwei Wasserstoff-Atomen mit dem Kohlenstoff-Atom bilden einen Winkel von 109,5°, den **Tetraederwinkel**.
Für die zeichnerische Darstellung ist es bequemer, statt der voluminösen „Wolken" Elektronenpaare gemäß dem Kugel-Stab-Modell (Kap. 3.8, B1) darzustellen.

Neben den bindenden Elektronenpaaren werden in gleicher Weise auch die nicht bindenden Elektronenpaare im EPA-Modell berücksichtigt. Im Ammoniak-Molekül (NH_3) stoßen sich die bindenden Elektronenpaare der Wasserstoff-Atome und das nicht bindende Elektronenpaar gegenseitig ab.

Dadurch ergibt sich, wie im CH_4-Molekül, eine tetraedrische Anordnung der Elektronenpaare, allerdings sind nur drei Ecken des Tetraeders mit Wasserstoff-Atomen besetzt [B1b].
Auch im Wasser-Molekül sind die vier Elektronenpaare tetraedrisch angeordnet. Aus der Lage der beiden bindenden Elektronenpaare ergibt sich ein gewinkeltes Molekül [B1c].

Mit dem EPA-Modell kann man den räumlichen Bau von Molekülen erklären. Die Elektronenpaare ordnen sich so an, dass sie den größtmöglichen Abstand voneinander einnehmen.

Um den räumlichen Aufbau eines Moleküls zu zeichnen, ist es nicht immer sinnvoll, auch die Bindungswinkel exakt darzustellen (Kap. 3.17). Besonders schwierig ist dies bei Molekülen, deren Atome nicht in einer Ebene liegen.
Man zeichnet daher in der Strukturformel die Bindungspartner und die freien Elektronenpaare der Atome jeweils rechtwinklig an die vier Seiten des Zeichens für das Atom [B1]. Die bindenden Elektronenpaare sind dann auf den Bindungspartner gerichtet.

Der räumliche Bau der Alkan-Moleküle. Wie im Methan-Molekül sind in den nachfolgenden Alkan-Molekülen der homologen Reihe alle Kohlenstoff-Atome tetraedrisch von ihren vier Bindungspartnern umgeben. Alle Bindungswinkel betragen 109,5° [B3]. Man kann sich ihre Moleküle als aneinandergehängte Tetraeder vorstellen [B4]. Sie werden daher meist als „Zickzack-Ketten" dargestellt. Diese Ketten sind flexibel.

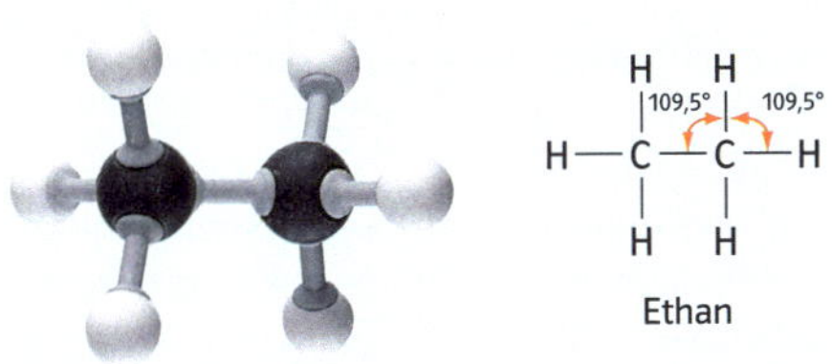

B3 Ethan-Molekül: Aufbau und Bindungswinkel

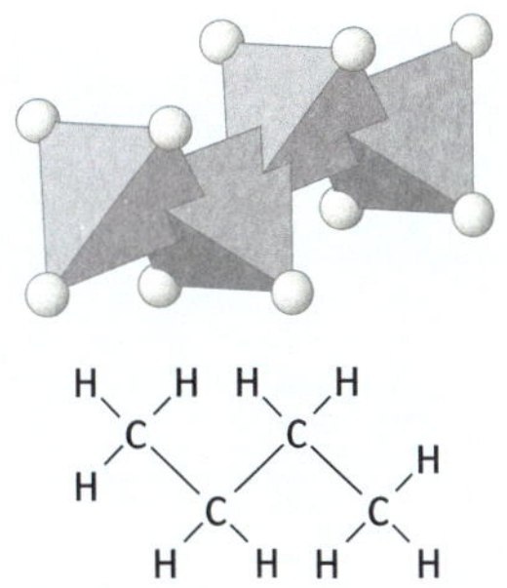

B4 Aneinandergehängte Tetraeder (oben), „Zickzack-Kette" des Butan-Moleküls (C_4H_{10}) (unten)

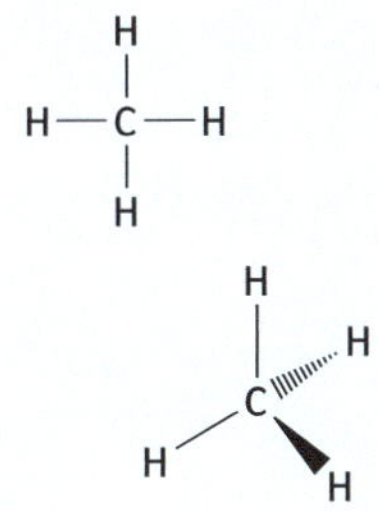

B5 Formeln des Methan-Moleküls

Mehrfachbindungen im EPA-Modell. Im Kugel-Stab-Modell werden Mehrfachbindungen gebogen dargestellt. Im EPA-Modell wirkt die Doppel- oder Dreifachbindung auf andere Elektronenpaare jeweils fast wie eine einfache Bindung. Im Cyanwasserstoff-Molekül (HCN) ist das C-Atom nur mit zwei weiteren Atomen verbunden, es tritt eine Einfach- und eine Dreifachbindung auf. Die Bindungspartner des C-Atoms sind linear angeordnet. So haben sie den größtmöglichen Abstand voneinander [B6, oben]. Die gleichen Verhältnisse liegen vor, wenn das C-Atom mit zwei Bindungspartnern über jeweils eine Doppelbindung verbunden ist. Auch das Kohlenstoffdioxid-Molekül ist linear gebaut [B6, unten].

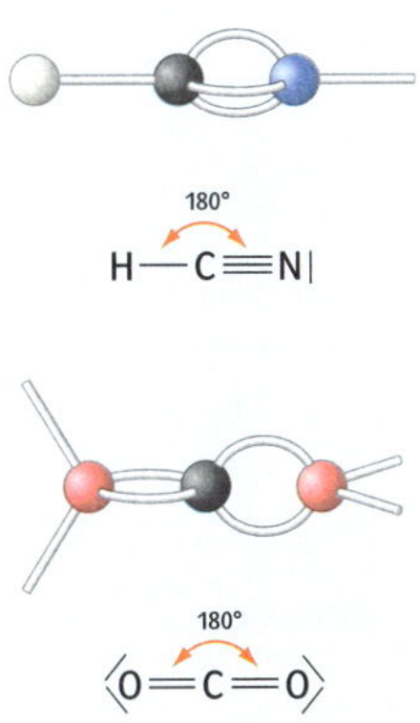

B6 Gestreckter Molekülbau bei C-Atomen mit zwei Bindungspartnern: Cyanwasserstoff-Molekül (oben), Kohlenstoffdioxd-Molekül (unten)

A1 Baue mit einem Molekülbaukasten eine „Zickzack-Kette" eines Alkans mit mindestens drei C-Atomen. Drehe das Molekül jeweils um die Kohlenstoff-Kohlenstoff-Bindungsachsen. **a)** Begründe, warum es manchmal „hakt". **b)** Erläutere, welche Position die günstigste ist.

A2 Die vier H-Atome des CH_4-Moleküls liegen nicht in einer Ebene. Begründe mit dem EPA-Modell.

A3 Baue mit dem Molekülbaukasten Strukturmodelle von CCl_4 und H_2S. Zeichne die Strukturformeln und beschreibe den räumlichen Bau der Moleküle.

A4 Erläutere die unterschiedliche Darstellung der Formel des Methan-Moleküls in B5.

5.3 Die polare Elektronenpaarbindung

B1 LINUS PAULING (1901–1994)

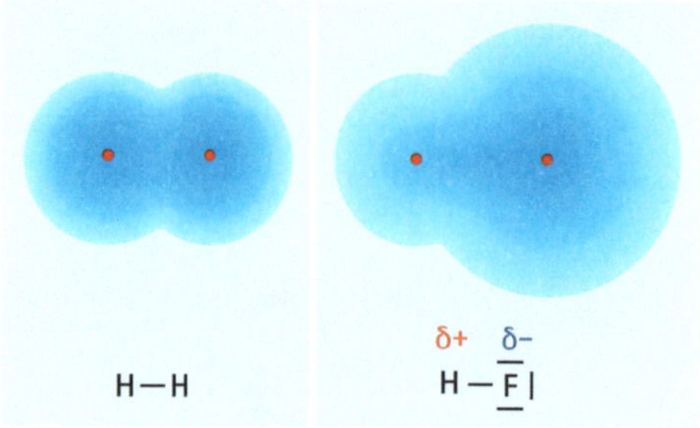

B3 Wasserstoff- und Fluorwasserstoff-Molekül

In Molekülen, die wie das Wasserstoff-Molekül aus zwei gleichen Atomen bestehen, erfolgt die Bindung zwischen den Atomen durch eine gemeinsame Elektronenwolke. Die beiden Elektronen, die sie bilden, befinden sich im Anziehungsbereich beider Kerne. Die Bindung führt zu einer Verdichtung der negativen Ladung zwischen den Kernen [B3, links]. Die bindende Elektronenwolke ist symmetrisch um beide Kerne angeordnet. Sind zwei unterschiedliche Atome verbunden, wie z. B. im Fluorwasserstoff-Molekül, hat das Auswirkungen auf die Ladungsverteilung.

Dipol Molekül, das ein positiv geladenes Ende und ein negativ geladenes Ende hat

Partialladung Teilladung

δ, Delta (griech. Kleinbuchstabe)

Die Bindung im Fluorwasserstoff-Molekül. Das Fluorwasserstoff-Molekül ist ein **Dipol**, die Ladungsverteilung zwischen den verbundenen Atomkernen ist unsymmetrisch. Die Bindungselektronen im Fluorwasserstoff-Molekül werden von den beiden Kernen verschieden stark angezogen; die Elektronenwolke ist zum Fluor-Atom verschoben [B3, rechts].

Hauptgruppen						
I	II	III	IV	V	VI	VII
H 2,1						
Li 1,0	Be 1,5	B 2,0	C 2,5	N 3,0	O 3,5	F 4,0
Na 0,9	Mg 1,2	Al 1,5	Si 1,8	P 2,1	S 2,5	Cl 3,0
K 0,8	Ca 1,0	Ga 1,6	Ge 1,8	As 2,0	Se 2,4	Br 2,8
Rb 0,8	Sr 1,0	In 1,7	Sn 1,8	Sb 1,9	Te 2,1	I 2,5

B2 Elektronegativitätswerte von einigen Hauptgruppenelementen nach PAULING

Dadurch besitzt das Fluor-Atom einen Überschuss an negativer Ladung. Hier befindet sich die negativ geladene Seite des Dipols, während die Wasserstoffseite positiv geladen ist. Die Ladungen beider Seiten heben sich insgesamt auf, das Molekül ist nach außen ungeladen. Am Fluor-Atom des Moleküls befindet sich die **negative Teilladung** (Zeichen: δ−), am Wasserstoff-Atom die entsprechende **positive Teilladung** (Zeichen: δ+) [B3]. Immer wenn zwei unterschiedliche Atome durch eine Elektronenpaarbindung miteinander verbunden sind, können Teilladungen vorliegen. Diese Art der Bindung bezeichnet man als **polare Elektronenpaarbindung** (polare Atombindung).

Elektronegativität. Die Art und die Größe der Teilladung eines gebundenen Atoms wird durch seine Anziehungskraft auf die Bindungselektronen bestimmt. Diese Anziehung hängt von der Ladung des Atomkerns und der Anzahl der Elektronenschalen ab. Bei gleicher Anzahl von Schalen werden die Außenelektronen und damit auch die Bindungselektronen umso stärker angezogen, je größer die Ladung des Kerns ist. Mit zunehmender Anzahl der Schalen wird die Anziehung zwischen Kern und Außenelektronen schwächer. Um die Fähigkeit eines Atoms, Bindungselektronen anzuziehen, mit anderen Atomen vergleichen zu können, führte LINUS PAULING 1932 das Konzept der **Elektronegativität** (*EN*) ein.
Die Elektronegativität eines Atoms wird durch eine Zahl angegeben. Da von allen Atomen das Fluor-Atom die Elektronen einer Elektronenpaarbindung am stärksten anzieht, ordnete PAULING ihm den größten Elektronegativitätswert, die Zahl 4, zu. Die Elektronegativität nimmt bei den Elementen einer Periode von links nach rechts zu, in einer Hauptgruppe dagegen von oben nach unten ab [B2].
Da auch Metall-Atome in seltenen Fällen Elektronenpaarbindungen ausbilden können, wurden auch ihnen Elektronegativitätswerte zugeordnet.

Sind zwei Atome miteinander verbunden, so besitzt das elektronegativere Atom die negative Teilladung.

Die Elektronegativität (*EN*) ist ein Maß für die Fähigkeit eine Atoms, Bindungselektronen anzuziehen. Unterscheidet sich die *EN* zweier Bindungspartner einer Elektronenpaarbindung, heißt die Bindung polar. Andernfalls nennt man sie unpolar.

Moleküle mit Teilladungen. Im Kohlenstoffdioxid-Molekül liegen zwei polare Bindungen vor. Die elektronegativeren Sauerstoff-Atome tragen je eine negative Teilladung. Das Kohlenstoff-Atom trägt die positive Teilladung, deren Betrag so groß ist wie die beiden negativen Teilladungen zusammen. Die Bindungen im Kohlenstoffdioxid-Molekül sind polar. Dennoch ist es kein Dipol, da der Schwerpunkt der negativen Teilladungen mit dem Schwerpunkt der positiven Teilladung zusammenfällt [B5, links]. Dies ist bei allen Molekülen der Fall, bei denen die Teilladungen symmetrisch angeordnet sind. Auch das tetraedrisch gebaute CCl_4-Molekül ist deshalb kein Dipol.

Alle Halogenwasserstoff-Moleküle sind wie das Fluorwasserstoff-Molekül Dipole. Da die Elektronegativität vom Fluor-Atom zum Iod-Atom abnimmt, ist das Fluorwasserstoff-Molekül von allen Halogenwasserstoff-Molekülen der stärkste Dipol. Dies kann man mithilfe der **Elektronegativitätsdifferenzen** (ΔEN) zeigen:

$\Delta EN(\text{HF}) = 4{,}0 - 2{,}1 = 1{,}9$

$\Delta EN(\text{HI}) = 2{,}5 - 2{,}1 = 0{,}4$.

Bei der Berechnung von ΔEN ist festgelegt, dass immer der kleinere *EN*-Wert vom größeren abgezogen wird. So erhält man stets positive Werte. Dies ist sinnvoll, weil es für die Stärke der Polarität einer Bindung nur auf den Unterschied der *EN* ankommt.

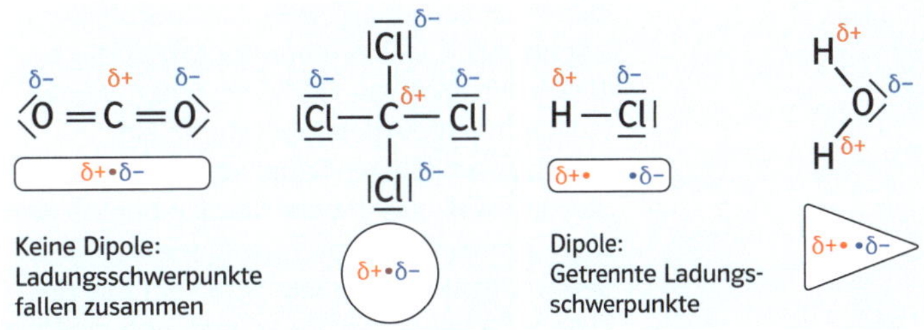

B5 Ladungsverteilung bei symmetrischen und unsymmetrischen Molekülen

Im Wasser-Molekül sind die Atome gewinkelt angeordnet [B5, rechts]. Der Schwerpunkt der positiven Teilladung liegt darum zwischen den beiden Wasserstoff-Atomen. Der Schwerpunkt der negativen Teilladung liegt beim Sauerstoff-Atom. Deshalb fallen die Schwerpunkte der Teilladungen nicht zusammen. Das Wasser-Molekül ist daher ein Dipol. Dies lässt sich im Experiment zeigen: Ein Wasserstrahl wird von einem negativ geladenen Kunststoffstab angezogen [B6]. Dabei richten sich die Wasser-Moleküle so aus, dass die positiven Teilladungen zum Kunststoffstab zeigen.

Je größer die Elektronegativitätsdifferenz ist, desto größer ist die Polarität der Bindung.

Δ, Delta Der griech. Großbuchstabe steht für die Differenz

A1 Erkläre die erkennbaren Tendenzen bei den Elektronegativitätswerten der Elemente in B2 mithilfe des Aufbaus der Atome.

A2 Ordne mithilfe der ΔEN-Werte die folgenden Bindungen nach steigender Polarität: N—H, C—H, F—H, O—H.

A3 Stelle für die folgenden Verbindungen die Strukturformeln auf: CH_4, H_2S, CO, ClF, NH_3. Ordne dann den Atomen Teilladungen zu.

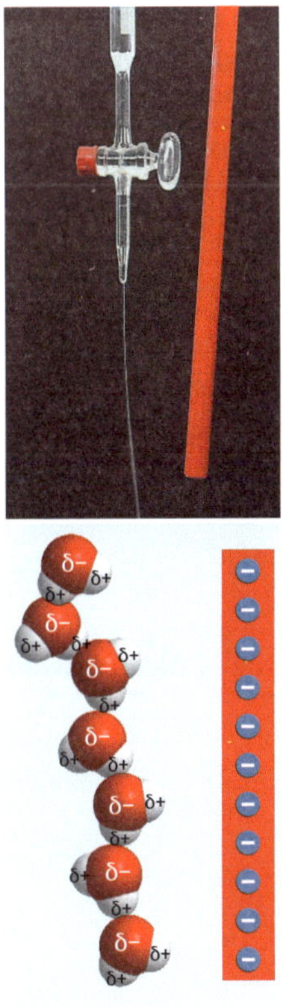

B6 Ablenkung eines Wasserstrahls durch einen geladenen Kunststoffstab. Unten: Modellvorstellung

Verbindung	NaCl	$MgCl_2$	$AlCl_3$	$SiCl_4$	PCl_3	SCl_2	Cl_2
ΔEN	2,1	1,8	1,5	1,2	0,9	0,5	0
Bindungstyp	Ionenbindung	Ionenbindung	Feststoff: Bindung mit Ionencharakter; Schmelze/Dampf: Al_2Cl_6-Moleküle	Polare Atombindung			Unpolare Atombindung

← zunehmende Polarität der Bindung

B4 Elektronegativitätsdifferenzen und Bindungstypen am Beispiel der Chloride der 3. Periode

5.4 Wasser – Molekülbau und Siedetemperatur

Wasser ist ein außergewöhnlicher Stoff, der erst bei 100 °C siedet (Kap. 1.8). Stoffe, die aus Molekülen ähnlicher Größe bestehen, weisen viel niedrigere Siedetemperaturen auf. Beispielsweise liegen Sauerstoff, Fluor, Schwefelwasserstoff oder Methan bereits weit unter Zimmertemperatur gasfömig vor. Diese Besonderheit des Wassers wird vom Bau des Wasser-Moleküls und den damit verbundenen Anziehungskräften zwischen den Wasser-Molekülen bestimmt.

Das Wasser-Molekül als Dipol. Wegen der stark polaren O—H-Bindungen (Elektronegativitätsdifferenz ΔEN(O—H) = 1,4) und der gewinkelten Molekülstruktur, sind Wasser-Moleküle Dipole (Kap. 5.3). Das Sauerstoff-Atom trägt eine negative Teilladung, die Wasserstoff-Atome jeweils eine positive Teilladung.

Zwischenmolekulare Anziehungskräfte (intermolekulare Kräfte) Anziehungskräfte zwischen Molekülen

Wasserstoffbrücken. Die für derart kleine Moleküle hohe Siedetemperatur des Wassers deutet auf einen besonders starken Zusammenhalt zwischen den Wasser-Molekülen hin. Diese **zwischenmolekularen Anziehungskräfte** sind auf Wechselwirkungen zwischen den Molekülen zurückzuführen, die man **Wasserstoffbrücken** nennt. Wasserstoffbrücken bilden sich zwischen Wasserstoff-Atomen eines Wasser-Moleküls und Sauerstoff-Atomen eines anderen Wasser-Moleküls. Ein Wasserstoff-Atom kann sich dem Sauerstoff-Atom sehr stark nähern und eine Wechselwirkung mit einem nicht bindenden Elektronenpaar eingehen. Da das Sauerstoff-Atom im Wasser-

Exkurs Bindungswinkel im H_2O-Molekül

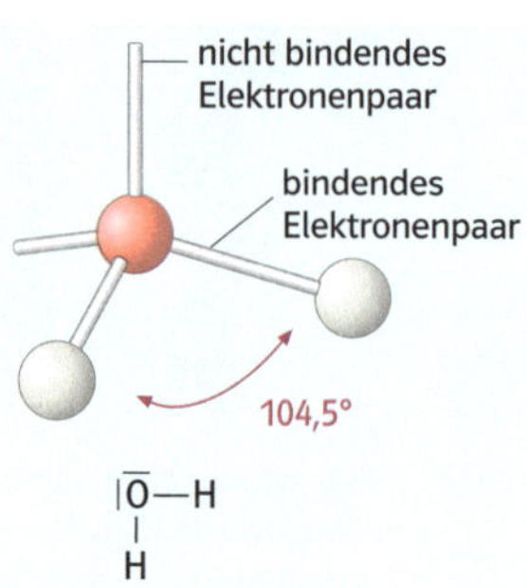

Wasser-Moleküle sind gewinkelt aufgebaut. Genaue Messungen ergeben, dass der H—O—H-Bindungswinkel mit 104,5° geringer als der Tetraderwinkel ist. Man erklärt dies mithilfe des EPA-Modells dadurch, dass nicht bindende Elektronenpaare mehr Platz als bindende Elektronenpaare benötigen. Die Elektronenwolke eines nicht bindenden Elektronenpaars wird nur von einem Atomkern angezogen und ist entsprechend stärker kugelförmig.

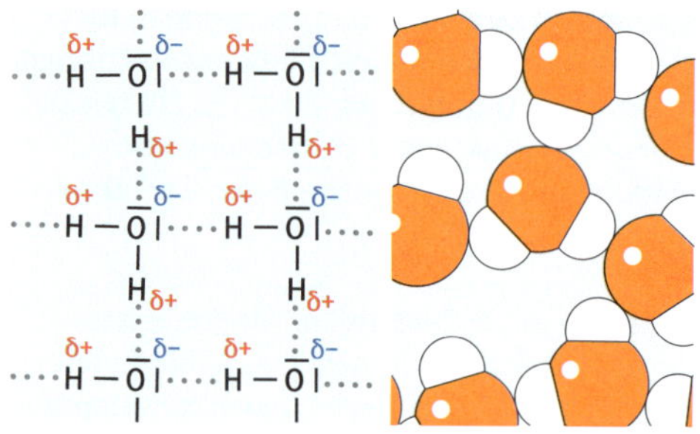

B1 Wasserstoffbrücken zwischen Wasser-Molekülen

Molekül zwei nicht bindende Elektronenpaare besitzt und mit zwei Wasserstoff-Atomen verbunden ist, kann ein Wasser-Molekül mit jeweils vier Nachbar-Molekülen über Wasserstoffbrücken verbunden sein [B1]. Wasserstoffbrücken werden ständig wieder gelöst und mit anderen Wasser-Molekülen neu gebildet.

Wasserstoffbrücken gehören zu den zwischenmolekularen Anziehungskräften.

Auch zwischen anderen Molekülen können sich Wasserstoffbrücken ausbilden. Beispiele sind die Moleküle des Fluorwasserstoffs (HF) und des Ammoniaks (NH_3). Bei diesen Molekülen sind ebenfalls stark elektronegative Atome, die nicht bindende Elektronenpaare aufweisen, mit Wasserstoff-Atomen verbunden.

A1 Zeichne entsprechend B1, links eine Skizze, um die Wasserstoffbrücken zwischen Fluorwasserstoff-Molekülen zu veranschaulichen. Ergänze auch die jeweiligen Teilladungen.

A2 Erkläre, warum die Siedetemperaturen folgender Stoffe geringer als die von Wasser sind:
a) ϑ_{sd} (Fluorwasserstoff) = 9,5 °C (bei Normdruck),
b) ϑ_{sd} (Schwefelwasserstoff) = −60,2 °C (bei Normdruck).

A3 Trage in einem Diagramm die Siedetemperaturen folgender Stoffe gegen die Anzahl der Elektronen pro Molekül auf:
H_2O, N_2, O_2, C_2H_6, C_3H_8 (y-Achse: 1 cm = 10 °C, x-Achse: 1 cm = 1 Elektron). Beschreibe das Diagramm.

5.5 Wasser – weitere besondere Eigenschaften

Neben der hohen Siedetemperatur hat Wasser weitere außergewöhnliche Eigenschaften. Auch sie lassen sich mit den besonders starken zwischenmolekularen Anziehungskräften, den Wasserstoffbrücken, erklären.

1 **Oberflächenspannung des Wassers** Die Wasseroberfläche eines gefüllten Glases lässt sich über den Rand hinaus vergrößern, wenn man weitere Wassertropfen hinzugibt – die Wasseroberfläche scheint mit einer Haut umgeben zu sein.
Erkläre dieses Phänomen mithilfe der Anziehungskräfte zwischen den Wasser-Molekülen.

B1 Kräfte zwischen Wasser-Molekülen

2 **Molekülgitter von Eis** Eisberge schwimmen im Meerwasser. Wasser hat also, im Gegensatz zu allen anderen Stoffen, im festen Aggregatzustand eine geringere Dichte als im flüssigen. Ergänze folgenden Lückentext.

Im Eis bilden die Wasser-Moleküle ein regelmäßiges Kristallgitter **B2**, in dem jedes Sauerstoff-Atom tetraedrisch von ______ Wasserstoff-Atomen umgeben ist. Zwei dieser ______ sind über ______ mit dem Sauerstoff-Atom verbunden, zwei über ______. Da der O-H-Abstand im Wasser-Molekül ______ ist als der in einer Wasserstoffbrücke, sind die H-Atome nicht symmetrisch zwischen den ______ verteilt. Es ergibt sich ein weitmaschiges Gitter mit durchgehenden Hohlräumen von sechseckigem Querschnitt. Wegen dieser Struktur besitzt Eis eine ______ Dichte als Wasser und schwimmt auf diesem.

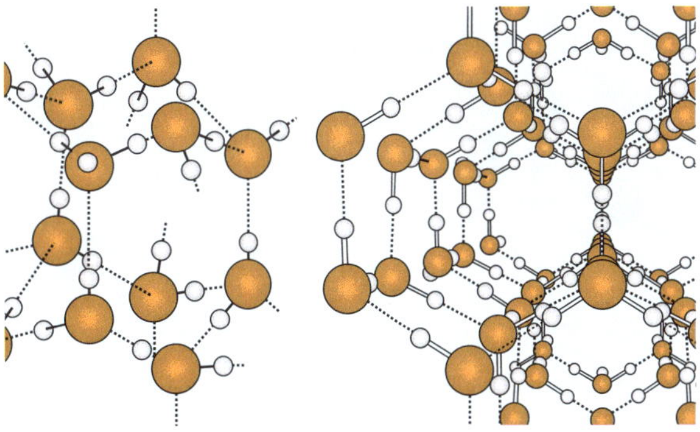
B2 Molekülgitter von Eis. Es entstehen Hohlräume

5.6 Wasser als Lösungsmittel

Hydratation von griech. hydor, Wasser

B2 Wetteranzeiger

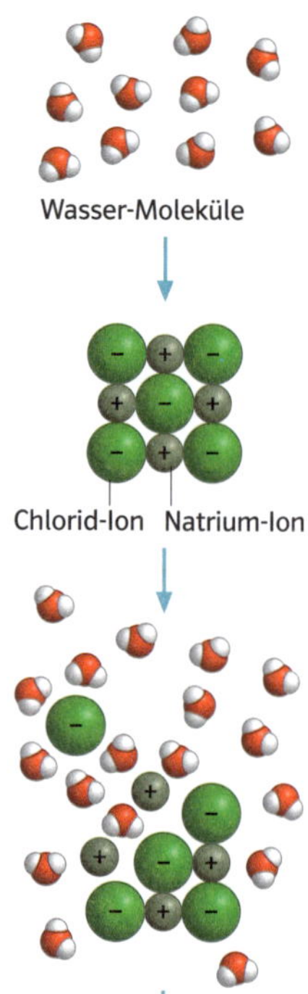

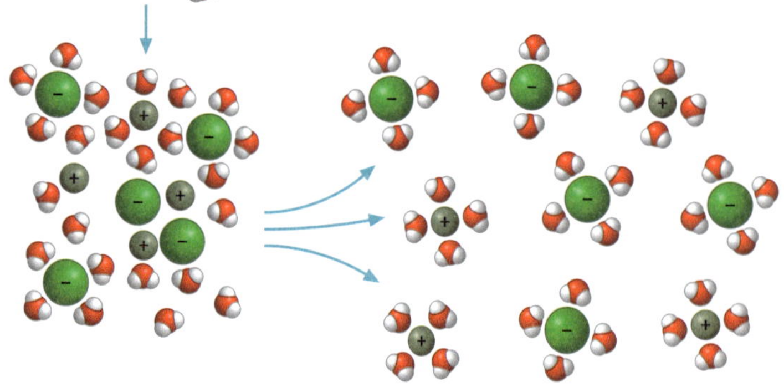

$Na^+Cl^-(s) \xrightarrow{\text{Wasser}} Na^+(aq) + Cl^-(aq)$

B1 Zerteilung des Ionengitters durch Wasser-Moleküle

Wasser ist für viele Salze und molekulare Stoffe ein gutes Lösungsmittel. So findet man z. B. im Mineralwasser verschiedene Ionen und gelöste Gase.

Vorgänge beim Lösen eines Salzkristalls. Beim Lösen von Natriumchlorid werden die Ionen des Gitters voneinander getrennt und sind in der Lösung beweglich. Wie kommt es, dass ein Ionengitter, in dem große Anziehungskräfte wirken, durch Wasser-Moleküle „zerteilt" werden kann?
Von den Ionen an der Oberfläche des Kristalls werden die Dipole des Wassers angezogen und lagern sich am Gitter an [B1]. Sie umgeben die Ionen und bewirken so deren Trennung vom Gitter. Ionen, die sich an Ecken und Kanten befinden, sind besonders leicht zugänglich. Auf diese Ionen wirken geringere Anziehungskräfte ein als auf die Ionen im Inneren. Dieser Vorgang kann sich bis zum völligen Abbau des Gitters wiederholen.

In der Lösung besitzen alle Ionen eine vollständige Hülle von Wasser-Molekülen, die **Hydrathülle**. Um hydratisierte Ionen zu kennzeichnen, verwendet man das Zeichen aq (von lat. aqua, Wasser) und schreibt z. B. $Na^+(aq)$ bzw. $Cl^-(aq)$.

Salzhydrate. Viele Ionen verlieren ihre Hydrathülle nicht vollständig, wenn das Wasser einer Salzlösung verdampft oder verdunstet. Ein Teil der Wasser-Moleküle wird mit in das Kristallgitter eingebaut. Es entstehen Salzhydrate. Die Anzahl der zu einer Elementargruppe gehörenden Wasser-Moleküle wird in der Formel angegeben: z. B. $CoCl_2 \cdot 6\,H_2O$ [sprich: Cobaltchlorid mit 6 H_2O], Cobaltchlorid-Hexahydrat. Dieses Salz wird z. B. in Feuchtigkeitsanzeigern eingesetzt [B2]. Das rosafarbene Hexahydrat kann bei trockenerer Umgebungsluft Kristallwasser abgeben und wird dann zum tiefblauen Tetrahydrat, $CoCl_2 \cdot 4\,H_2O$. In feuchterer Luft wird der Vorgang umgekehrt, es entsteht wieder das Hexahydrat. Durch Erwärmen lässt sich auch das blassblaue wasserfreie Cobaltchlorid ($CoCl_2$) herstellen.

Wasser als Lösungsmittel für molekulare Stoffe. Nicht nur an Ionen, sondern auch an Dipole können sich Wasser-Moleküle anlagern und sie aus einem Molekülgitter abtrennen. Aus diesem Grund sind auch Stoffe, die nicht aus Ionen aufgebaut sind, wie z. B. Zucker, wasserlöslich.

A1 Deute die in [B1] dargestellten Vorgänge beim Lösen von Natriumchlorid in Wasser.

A2 Erläutere, warum und wie Wasser-Moleküle in der Lage sind, sowohl positiv als auch negativ geladene Ionen zu umhüllen.

A3 Gib an, was mit dem Begriff Hydratation ausgedrückt wird, und erläutere die Bedeutung des Zeichens „aq".

A4 Was bedeutet die Formel $CaCl_2 \cdot 6\,H_2O$?

5.7 Lösen und Mischen

V1 **Lösen von Feststoffen**

Geräte und Chemikalien: 6 Reagenzgläser, Spatel, dest. Wasser, Heptan, Paraffinöl, Kochsalz, Zucker.

Durchführung: **a)** Gib in je drei Reagenzgläser eine Spatelspitze Kochsalz oder Zucker.

b) Überprüfe, in welchem der Lösungsmittel (Wasser, Heptan und Paraffinöl) sich die Feststoffe lösen. Setze jeweils etwa 2 cm hoch Lösungsmittel zu. **c)** Notiere deine Beobachtungen in folgender Tabelle.

	Kochsalz	Zucker
Wasser		
Heptan		
Paraffinöl		

V2 **Mischen von Lösungsmitteln**

Geräte und Chemikalien: 3 Reagenzgläser, Wasser, Heptan, Paraffinöl.

Durchführung: **a)** Gib in je ein Reagenzglas etwa 1 cm des Lösungsmittels I. Füge je 1 cm hoch des Lösungsmittels II hinzu und schüttle vorsichtig. Beobachte, welche Lösungsmittel sich ineinander lösen und notiere deine Beobachtungen in folgender Tabelle.

Lösungsmittel I	Lösungsmittel II	Beobachtungen
Wasser	Heptan	
Heptan	Paraffinöl	
Paraffinöl	Wasser	

Entsorgung (V1, V2): Heptan und Paraffinöl dürfen nicht in den Abfluss gegeben werden. Gib die Abfälle daher in ein spezielles Gefäß bei der Lehrkraft. Dieses sollte unter dem Abzug stehen.

b) Vergleiche die Dichte von Heptan und Paraffinöl mit der Dichte von Wasser. Begründe.

c) In Kap. 5.6 hast du bereits die Eigenschaften von Wasser als Lösungsmittel kennengelernt. Stelle mit diesem Wissen und den Ergebnissen von V1 und V2 eine Vermutung über den Molekülbau von Heptan und den Molekülen des Paraffinöls auf. Begründe deine Vermutung.

5.8 Eigenschaften der Alkane

Name	Summenformel	Schmelztemperatur ϑ_{sm} in °C	Siedetemperatur ϑ_{sd} in °C	Dichte ρ in g/cm³	Viskosität
Methan	CH_4	−182	−161	0,47*	nimmt zu (↓)
Ethan	C_2H_6	−183	−88	0,57*	
Propan	C_3H_8	−186	−42	0,59*	
Butan	C_4H_{10}	−135	−1	0,60*	
Pentan	C_5H_{12}	−129	36	0,63	
Hexan	C_6H_{14}	−94	68	0,66	
Heptan	C_7H_{16}	−90	98	0,68	
Octan	C_8H_{18}	−56	126	0,70	
Nonan	C_9H_{20}	−53	150	0,72	
Decan	$C_{10}H_{22}$	−30	174	0,73	
⋮	⋮				
Hexadecan	$C_{16}H_{34}$	18	287	0,77	
Heptadecan	$C_{17}H_{36}$	22	302	0,78	

* im flüssigen Zustand (nahe der Siedetemperatur)

B1 Eigenschaften der Alkane im Vergleich

Flüssige Alkane wie Heptan sehen auf den ersten Blick aus wie Wasser. Dennoch weisen sie völlig andere Eigenschaften auf, was sie z. B. zu wichtigen Lösungsmitteln macht. Die Verwandtschaft der Glieder der homologen Reihe der Alkane (Kap. 3.18) zeigt sich in ihren Eigenschaften, die sich auf Gemeinsamkeiten des Molekülaufbaus zurückführen lassen.

Eigenschaften und zwischenmolekulare Kräfte. Innerhalb der homologen Reihe der Alkane steigen die Siede- und ab Butan auch die Schmelztemperaturen an [B1]. Dies lässt auf steigende Anziehungskräfte zwischen

Methan ist Hauptbestandteil des Erdgases, Camping- und Feuerzeuggas bestehen überwiegend aus Propan und Butan. Flüssige Alkane sind in Benzinen, Diesel- und Heizöl enthalten. Feste Alkane bilden die Paraffine, diese findet man z. B. in Kerzen, Wachsmalstiften und in der Schutzhülle von Schnittkäse.

B2 Verwendung der Alkane im Alltag

den Molekülen mit zunehmender Länge der Kohlenwasserstoffketten schließen. Die C—H-Bindungen der Alkan-Moleküle sind wegen der geringen Elektronegativitätsunterschiede der Bindungspartner nur schwach polar. Aufgrund der tetraedrischen Anordnung der Bindungspartner um die Kohlenstoff-Atome sind Alkan-Moleküle keine Dipole. Ursache der Anziehung zwischen den unpolaren Molekülen ist eine nicht immer symmetrische Verteilung der Elektronen [B3]. So entstehen für kurze Zeit Dipole, die auf die Elektronenhülle benachbarter Moleküle Anziehungs- bzw. Abstoßungskräfte ausüben und diese dadurch ebenfalls polarisieren. Die so entstandenen Dipole nennt man induzierte Dipole, die resultierenden Anziehungskräfte **Van-der-Waals-Kräfte**.

Van-der-Waals-Kräfte sind zwischenmolekulare Anziehungskräfte zwischen unpolaren Molekülen.

Mit wachsender Kettenlänge der Alkan-Moleküle nehmen gegenseitige Berührungs- und Polarisierungsmöglichkeiten zu. Damit nehmen auch die Anziehungskräfte zu [B3] und die Siede- und Schmelztemperaturen der Stoffe steigen. Bei den Schmelztemperaturen gibt es Abweichungen von dieser Regel, weil für die Schmelztemperatur auch die Anordnung der Moleküle im Molekülgitter verantwortlich ist. Bei langkettigen Alkanen sind die Anziehungskräfte so groß, dass eine Energiezufuhr eher die Spaltung von Atombindungen als die Aufhebung der Anziehungskräfte zwischen den Molekülen bewirkt. Deshalb zersetzen sich Alkane ab etwa Icosan ($C_{20}H_{42}$) bei Normdruck unterhalb der Siedetemperatur.

Die Van-der-Waals-Kräfte zwischen den Alkan-Molekülen nehmen mit wachsender Kettenlänge zu.

Löslichkeit. Alle Alkane sind ineinander löslich, in Wasser lösen sie sich nur in Spuren. Ob zwei Stoffe ineinander löslich sind, hängt weitgehend von den Eigenschaften der Teilchen ab. Zwischen den unpolaren Alkan-Molekülen herrschen Van-der-Waals-Kräfte;

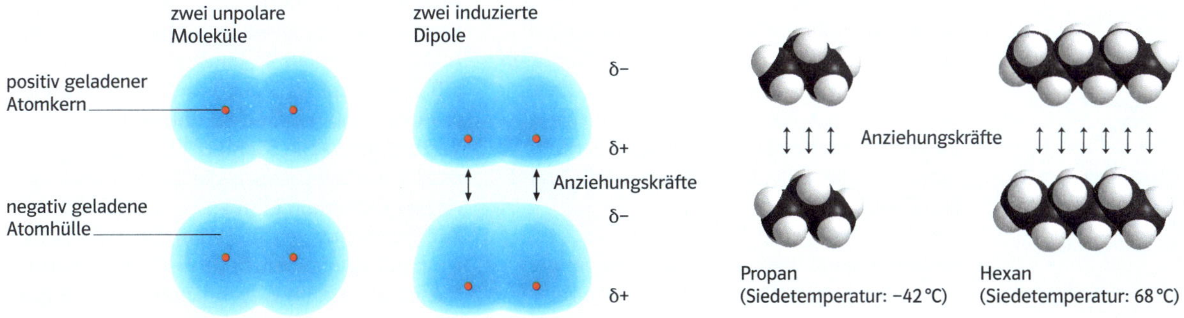

B3 Van-der-Waals-Kräfte: Durch Elektronenverschiebung können Alkan-Moleküle zu Dipolen werden. Die Anziehungskräfte nehmen mit wachsender Kettenlänge zu

zwischen den polaren Wasser-Molekülen bestehen aber zusätzlich Wasserstoffbrücken. Gibt man z. B. Heptan zu Wasser, so können die starken Wasserstoffbrücken zwischen Wasser-Molekülen nicht durch die viel schwächeren Anziehungskräfte zwischen Heptan- und Wasser-Molekülen ersetzt werden.

Gibt man Heptan zu Decan, so können die Anziehungskräfte, die die Heptan- und Decan-Moleküle jeweils untereinander zusammenhalten, durch die Anziehungskräfte zwischen Heptan- und Decan-Molekülen ersetzt werden. Die an den Beispielen gewonnenen Einsichten lassen sich verallgemeinern:

Je ähnlicher sich die Teilchen zweier Stoffe in Bezug auf die Polarität sind, desto besser lösen sich die Stoffe ineinander.

Ist ein Stoff wasserlöslich, so bezeichnet man ihn als **hydrophil** (wasserliebend). **Hydrophobe** (wassermeidende) Stoffe haben eine geringe Löslichkeit in Wasser. Außer den Alkanen zählen vor allem Fette zu den ausgesprochen hydrophoben Stoffen. Fettlösliche Stoffe bezeichnet man als **lipophil**, wenig fettlösliche als **lipophob**. Alkane sind lipophil bzw. hydrophob.

Viskosität. In Motoren oder Getrieben verhindern Öl oder Fett, dass sich die bewegenden Teile direkt berühren. Die Reibung ungeschmierter Metallteile führt zu ihrer Erwärmung (Folge ist z. B. der „Kolbenfresser") und raschen Abnutzung. Die Schmierfähigkeit eines Öls hängt von seiner Viskosität (Zähflüssigkeit) ab. Sie muss immer groß genug sein, dass ein ausreichender Schmierfilm an den Oberflächen bewegter Teile bestehen bleibt. Gemische von Kohlenwasserstoffen sind die Grundsubstanzen mineralischer Motorenöle.

Kettenlänge und Viskosität. Hohe Viskosität bedeutet Dickflüssigkeit, niedrige Viskosität Dünnflüssigkeit. Beim Fließen gleiten Moleküle der Flüssigkeit aneinander vorbei. Dies ist umso schwieriger, je größer die zwischenmolekularen Kräfte sind. Zwischen längerkettigen Kohlenwasserstoff-Molekülen herrschen größere Anziehungskräfte als zwischen kürzerkettigen. Daher haben flüssige Kohlenwasserstoffe, die aus erstgenannten Molekülen aufgebaut sind, eine größere Viskosität. Die Viskosität einer Flüssigkeit nimmt mit steigender Temperatur ab.

V1 **a)** Gib in zwei Reagenzgläser etwas klein geschnittenen, echten Lachs. Setze etwas Wasser bzw. Heptan zu und schüttle.
b) Wiederhole den Versuch mit Lachsersatz statt echtem Lachs.

A1 Beschreibe die Löslichkeit von Alkanen in Öl und in Wasser. Verwende dazu passende Fachbegriffe.

lipophil von altgriech. lipos, Fett und altgriech. philos, liebend

lipophob von altgriech. lipos, Fett und altgriech. phobos, Furcht

hydrophil von altgriech. hydor, Wasser und altgriech. philos, liebend

Viskosität der Begriff geht auf den zähen Saft der Beeren von Misteln (Viscum) zurück

B4 Der Schmierfilm des Öls vermindert den Verschleiß

Gefahrenkategorie 1:
Flammtemperatur < 23 °C
und $\vartheta_{sd} \leq 35$ °C
(z. B. 2-Methylbutan)

Gefahrenkategorie 2:
Flammtemperatur < 23 °C
und $\vartheta_{sd} > 35$ °C
(z. B. Pentan, Octan)

Gefahrenkategorie 3:
23 °C ≤ Flammtemp. < 60 °C
(z. B. Nonan, Undecan)

B5 Gefahrenpiktogramm für entzündbare Flüssigkeiten und Gefahrenkategorien

Flammtemperatur Die niedrigste Temperatur, bei der sich über einem brennbaren Stoff ein zündfähiges Dampf-Luft-Gemisch bilden kann.
Die Flammtemperatur wird auch als Flammpunkt bezeichnet. (Die Flamme**n**temperatur ist die Temperatur in der Flamme; sie hat mit der Flammtemperatur nichts zu tun.)

Entflammbarkeit. Entzündbare Flüssigkeiten werden nach ihren Flammtemperaturen [B8] und Siedetemperaturen in Gefahrenkategorien eingeteilt [B5]. Alkane, deren Moleküle klein sind, lassen sich leicht entflammen, da sie bereits bei Zimmertemperatur stark verdunsten. Von diesen Alkanen gehen deshalb Brand- und Explosionsgefahren aus.

Verhalten beim Verbrennen. Bei der Verwendung als Energieträger werden Alkane verbrannt, um die dabei frei werdende Reaktionsenergie zu nutzen. Bei ausreichender Sauerstoffzufuhr und genügend hoher Temperatur verbrennen Alkane zu Kohlenstoffdioxid und Wasser. Verbrennen Alkane an der Luft, so nehmen die Leuchtkraft der Flamme und die Rußentwicklung mit wachsender Kettenlänge der Alkan-Moleküle zu [B7]. Das Leuchten der Flamme ist auf das Glühen winziger Rußpartikel zurückzuführen. Diese entstehen bei unvollständiger Verbrennung. Erst im Außenbereich der Flamme reagieren die Rußpartikel mit Luftsauerstoff zu Kohlenstoffidoxid.
Da mit wachsender Kettenlänge die Anzahl und der Anteil der Kohlenstoff-Atome in den Alkan-Molekülen zunimmt, findet bei gleicher Luftzufuhr eine zunehmend unvollständige Verbrennung statt. Die Rußpartikel gelangen zum Teil unverbrannt in kältere Randbereiche der Flamme. Dort reagieren sie nicht mehr und treten als Ruß in Erscheinung.

Alkane als Treibmittel und Lösungsmittel. Propan, Butan, Pentan und Gemische dieser Alkane werden als **Treibmittel** eingesetzt, z. B. in Haarsprays, Deodorantsprays, Backofenreinigerschäumen und Sprühlacken. Der Verzicht auf Lacke, Reiniger und Pflegemittel mit Treibmitteln schützt die Umwelt und verringert die Unfallgefahren.
Zur Entfernung von Öl, Fett und Kerzenwachs kann **Reinigungsbenzin** verwendet werden. Dieses besteht im Wesentlichen aus flüssigen Alkanen. Beim Einsatz von Reinigungsbenzin müssen die Sicherheitshinweise auf dem Etikett der Flasche beachtet werden.

A2 Welche zwischenmolekularen Kräfte gibt es? Ordne die dir bekannten zwischenmolekularen Kräfte nach ihrer Stärke. Gib für jede zwischenmolekulare Kraft einen Stoff an, in dem diese eine wichtige Rolle spielt.

A3 Erkläre die Zunahme der Siedetemperatur und der Viskosität von Hexan bis Decan.

A4 Ein Sicherheitshinweis auf einem Reinigerspray für Backofen und Grill lautet: „Nur wenige Sekunden sprühen, um die Bildung explosionsfähiger Gemische zu vermeiden." Erkläre, warum sich bei diesem Spray explosionsfähige Gemische bilden können.

B6 Reinigungsbenzin

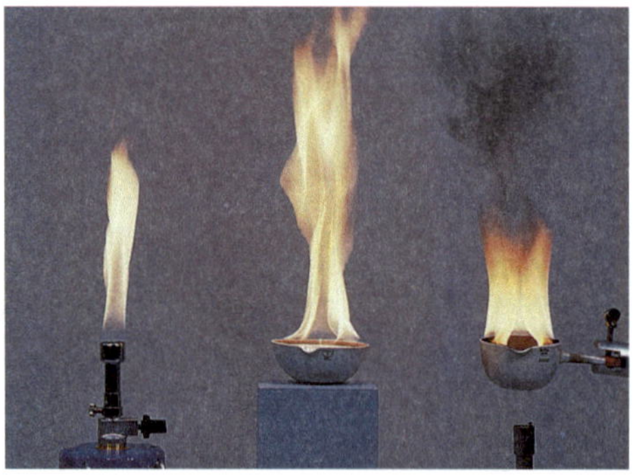

B7 Flammenvergleich (von links: Butan, Benzin, Paraffinöl)

B8 Bestimmung der Flammtemperatur: Bei langsamem Erwärmen wird die Temperatur der Flüssigkeit abgelesen, bei der sich die Dämpfe über ihr erstmals entflammen lassen

5.9 Alkane und Isomerie

	A	B
Summenformel	C_4H_{10}	C_4H_{10}
Schmelz-temperatur	−138 °C	−159 °C
Siedetemperatur (bei Normdruck)	−1 °C	−12 °C
Löslichkeit in Wasser	Sehr gering	Sehr gering

B1 Zwei Sätze von Stoffeigenschaften zur Summenformel C_4H_{10}

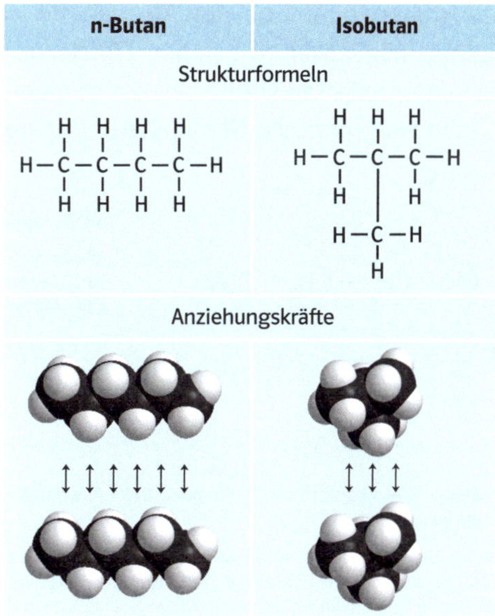

B2 n-Butan und Isobutan im Vergleich

Isomerie (griech. isos, gleich und meros, Teil)
Die Strukturisomerie wird auch als Konstitutionsisomerie bezeichnet. Da die Strukturisomere der Alkane unterschiedliche Kohlenstoffgerüste haben, spricht man hier auch von Gerüstisomerie.
Weitere Beispiele für Strukturisomerie werden in Kap. 5.17 beschrieben

Recherchiert man die Stoffeigenschaften von Butan und sucht lediglich nach seiner Summenformel C_4H_{10}, kann man eine Überraschung erleben [B1]. Wie kann es sein, dass sich scheinbar ein und derselbe Stoff in mehreren Stoffeigenschaften unterscheidet?

Isomerie. Versucht man zur Summenformel C_4H_{10} eine Strukturformel zu zeichnen, so kann man auf zwei verschiedene Strukturformeln kommen.
Das eine Molekül ist aus einer Kette von vier Kohlenstoff-Atomen aufgebaut, das andere aus einer Kette von drei, wobei das mittlere mit einem weiteren Kohlenstoff-Atom verknüpft ist [B2, oben]. Es gibt tatsächlich zwei Verbindungen mit unterschiedlichen Eigenschaften. Butan und Isobutan sind ein Beispiel für **Isomere**.

Moleküle, die bei gleicher Summenformel unterschiedliche Strukturformeln haben, bezeichnet man als Strukturisomere.

Zur deutlicheren Unterscheidung des Moleküls mit der unverzweigten Kette der Kohlenstoff-Atome von seinem Isomer wird häufig vor den Namen noch ein „n" gesetzt. Man nennt es also n-Butan (von normales Butan oder Normalbutan).

Eigenschaften von n-Butan und Isobutan. Beide Stoffe bestehen wie alle Alkane aus unpolaren Molekülen. Die Stoffe n-Butan und Isobutan sind daher hydrophob und lipophil. Die Kohlenstoff-Atom-Ketten der n-Butan-Moleküle sind länger als die der Isobutan-Moleküle. Daher sind die Van-der-Waals-Kräfte zwischen den n-Butan-Molekülen stärker [B2]. n-Butan hat folglich eine höhere Schmelz- und eine höhere Siedetemperatur als Isobutan. Die in B1 unter **A** aufgeführten Stoffeigenschaften gehören also zu n-Butan, die unter **B** dargestellten Stoffeigenschaften sind die des Isobutans.

Halbstrukturformeln. Statt der oft unübersichtlichen, vollständigen Strukturformeln verwendet man auch vereinfachte Strukturformeln, die Halbstrukturformeln [B3].
In ihnen werden nach jeweiligem Bedarf Formelteile wie in Summenformeln zusammengefasst. Die Art der Atomverknüpfungen muss aber eindeutig erkennbar bleiben.

A1 **a)** Baue mit dem Molekülbaukasten alle Isomere von Pentan. Achtung: n-Pentan zählt ebenfalls dazu. **b)** Zeichne jeweils die Strukturformel und die Halbstrukturformel. **c)** Ordne die Isomere nach steigender Siedetemperatur. Begründe.

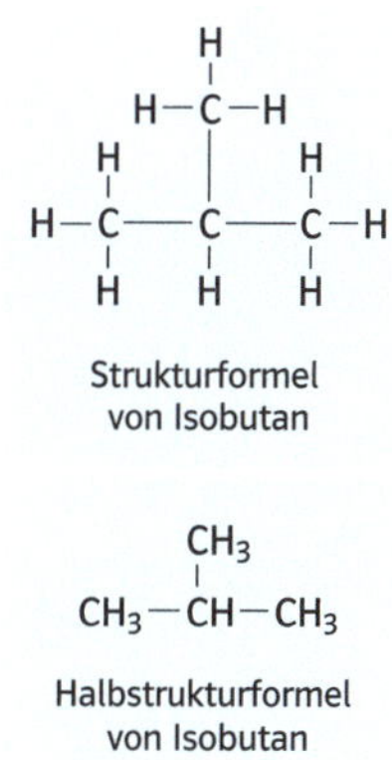

B3 Formeln von Isobutan

5.10 Benennen verzweigter Alkane

Die Anzahl der Strukturisomere nimmt bei den Alkanen mit wachsender Kettenlänge drastisch zu, weil sich immer mehr Verzweigungsmöglichkeiten ergeben. Für Hexan gibt es fünf Isomere, für Heptan bereits neun. Um die Isomere auseinanderhalten zu können, benötigt man ein Regelsystem zur Benennung verzweigter Alkane. Dieses nennt man systematische Nomenklatur (lat. nomenclatura, Namensverzeichnis).

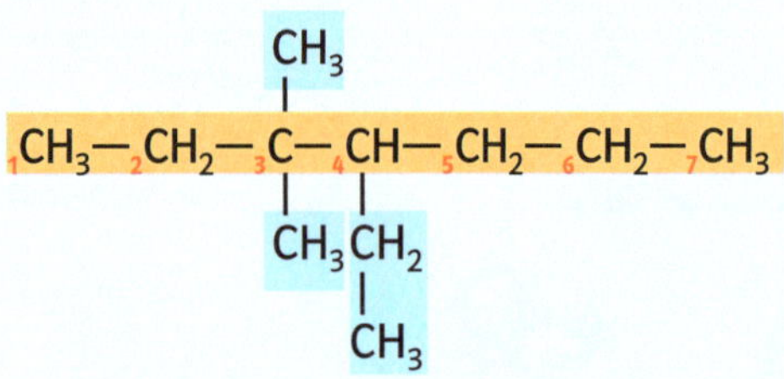

Alkylgruppe:

Allgemein wird der aus einem Alkan-Molekül durch Abspaltung eines Wasserstoff-Atoms hervorgehende „Molekülrest" als Alkylrest oder Alkylgruppe bezeichnet.

Alkylgruppe: $—C_nH_{2n+1}$; Methylgruppe: $—CH_3$;

Ethylgruppe: $—CH_2—CH_3$ oder $—C_2H_5$

1. **Längste Kette aus Kohlenstoff-Atomen** ermitteln und benennen. Aus der Zahl der Kohlenstoff-Atome ergibt sich der Name der Hauptkette.
2. **Seitenketten** benennen und alphabetisch ordnen. Seitenketten erhalten ebenfalls ihren Namen nach der Zahl der Kohlenstoff-Atome. Anstelle der Endung „an" erhalten die Seitenketten die Endung „yl". Der Name der Seitenkette wird dem Namen der Hauptkette vorangestellt.
3. **Anzahl der gleichen Seitenketten** ermitteln und durch das entsprechende griechische Zahlwort (di-, tri-, tetra-, …) kennzeichnen.
4. **Verknüpfungsstellen zwischen Haupt- und Seitenketten** ermitteln, dabei Hauptketten so durchnummerieren, dass die Verknüpfungsstellen kleinstmögliche Zahlen enthalten.

4-Ethyl-3,3-dimethylheptan

1 Zeichne die Halbstrukturformeln der Isomere von Hexan und benenne sie.

Halbstrukturformel	Name

2 Benenne folgende Alkane.

a)

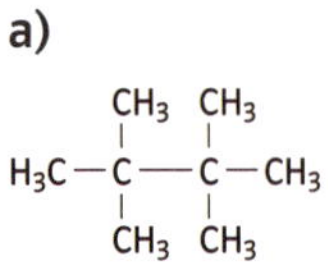

____

b)

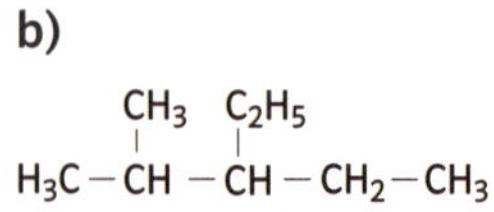

____

c) $(C_2H_5)_2CH(C_3H_7)$ ______________________

5.11 Impulse Lernzirkel Alkane

Station 1: Grundlagen

Aufgaben:

a) Gib die allgemeine Summenformel der Alkane an.

b) Stelle alle Strukturformeln zu C_6H_{14} auf und benenne die Verbindungen.

c) Formuliere die Struktur- oder Halbstrukturformeln der folgenden Alkane: Octan, 3,3-Dimethylhexan; 2-Methylhexan; 3-Ethylhexan; 3-Ethyl-2-methylpentan; 2,3,4-Trimethylhexan. Kennzeichne die Verbindungen, die zueinander isomer sind.

d) Recherchiere Produkte des Alltags und der Technik, in denen die folgenden Alkane vorkommen: Methan, Propan, Butan, Heptan, Paraffin.

Station 2: Entflammbarkeit

Geräte und Materialien: 3 Porzellanschalen, feuerfeste Unterlage, Keramik-Drahtnetz, Holzspan, Feuerzeug, Heptan, Paraffinöl (niederer Siedetemperaturbereich), Paraffinöl (hoher Siedetemperaturbereich).

Durchführung*:* (Schutzbrille!) Gib einige Tropfen der drei Flüssigkeiten in jeweils eine Porzellanschale, die auf der feuerfesten Unterlage steht. Nähere die Flamme eines brennenden Holzspans der Oberfläche der Flüssigkeit. Streiche evtl. mehrmals über die Oberfläche der Flüssigkeit. Lösche die brennende Flüssigkeit durch Auflegen des Keramik-Drahtnetzes.

Aufgaben:

a) Beschreibe und deute deine Beobachtungen.

b) Erkläre den Zusammenhang zwischen der Entflammbarkeit eines Alkans und den Gefahren, die von dem Alkan ausgehen.

Station 3: Löslichkeit

Geräte und Materialien: Becherglas, 2 Reagenzgläser, passende Stopfen, Reagenzglasständer, Becherglas, Heptan, heißes dest. Wasser, festes Paraffin

Durchführung:

a) Gib in ein Reagenzglas etwas festes Paraffin und gib ca. 5 cm hoch heißes Wasser hinzu. Setze einen Stopfen auf das Reagenzglas und schüttle.

b) Gib in ein Reagenzglas etwas festes Paraffin und gib ca. 5 cm hoch Heptan hinzu. Stelle das Reagenzglas für 2 Minuten in ein Becherglas mit heißem Wasser. Nimm das Reagenzglas heraus, setze einen Stopfen auf und schüttle.

Aufgaben:

a) Beschreibe und deute deine Beobachtungen.

b) Erläutere folgende Begriffe: hydrophil, hydrophob, lipophil, lipophob.

Station 4: Viskosität

Geräte und Materialien: 3 Reagenzgläser, Reagenzglasständer, 3 leichte Kugeln aus Glas oder Kunststoff (oder 3 Erbsen), Magnet, Stoppuhr, Heptan, Decan (oder Petroleumbenzin), Paraffinöl.

Durchführung: Fülle je ein Reagenzglas etwa 10 cm hoch mit Heptan, Decan bzw. Paraffinöl. Die Füllhöhen müssen genau gleich sein. Lass dann aus Höhe der Reagenzglasöffnung eine Kugel in die jeweilige Flüssigkeit fallen und miss die Zeit, bis die Kugel den Boden des Reagenzglases erreicht hat.

Aufgaben:

a) Beschreibe und deute deine Beobachtungen. Gehe dabei auch auf die Anziehungskräfte zwischen den Teilchen ein.

b) Nenne Beispiele für Produkte aus dem Alltag, bei denen die Viskosität eine Rolle spielt.

Station 5: Dichte

Geräte und Materialien: 3 Schnappdeckelgläser, 3 Vollpipetten (10 ml), Pipettierhilfe, Waage, Heptan, Paraffinöl (niedriger Siedetemperaturbereich), Paraffinöl (hoher Siedetemperaturbereich).

Aufgaben*:*

a) Entwirf eine Versuchsanleitung zur Bestimmung der Dichten von Heptan und den Paraffinölen. Führe den Versuch durch und berechne die Dichten der Flüssigkeiten.

b) Ein kleiner Benzinbrand kann z. B. durch Abdecken mit einem unbrennbaren Gegenstand oder mit Sand gelöscht werden. Erkläre anhand deines Versuchsergebnisses aus (a), warum man niemals versuchen sollte, Benzin durch Bespritzen mit Wasser zu löschen.

B1 Zu Station 2

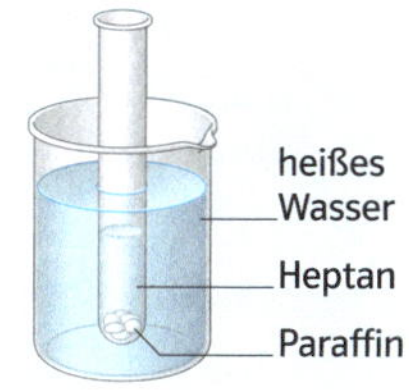

B2 Versuchsaufbau zur Löslichkeit von Paraffin in Heptan

B3 Versuchsaufbau zur Ermittlung der Viskosität

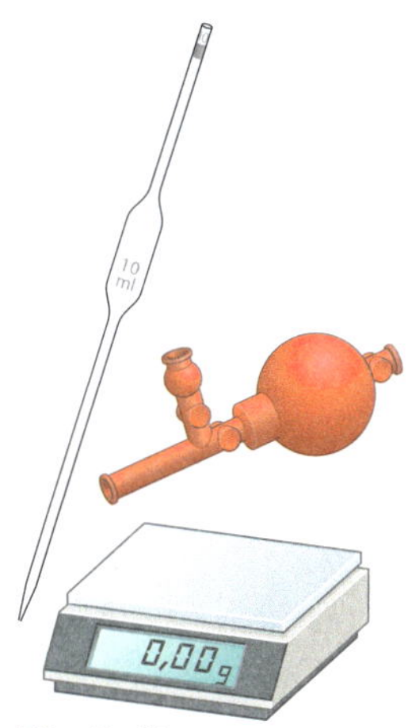

B4 Geräte zur Ermittlung der Dichte

5.12 Kohlenwasserstoffe mit Doppelbindungen

Chemische Reinigung
Reinigung von Textilien mit nicht-wässrigen Lösungsmitteln

Früher wurden in Textilreinigungen flüssige Alkane verwendet, um Fettverschmutzungen zuverlässig zu entfernen. Allerdings sind flüssige Alkane entzündlich. Deshalb kam es häufig zu Unfällen. Daher verwendet man in der chemischen Reinigung heute ein anderes Lösungsmittel. Es ist ebenfalls ein Kohlenwasserstoff, seine Moleküle enthalten allerdings im Gegensatz zu Alkan-Molekülen eine Doppelbindung. Das einfachste Kohlenwasserstoff-Molekül mit einer Doppelbindung ist das Ethen-Molekül.

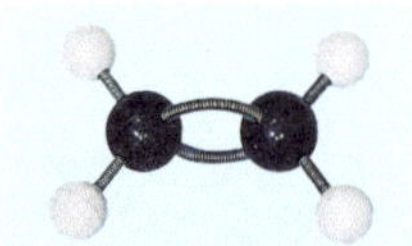

Kugel-Stab-Modell

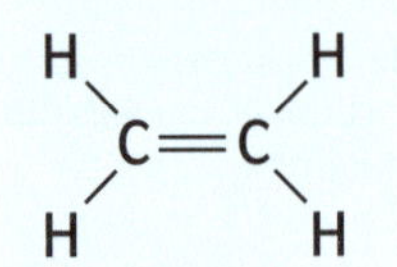

Strukturformel

B1 Ethen-Molekül

Eigenschaften und Verwendung von Ethen. Ethen ist ein farbloser, süßlich riechender Kohlenwasserstoff. Er ist bei Zimmertemperatur und auch noch bei sehr tiefen Temperaturen gasförmig. Ethen gehört zu den bedeutendsten Ausgangsstoffen der chemischen Industrie. Entsprechend wurden im Jahr 2012 weltweit etwa 150 Millionen Tonnen produziert. Ein Großteil wird zur Herstellung von Kunststoffen verwendet, vor allem für Polyethen (Polyethylen, PE), das als Material für Plastiktragetaschen bekannt ist (Kap. 7.3). Außerdem wirkt Ethen als Pflanzenhormon [Exkurs].

Exkurs Ethen als Reifungsgas

Ethen ist ein Pflanzenhormon. Es beeinflusst u. a. die Reifung von Früchten: Während einer bestimmten Reifungsphase wird von Zellen in der Frucht besonders viel Ethen produziert. Dies beschleunigt die Reifung in anderen Bereichen der Frucht, die dadurch wiederum Ethen produzieren. Auf diese Weise reift die Frucht an allen Stellen gleichzeitig. Das Ethen wird auch an die Umgebung abgegeben und lässt benachbarte Früchte schneller reifen. Legt man z. B. zu unreif geernteten Tomaten reife Äpfel, so reifen die Tomaten nach, weil die Äpfel Ethen abgeben.

In der Landwirtschaft nutzt man diese Wirkung des Ethens. Bananen werden grün geerntet. In den Verbraucherländern begast man sie dann in Reifekammern mit Ethen, dadurch reifen sie in wenigen Tagen. Auf dem Feld lässt sich Ethen nicht anwenden, weil sich das Gas zu schnell verdünnen würde. Es gibt aber Lösungen und Emulsionen von Verbindungen, die auf der Pflanze Ethen abgeben. Man kann Ananaspflanzen mit einem solchen Mittel besprühen, damit alle Früchte gleichzeitig reif werden. Sie können dann zu einem vorbestimmten Termin geerntet werden.

Ethen – das einfachste Alken. Das Ethen-Molekül hat die Summenformel C_2H_4 und weist zwei Wasserstoff-Atome weniger als das Ethan-Molekül auf. Damit stehen zwei weitere Elektronen für eine zweite Bindung zwischen den Kohlenstoff-Atomen zur Verfügung. Eine C=C-Doppelbindung wird gebildet. Im Ethen-Molekül liegen alle Atome in einer Ebene. Ethen ist also ein *planares* Molekül. Die Bindungswinkel zwischen einem Kohlenstoff-Atom und den drei Bindungspartnern betragen jeweils 120 ° [B1]. Dies entspricht der Aussage des EPA-Modells (Kap 5.2), dass sich eine Doppelbindung auf andere Elektronenpaare fast wie eine Einfachbindung auswirkt.

Homologe Reihe der Alkene. Neben Ethen gibt es weitere Kohlenwasserstoffe mit einer C=C-Doppelbindung und der allgemeinen Summenformel C_nH_{2n}. Sie gehören zur Stoffklasse der **Alkene**. Wie die Alkane bilden auch die Alkene eine homologe Reihe. Ihre Namen enden mit der Nachsilbe „-en", z. B. Ethen, Propen. Gebräuchliche Namen im Alltag sind auch Ethylen und Propylen. Bei Alkenen mit längeren Kohlenstoffketten muss man bei der Benennung die Lage der Doppelbindung im Molekül berücksichtigen. Dazu wird die Nummerierung der Kohlenstoff-Atome so gewählt, dass die Position der Doppelbindung möglichst klein ist [B3].
Da die Moleküle der Alkene C=C-Doppelbindungen besitzen und damit weitere Atome oder Atomgruppen binden können, gehören die Alkene zu den **ungesättigten Kohlenwasserstoffen**. Diese Besonderheit ist der Grund, warum aus Ethen und anderen Alkenen sehr viele weitere Stoffe hergestellt werden können.

Alken-Moleküle enthalten eine C=C-Doppelbindung. Alkene gehören zu den ungesättigten Kohlenwasserstoffen.

Halogenierte Alkene als Reinigungsmittel. Sind in einem Alken-Molekül ein oder mehrere Wasserstoff-Atome durch Halogen-Atome ersetzt, spricht man von einem halogenierten Alken. Halogenierte Alkene spielen eine wichtige Rolle als Ausgangsstoffe bei der Herstellung von Kunststoffen (Kap 7.3). Tetrachlorethen [B2, links] wird auch in der chemischen Reinigung von Textilien eingesetzt.
Trotz der unterschiedlichen Elektronegativität von Chlor-Atomen und Kohlenstoff-Atomen ist das Tetrachlorethen-Molekül kein Dipol. Die Chlor-Kohlenstoff-Bindungen sind zwar polar und die Chlor- bzw. Kohlenstoff-Atome tragen eine negative bzw. positive Teilladung. Aufgrund der Struktur des Moleküls sind die Teilladungen jedoch symmetrisch angeordnet. Folglich fallen der Schwerpunkt der negativen Teilladungen und der Schwerpunkt der positiven Teilladungen zusammen. Tetrachlorethen ist also lipophil und somit gut geeignet, um Fettflecken aus der Kleidung zu entfernen. Das unpolare Molekül kann außerdem nicht mit den polaren Atomgruppen in verschiedenen Textilfasern wechselwirken [B4]. Wasser dagegen kann mit den Fasern wechselwirken und würde das Textilgewebe zum Aufquellen bringen. Empfindliche Kleidungsstücke könnten sich dann verziehen. Solche Kleidungsstücke kann man am Textilpflegesymbol im eingenähten Etikett erkennen [B5].
Auch bei der Reinigung mit flüssigen Alkanen oder Alkenen würde das Textilgewebe nicht aufquellen. Insbesondere vollständig halogenierte Alkene sind jedoch kaum brennbar, was das Unfallrisiko in Textilreinigungen deutlich verringert. Ein großer Nachteil ist jedoch, dass z. B. Tetrachlorethen ein krebserzeugender Gefahrstoff ist. Trotz Filtern und Absauganlagen kann eine Gefährdung der Beschäftigten nicht ausgeschlossen werden.

B2 Strukturformeln von Tetrachlorethen (links) und 1,1-Dichlorethen (rechts)

Halbstrukturformel	Systematischer Name	Schmelztemperatur ϑ_{sm} in °C	Siedetemperatur ϑ_{sd} in °C
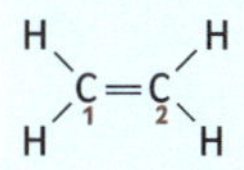	Ethen	−169 °C	−104 °C
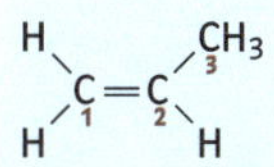	Propen	−185 °C	−48 °C
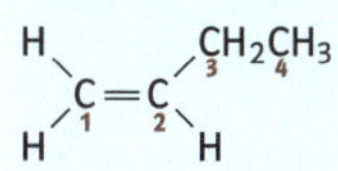	But-1-en	−185 °C	−6 °C
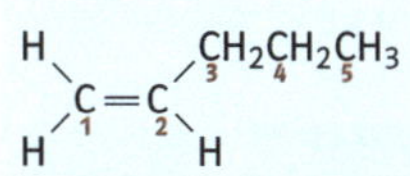	Pent-1-en	−165 °C	30 °C
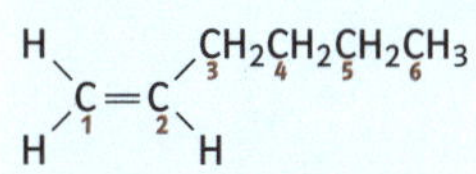	Hex-1-en	−140 °C	63 °C

B3 Homologe Reihe der Alkene: Halbstrukturformeln und Eigenschaften

A1 Begründe, warum die allgemeine Summenformel der Alkene C_nH_{2n} lautet.

A2 Welche der in B3 aufgeführten Alkene sind bei Zimmertemperatur (20 °C) flüssig, welche gasförmig? Nenne sie.

A3 Erkläre die Zunahme der Siedetemperaturen innerhalb der homologen Reihe der Alkene. Zwischen Alken-Molekülen wirken die Van-der-Waals-Kräfte.

A4 Eignet sich 1,1-Dichlorethen [B2, rechts] als Ersatz für Tetrachlorethen in der chemischen Reinigung? Begründe.

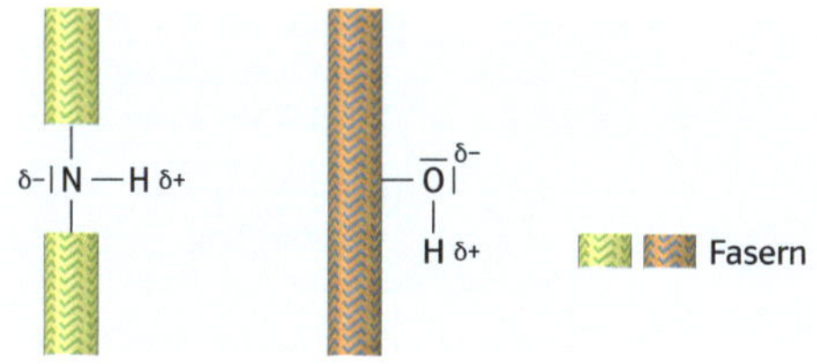

B4 Polare Gruppen in verschiedenen Textilfasern im Modell

B5 Textilpflegesymbol mit der Bedeutung „Reinigen mit Perchlorethylen"

Perchlorethylen alte Bezeichnung für Tetrachlorethen

Exkurs Alkoholgenuss – Alkoholmissbrauch

Konstitution
Körperbau und körperliche Verfassung

Volumenkonzentration
Auf Bierflaschen und anderen alkoholischen Getränken findet man die Angabe des Alkoholgehalts als **Volumenkonzentration**:

$$\sigma(A) = \frac{V(\text{Alkohol})}{V(\text{Gesamtlösung})}$$

σ wird häufig in % angegeben

Durchschnittlicher Alkoholkonsum Der Wert 26 ml pro Tag (bzw. 9,5 Liter pro Jahr) ist der Mittelwert des Jahres 2012 für alle Einwohner Deutschlands ab dem Alter von 15 Jahren

Bier	Weinbrand	Weißwein	Likör	Sekt
0,3 l	0,04 l	0,125 l	0,04 l	0,1 l
Volumenkonzentration σ(Ethanol):				
5 %	38 %	12 %	30 %	12 %
Masse der in einem Getränk enthaltenen Alkoholportion m(Ethanol):				
11,8 g	11,9 g	11,8 g	9,4 g	9,4 g

B2 Alkoholanteil einiger Getränke im Vergleich

B3 Bei einem Alkoholrausch werden Nervenzellen in ihrer Funktion gestört

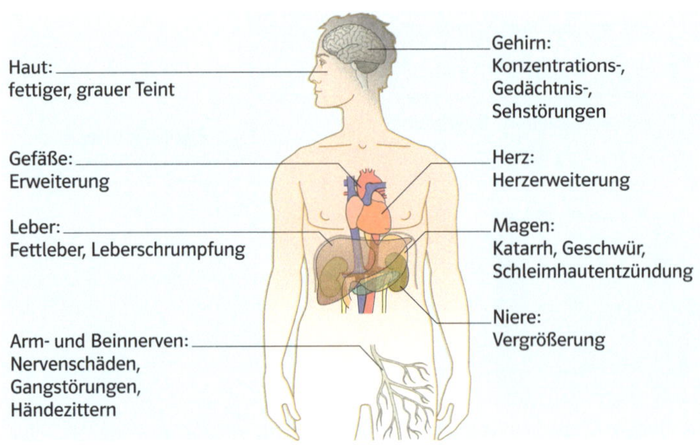

B1 Alkohol schädigt die Organe des Menschen

Der Genuss von Alkohol wird häufig als „Selbstverständlichkeit" betrachtet. Oft wird der Alkohol auch als „Freudenbringer" und „Problemverdränger" angesehen, der das Leben scheinbar leichter macht. Diese Einstellung zum Alkoholkonsum kann jedoch bereits der erste Schritt zur Alkoholabhängigkeit sein. Besonders groß ist die Gefahr der Gewöhnung durch den Konsum der auf den Geschmack von Jugendlichen abgestimmten Mixgetränke (Alcopops), da der Alkoholgeschmack durch die Süße und das Aroma der Getränke überdeckt wird. Damit können v. a. Jugendliche, denen die üblichen Alkoholika zu bitter oder zu scharf schmecken, zum Konsum von Alkohol verführt werden. Meist bedenken sie jedoch nicht, dass eine Flasche dieser Mixgetränke häufig mehr Alkohol enthält als ein Glas Weinbrand [B2]. Die kurz- und langfristige Wirkung des Alkohols wird oft unterschätzt.

Die Wirkung von Alkohol auf den Körper. In Deutschland werden jährlich mehr als 25 Milliarden Euro für alkoholische Getränke ausgegeben. Durchschnittlich nimmt jeder Einwohner täglich 35 ml (ca. 28 g) reinen Alkohol zu sich.
Alkohol ist ein giftiger Stoff; die tödliche Dosis für ein Kleinkind liegt bei 7 g bis 17 g reinem Alkohol. Dies entspricht etwa einem Glas Wein [B2]. Da Alkohol sehr schnell in den Blutkreislauf gelangt, zeigen auch beim Erwachsenen bereits geringe Mengen nach kurzer Zeit Auswirkungen auf Befinden und Verhalten. Durch Alkohol werden Nervenzellen in ihrer Funktion gestört. Die direkten Folgen sind Minderung des logischen Denkvermögens und der Selbstkontrolle sowie der Abbau von Hemmungen. Der Genuss größerer Alkoholmengen führt zum „Rausch" [B3]. Dabei werden bis zu 10 Millionen Gehirnzellen zerstört.
Langfristig wird die Leber geschädigt, in der der Alkohol abgebaut wird. Pro Stunde werden etwa 7 g bis 9 g Alkohol abgebaut. Je nach Konstitution kann eine tägliche Aufnahme von 20 g bis 60 g Alkohol über längere Zeit zu lebensbedrohlicher Leberschrumpfung (Leberzirrhose) führen. Auch andere Organe werden geschädigt [B1].

Alkohol und Sucht. Eine seelische Abhängigkeit von Alkohol kann sich bereits bei relativ geringer täglicher Aufnahme einstellen und zur Alkoholsucht führen. Diese ist fast immer durch körperliche (physische) und seelische (psychische) Abhängigkeit gekennzeichnet. Dabei wird die körperliche Abhängigkeit durch physische Entzugssymptome wie Frieren, Übelkeit und Durchfall charakterisiert. Die seelische Abhängigkeit besteht in dem Bedürfnis, die durch den Alkohol hervorgerufenen angenehmen Gefühle immer wieder hervorzurufen (Wiederholungszwang). Nur eine Entziehungskur und lebenslanger Verzicht auf Alkohol können die Sucht zum Stillstand bringen.

Alkohol und Verkehr. Besonders gefährlich sind die Auswirkungen von Alkohol auf Verkehrsteilnehmer [B4]. Vor allem führt die enthemmende Wirkung von Alkohol zur Selbstüberschätzung und zu riskantem Verhalten. Ein Viertel der im Straßenverkehr Getöteten sind Opfer alkoholbedingter Verkehrsdelikte. Bei Verdacht auf „Alkohol am Steuer" werden von der Polizei nicht nur bei Autofahrern Kontrollen durchgeführt, sondern auch bei allen anderen Verkehrsteilnehmern, z. B. bei Fahrradfahrern. Dabei wird zunächst der Alkoholgehalt in der Atemluft mit einem elektronischen Messgerät bestimmt. Ab einem bestimmten Wert wird eine Blutprobe zur Bestimmung des Blutalkoholgehalts veranlasst. Ein Massenanteil von 1‰ bedeutet, dass sich 1 mg Alkohol in 1000 mg (1 g) Blut befindet. Der Blutalkoholgehalt nach Alkoholkonsum lässt sich näherungsweise abschätzen [B5].

Promille Ein Promille ist ein Tausendstel.

$1‰ = \frac{1}{1000} = 10^{-3}$

Diese Einheit kann bei allen Anteilen (z. B. Massenanteil, Volumenanteil) verwendet werden

A1 Erkläre, warum die Unfallgefahr nach Alkoholkonsum erhöht ist.

A2 Die „Promillegrenze" für Verkehrsteilnehmer liegt z. B. in Schweden bei 0,2‰, in Ungarn sogar bei 0,0‰. Ermittle, welche „Promillegrenzen" im Straßenverkehr in Deutschland gelten. Nenne Gründe dafür, dass diese weiter herabgesetzt werden sollten.

A3 Berechne den ungefähren Blutalkoholgehalt einer 50 kg schweren Frau nach zwei Flaschen Alcopops (σ = 5,5 %; je 0,33 l).

A4 In der Öffentlichkeit gibt es Diskussionen, dass man ärztliche Behandlungen infolge einer Alkoholvergiftung selbst bezahlen müssen sollte. Nenne Gründe die dafür und die dagegen sprechen.

Unter 0,5‰: Bereits 0,3‰ erschweren den schnellen Überblick über eine ständig wechselnde Verkehrslage. Das Reaktionsvermögen verschlechtert sich.

0,5 bis 0,8‰: Reaktion auf optische und akustische Signale wird deutlich verlangsamt. Bremsweg verlängert sich bei 50 km/h um 14 m, Blickfeld ist eingeengt („Tunnelblick"), Minderung der Konzentrationsfähigkeit; Unfallhäufigkeit mit Personenschäden verdoppelt sich.

0,8 bis 1,2‰: Erhebliche Minderung der Aufmerksamkeit und Konzentrationsfähigkeit, stark verzögerte Reaktionsabläufe; euphorische Überschätzung der eigenen Fähigkeiten.

1,2 bis 2,4‰: Absolute Fahruntüchtigkeit, bei 1,5‰ sechzehnfaches Risiko für einen Unfall mit Personenschäden; Gleichgewichts- und Koordinationsstörungen; stark gestörte Reaktionsabläufe bei gleichzeitiger Überschätzung der eigenen Fähigkeiten.

B4 Gefahren durch Alkoholmissbrauch im Straßenverkehr

Widmark-Formel zur Berechnung des Blutalkoholgehalts:

$$w(\text{Alkohol im Blut}) = \frac{m(\text{Alkohol})}{m(\text{Person}) \cdot r}$$

r ist der sogenannte Reduktionsfaktor, der berücksichtigt, dass Alkohol sich nur in dem wasserhaltigen Körperanteil verteilen kann, nicht jedoch im Fettgewebe und den Knochen. Durchschnittswerte: *r*(Mann) = 0,7; *r*(Frau) = 0,6.

Beispiel: Ein Mann (m = 75 kg) trinkt ein Glas Bier (V = 0,3 l) mit einer Volumenkonzentration

$$\sigma(\text{Alkohol}) = \frac{V(\text{Alkohol})}{V(\text{Getränk})} = 0{,}05\ (5\,\%)$$

Schätze seinen Blutalkoholgehalt ab.

Rechnung: **Volumen des reinen Alkohols:**

$$V(\text{Alkohol}) = \sigma(\text{Alkohol}) \cdot V(\text{Getränk}) = 0{,}05 \cdot 0{,}3\,\text{l} = 0{,}015\,\text{l} = 15\,\text{ml}$$

Masse des reinen Alkohols:

$$m(\text{Alkohol}) = \rho(\text{Alkohol}) \cdot V(\text{Alkohol}) = 0{,}785\,\text{g/ml} \cdot 15\,\text{ml} = 11{,}8\,\text{g}$$

Einsetzen in die Widmark-Formel:

$$w(\text{Alkohol im Blut}) = \frac{11{,}8\,\text{g}}{75\,000\,\text{g} \cdot 0{,}7} = 0{,}000\,22 = 0{,}22\,‰$$

B5 Berechnung des Blutalkoholgehalts

5.14 Alkohol-Herstellung durch Gärung

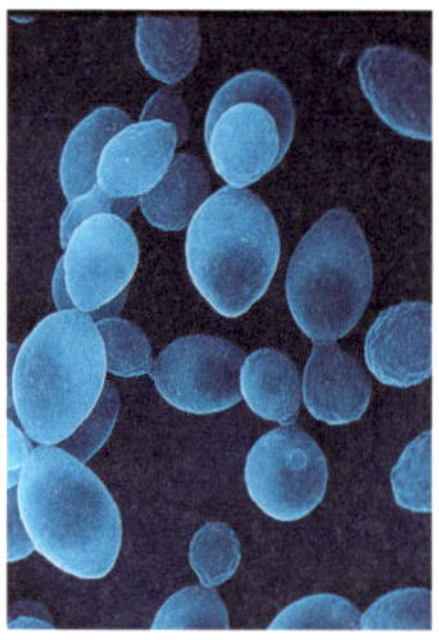

B1 Hefezellen (mikroskopische Aufnahme)

enzymatisch
mithilfe von Enzymen, die als Biokatalysatoren wirken

hygroskopisch
wasseranziehend

Viele Reiniger wie Fensterputzmittel enthalten Alkohol, um Fettverschmutzungen lösen zu können. Auch Parfüm besteht zu einem Teil aus Alkohol, weil sich die Duftstoffe nicht nur in Wasser lösen lassen.
Die Herstellung von Alkohol und alkoholischen Getränken ist schon seit Jahrtausenden bekannt. Dies ist wohl darauf zurückzuführen, dass Alkohol durch eine chemische Reaktion gebildet wird, die auch ohne Zutun des Menschen in der Natur abläuft.

Alkoholische Gärung. Alkohol entsteht aus Traubenzucker (Glucose), der in vielen Früchten enthalten ist. Unter dem Einfluss der **Enzyme** (Biokatalysatoren) von *Hefepilzen* [B1] entsteht neben Alkohol ein weiteres Reaktionsprodukt, Kohlenstoffdioxid:

$$\text{Traubenzucker} \xrightarrow[\text{Wasser}]{\text{Enzyme}} \text{Alkohol} + \text{Kohlenstoffdioxid}$$

Diesen Vorgang nennt man alkoholische Gärung. Bei vielen Früchten sind auf ihren Schalen bereits Hefepilze vorhanden, sodass der Gärvorgang von selbst beginnen kann.
Er liefert den Hefezellen die für sie lebensnotwendige Energie. Der Presssaft der Früchte reichert sich durch den Gärvorgang langsam mit Alkohol an. So entsteht z. B. Apfelwein.
Den Gärvorgang kann man anhand der Bildung von Kohlenstoffdioxid verfolgen. Verschließt man die Gärgefäße, bevor die Gärung völlig beendet ist, löst sich unter dem steigenden Druck ein großer Teil des Kohlenstoffdioxids in der Flüssigkeit. So entsteht z. B. Champagner.

Auch aus Pflanzen, die Stärke enthalten, können alkoholische Getränke hergestellt werden, da in Pflanzenzellen aus Stärke enzymatisch Traubenzucker entstehen kann. Dies nutzt man z. B. bei der Bierherstellung, für die man u. a. Gerste benötigt. Auch aus anderen stärkehaltigen Früchten und Knollen, wie Reis und Kartoffeln, kann Alkohol hergestellt werden.
In einem *Hefeteig* läuft ebenfalls eine alkoholische Gärung ab. Das Kohlenstoffdioxid treibt das Gebäck auf und macht es locker. Der dabei zudem entstehende Alkohol verdampft beim Backvorgang.

Destillation. Die alkoholische Gärung hört von alleine auf, sobald eine Volumenkonzentration von ca. 15 % erreicht ist, da dann die Hefezellen absterben. Höhere Alkoholkonzentrationen lassen sich durch Destillieren („Brennen") erreichen [B2, B3]. Man erhält so *Branntwein*.
Im Destillat liegt maximal eine Volumenkonzentration von 96 % vor. Lösungen mit diesem Alkoholgehalt nennt man *Spiritus*, er wird u. a. zur Herstellung von Spirituosen verwendet. Aus steuerlichen Gründen durch Zusätze ungenießbar gemacht („vergällt") dient er als *Brennspiritus*. Um wasserfreien Alkohol herzustellen, muss das restliche Wasser durch Zusatz eines hygroskopischen Stoffes, z. B. Calciumoxid, entfernt werden.

A1 Bei der Herstellung von Sekt werden fertigem Wein Zucker und Hefe zugesetzt und das Gärgefäß verschlossen. Erkläre.

B2 Technische Alkoholherstellung

B3 Historische Apparatur zur Branntweinherstellung

5.15 Das Ethanol-Molekül

Bei der alkoholischen Gärung entsteht Alkohol (Kap. 5.14). Die genauere Bezeichnung ist Ethanol. Bei Zimmertempatur ist Ethanol ein flüssiger, leicht flüchtiger Stoff. Daher kann man vermuten, dass er aus Molekülen und nicht aus Ionen aufgebaut ist. Durch Experimente erhält man Hinweise auf die Atomsorten, die am Aufbau des Ethanol-Moleküls beteiligt sind, und auf deren Verknüpfung.

Elementare Zusammensetzung. Bei der Verbrennung von Ethanol entstehen Kohlenstoffdioxid und Wasser [V1]. Am Aufbau des Ethanol-Moleküls müssen also Kohlenstoff- und Wasserstoff-Atome beteiligt sein.
Ein weiteres Experiment [V2] deutet auf enthaltene Sauerstoff-Atome hin. Weitere Atomsorten lassen sich nicht nachweisen. Genauere Untersuchungen ergeben, dass das Molekül doppelt so viele Kohlenstoff-Atome wie Sauerstoff-Atome und sechsmal so viele Wasserstoff-Atome wie Sauerstoff-Atome enthält. Über die Ermittlung der Molekülmasse (m = 46 u) erhält man daraus die Summenformel C_2H_6O.

Struktur des Ethanol-Moleküls. In der Strukturformel des Ethanol-Moleküls [B1] nimmt eines der Wasserstoff-Atome eine Sonderstellung ein. Es ist an ein Sauerstoff-Atom gebunden. Eine solche Bindung kommt auch im Wasser-Molekül vor. Daher kann man erwarten, dass Ethanol ähnliche Eigenschaften und Reaktionen wie Wasser zeigt. Eine solche Ähnlichkeit besteht in der Reaktion mit Natrium. Natrium reagiert mit Ethanol unter Wasserstoffentwicklung [V3]. Der Verlauf der Reaktion ist bei Ethanol allerdings weniger heftig als bei der Reaktion mit Wasser (Kap. 2.7).
Es lässt sich beweisen, dass der entstandene Wasserstoff ausschließlich aus solchen Wasserstoff-Atomen aufgebaut ist, die zuvor im Ethanol-Molekül an ein Sauerstoff-Atom gebunden waren.
Um die Sonderstellung dieser Wasserstoff-Atome zu kennzeichnen, schreibt man statt der Summenformel C_2H_6O oft C_2H_5OH. Die OH-Gruppe wird als **Hydroxygruppe** bezeichnet.

Das Ethanol-Molekül hat die Formel C_2H_5OH. Es enthält eine Ethylgruppe und eine Hydroxygruppe (OH-Gruppe).

V1 Entzünde eine kleine Portion Ethanol und sauge die Verbrennungsgase durch ein gekühltes U-Rohr und eine Waschflasche mit Kalkwasser. Bestreue die Flüssigkeit im U-Rohr mit weißem Kupfersulfat oder berühre die Tröpfchen mit Watesmopapier.

V2 In ein Reagenzglas füllt man 2 cm hoch Sand und tränkt diesen mit Ethanol. Man bringt in das waagerecht eingespannte Reagenzglas eine Magnesiarinne mit Magnesiumpulver und verschließt mit einem durchbohrten Stopfen mit Gasableitungsrohr. Zunächst wird das Magnesiumpulver stark erhitzt, danach werden durch gleichzeitiges schwaches Erhitzen des Sandes Alkoholdämpfe darübergeleitet. Die aus dem Rohr entweichenden Gase werden über Wasser aufgefangen und entzündet. (Schutzbrille!) Man gibt das feste Reaktionsprodukt in Wasser und prüft den pH-Wert.

V3 Man gibt eine kleine Portion Natrium in ein Reagenzglas mit Ethanol (wasserfrei), fängt das entstehende Gas über Wasser auf und führt die Knallgasprobe durch.

A1 Formuliere die Reaktionsgleichung der Verbrennung von Ethanol.

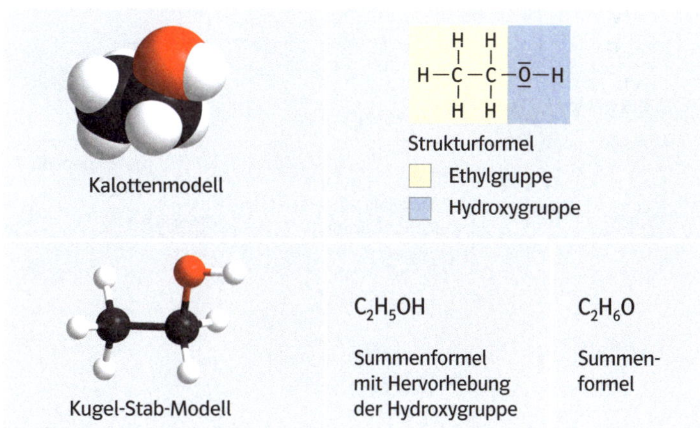

B1 Modelle und Formeln des Ethanolmoleküls

5.16 Eigenschaften und Verwendung von Ethanol

Ethanol ist nicht nur als Bestandteil alkoholischer Getränke, sondern in vielen Bereichen des täglichen Lebens und in der Technik zu finden. Die besonderen Eigenschaften und damit die Anwendungsbereiche des Ethanols lassen sich durch den Bau der Moleküle erklären.

Auswirkungen der Hydroxygruppe. Das Ethanolmolekül besitzt eine *OH-* bzw. *Hydroxygruppe*. Die Bindung zwischen dem Wasserstoff- und dem Sauerstoff-Atom ist stark polar, mit einer positiven Teilladung am Wasserstoff-Atom und einer negativen am Sauerstoff-Atom. Es liegt ein **Dipol** vor.

Zwischen Ethanol-Molekülen können sich **Wasserstoffbrücken** ausbilden [B2]. Jedes Ethanol-Molekül stellt im Unterschied zu einem Wasser-Molekül hierbei nur ein Wasserstoff-Atom zur Verfügung, das eine Wasserstoffbrücke zum Nachbarmolekül ausbilden kann.
Die zwischenmolekularen Kräfte sind insgesamt schwächer als beim Wasser. Dementsprechend ist auch die Siedetemperatur mit 78 °C tiefer. Sie ist allerdings wesentlich höher als die Siedetemperatur von Stoffen, deren Moleküle unpolar sind und zwischen denen ähnlich große Van-der-Waals-Kräfte wirken wie zwischen Ethanol-Molekülen (z. B. Propanmoleküle).

Auch die Tatsache, dass Ethanol in Wasser löslich ist [V1], ist auf die polare Hydroxygruppe zurückzuführen. Zwischen Ethanol- und Wasser-Molekülen können sich ebenfalls Wasserstoffbrücken ausbilden.

Ethanol als Lösungsmittel. Die Farbflecke mancher Filzstifte lassen sich nicht gut mit Wasser, dagegen sehr gut mit Ethanol entfernen. Offenbar hat Ethanol andere Lösungseigenschaften als Wasser. Versuche zum Lösungsverhalten des Ethanols ergeben, dass es nicht nur in Wasser, sondern auch in Benzin löslich ist [V1]. Dieses Verhalten ist erstaunlich, da Wasser und Benzin sich nicht ineinander lösen.
Benzin setzt sich vorwiegend zusammen aus Molekülen, an deren Aufbau nur Wasserstoff- und Kohlenstoff-Atome beteiligt sind. Es sind also **Kohlenwasserstoffe**. Im einfachsten Fall sind in diesen Molekülen alle Atome durch Einfachbindungen verbunden (Kap. 3.18). Stoffe, deren Moleküle dieses Bauprinzip aufweisen, gehören zur Stoffgruppe der Alkane. Aufgrund ihres räumlichen Baus sind Alkan-Moleküle unpolar. Zwischen ihnen wirken nur Van-der-Waals-Kräfte (Kap. 5.8).
Ein Teil des Ethanol-Moleküls, die C_2H_5-Gruppe, zeigt dasselbe Bauprinzip wie die Alkan-Moleküle. Dieser Molekülteil ist ebenfalls unpolar und verantwortlich für die Löslichkeit von Ethanol in Benzin.

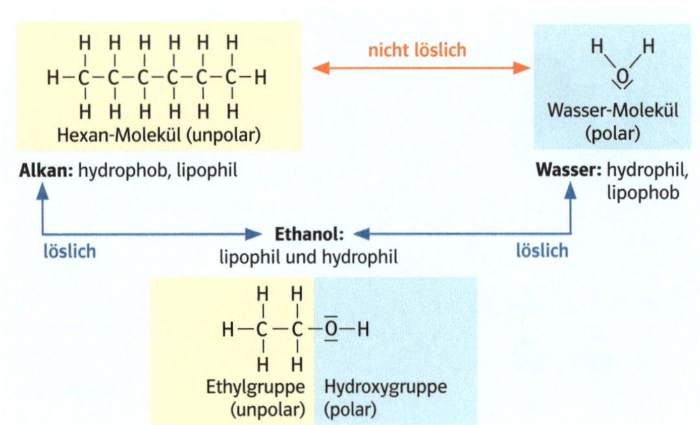

B1 Struktur und Löslichkeit. Ethanol löst sich aufgrund seines Molekülbaus in Wasser und Benzin

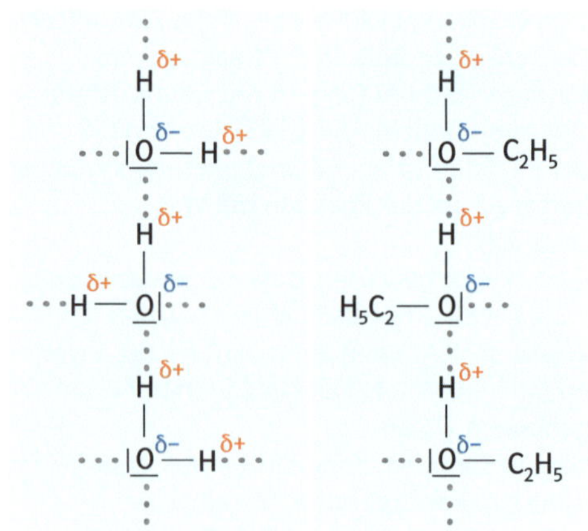

B2 Wasserstoffbrücken zwischen Wasser-Molekülen (links) und zwischen Ethanol-Molekülen (rechts)

Ethanol ist wegen der polaren Hydroxygruppe seiner Moleküle hydrophil. Gleichzeitig ist er wegen der unpolaren Ethylgruppe seiner Moleküle lipophil.

Verwendung von Ethanol. Eine Eigenschaft, die Ethanol mit den Kohlenwasserstoffen gemeinsam hat, ist die Brennbarkeit. Außer bei seiner Verwendung als Brennspiritus wird diese Eigenschaft bei der Verwendung als Treibstoff genutzt. Auch Lösungen mit Wasser sind bis zu einer Alkoholkonzentration von ca. 50 % noch brennbar. Der Bedarf an Ethanol zur industriellen Verwendung ist sehr groß. Der größte Teil wird nicht über die alkoholische Gärung hergestellt, sondern durch Reaktion von Ethen (das aus Erdöl gewonnen wurde) mit Wasser.

$$C_2H_4 + H_2O \longrightarrow C_2H_5OH$$

So werden in Deutschland jährlich etwa 100 000 t „technischer Alkohol" hergestellt. Aufgrund seiner Fähigkeit, sowohl hydrophile als auch hydrophobe Stoffe zu lösen, wird Ethanol in vielen Bereichen als Lösungsmittel verwendet. Dies ist besonders dann wichtig, wenn *zugleich* hydrophile und hydrophobe Stoffe, z. B. Wirkstoffe in einem Arzneimittel, gelöst werden sollen [B5]. Ein weiterer Vorteil ist, dass solche Lösungen noch bis zu einem bestimmten Grad mit Wasser verdünnbar sind, bevor sich eine Emulsion bildet [V2b].

Außer in der pharmazeutischen Industrie nutzt man dies bei der Herstellung von Kosmetika, wie Rasier-, Gesichts-, Mund- und Duftwasser [B3], sowie in der Lack- und Farbenindustrie. Auch viele Filzstifte und Tinten enthalten Ethanol als Lösungsmittel. Ferner wird es als Extraktions-, Reinigungs-, Desinfektions- und Konservierungsmittel verwendet. Für nicht zu hohe Temperaturen ersetzt Ethanol als Thermometerfüllung das giftige Quecksilber [B4].

B3 Alltagsprodukte mit Alkoholgehalt

V1 Gib in je ein Reagenzglas etwas Wasser bzw. Benzin, füge etwa die gleiche Menge Ethanol (Brennspiritus) zu und schüttle.

V2 **a)** Gib in ein Reagenzglas zu 1 ml Benzin 1 ml Wasser und schüttle. Füge anschließend portionsweise etwa 20 ml Brennspiritus zu. **b)** Gib in ein Reagenzglas etwas alkoholischen Anisextrakt und füge tropfenweise Wasser hinzu.

V3 Gib in drei Reagenzgläser je einen kleinen Iodkristall. Füge dann 3 ml Wasser, Ethanol bzw. Heptan hinzu und schüttele.
Information: Eine Lösung von Iod in flüssigen Sauerstoffverbindungen ist gelb bis braun. Eine Lösung von Iod in Verbindungen, die keine Sauerstoff-Atome enthalten, ist in der Regel rotviolett bis violett. Ausnahmen bilden einige Schwefel- und Stickstoffverbindungen, die hier aber keine Rolle spielen.

A1 Nenne jeweils Eigenschaften des Ethanols, die auf den Einfluss der Hydroxy- bzw. Ethylgruppe zurückzuführen sind, und begründe die Zuordnung.

A2 **a)** Welche zwischenmolekularen Kräfte sind hauptsächlich für die Höhe der Siedetemperaturen von Wasser und Ethanol verantwortlich?
b) Erkläre, warum Ethanol bei einer tieferen Temperatur siedet als Wasser.

A3 Zeichne einige Ethanol- und Wasser-Moleküle in einem Ethanol-Wasser-Gemisch mit den zwischen ihnen auftretenden Kräften. Erkläre die Löslichkeit von Ethanol in Wasser.

A4 Nenne die Eigenschaft von Ethanol, die man bei seiner Verwendung in „Kölnisch Wasser" nutzt.

B4 Ethanol als Thermometerfüllung

B5 Ethanol als Lösungsmittel für Pflanzenwirkstoffe

Alkohole sind organische Stoffe, deren Moleküle mindestens eine OH-Gruppe besitzen. Alkohole sind sich in vielen Eigenschaften und Reaktionen ähnlich, da die allen Molekülen gemeinsame Hydroxygruppe das Verhalten der Alkohol-Moleküle wesentlich beeinflusst. Sie wird daher als **funktionelle Gruppe** der Alkohol-Moleküle bezeichnet.

Ersetzt man in einem Alkan-Molekül (Kap. 3.18) ein Wasserstoff-Atom formal durch eine Hydroxygruppe, erhält man das Molekül eines **Alkanols**. Jedes Alkanol ist ein Alkohol, aber nicht umgekehrt. Z. B. gibt es auch Alkohole mit mehreren Hydroxygruppen. „Alkohol" ist der Oberbegriff. Zu den Alkoholen gehören also die Alkanole, aber auch andere Stoffe, deren Moleküle eine oder mehrere Hydroxygruppen aufweisen. Die Endung „-ol" bedeutet, dass im Molekül eine OH-Gruppe als funktionelle Gruppe vorhanden ist. Die Alkanole lassen sich in einer Reihe anordnen. Aufeinanderfolgende Glieder dieser Reihe unterscheiden sich dadurch, dass ihre Moleküle immer einen um eine CH_2-Gruppe erweiterten Alkylrest aufweisen. So ergibt sich eine **homologe Reihe**. Die allgemeine Summenformel der Alkanole lautet: $C_nH_{2n+1}OH$.

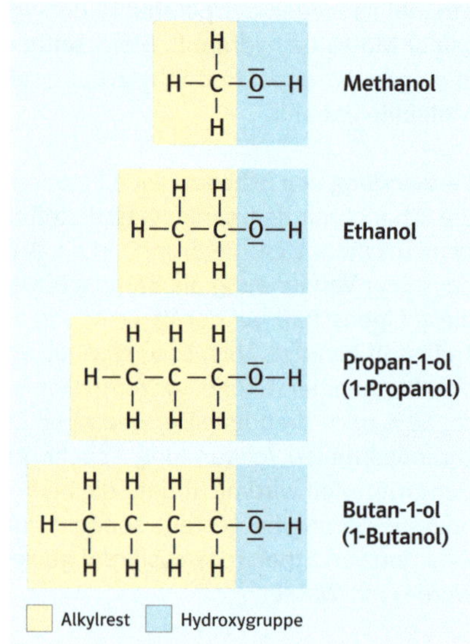

B1 Homologe Reihe der Alkanole

1 Ergänze Name und Strukturformel des auf Butan-1-ol folgenden Alkanols in der homologen Reihe der Alkanole.

2 Wie bei den Alkanen (Kap. 5.9) gibt es bei den Alkanolen Strukturisomere, weil ihr Alkylrest ebenfalls verzweigt sein kann. Zusätzlich kann die Hydroxygruppe im Molekül an unterschiedliche Kohlenstoff-Atome gebunden sein kann. Zur Formel $C_5H_{11}OH$ gibt es unter anderem folgende drei Isomere.

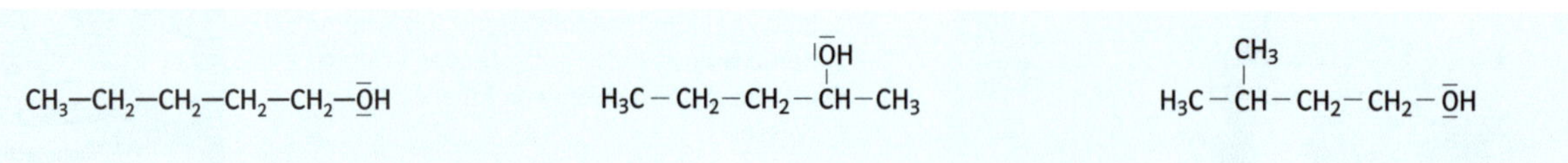

Baue mit einem Molekülbaukasten alle isomeren Alkanol-Moleküle mit der Formel C_4H_9OH. Zeichne dann ihre Halbstrukturformeln.

a)

b)

c)

d)

Die Regeln zur Benennung von Alkanolen sind ähnlich zur Nomenklatur der Alkane (Kap. 5.10). Allerdings kommt der funktionellen Gruppe der Alkanole, der Hydroxygruppe, eine besondere Bedeutung zu.

3 Ergänze die Lücken bei den Regeln der Nomenklatur der Alkanole.

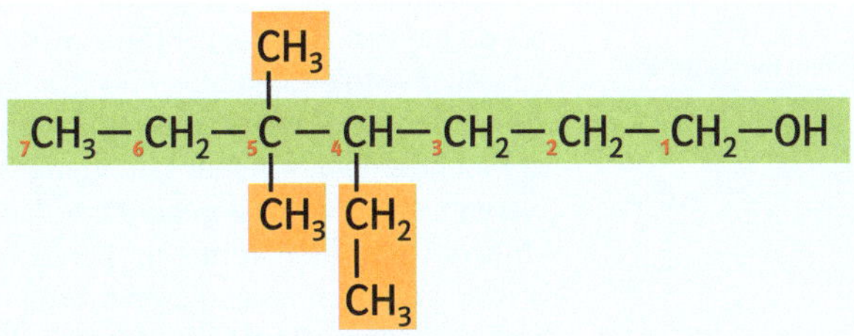

1. Längste Kette von Kohlenstoff-Atomen ermitteln, die die ______________ trägt, und den Namen des Alkans, dessen Moleküle die gleiche Anzahl von ______________ enthalten, ermitteln.
2. Die Kohlenstoff-Atome der Kette so nummerieren, dass das die OH-Gruppe tragende C-Atom die kleinstmögliche Zahl erhält. Diese Zahl ________ den Namen für die längste Kette der Kohlenstoff-Atome stellen.
3. Die Endung _____ zur Kennzeichnung des Alkanols anfügen.
4. Seitenketten benennen und ____________ ordnen.
5. ________ der gleichen Seitenketten ermitteln.
6. Verknüpfungsstellen zwischen ________ und Seitenketten ermitteln.

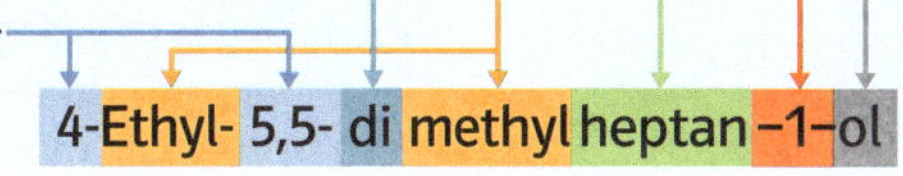

4 Benenne die Isomere aus Aufgabe 2. Schreibe ihre Namen unter die Formeln.

5 Benenne folgende Alkanole.

$C_3H_7—CH(C_2H_5)—CH(CH_3)—CH_2OH$ ______________________________

$C(CH_3)_3—CH_2OH$ ______________________________

6 Zeichne die Halbstrukturformeln folgender Moleküle.

2,3,4-Trimethylpentan-2-ol

3-Ethyl-4,5,5-trimethyloctan-1-ol

7 Ist an das Kohlenstoff-Atom, das die Hydroxygruppe trägt, *höchstens eine* weitere Alkylgruppe gebunden, so spricht man auch von einem **primären Alkanol**. Sind *zwei* oder *drei* Alkylgruppen gebunden, liegt ein **sekundäres** bzw. **tertiäres Alkanol** vor.
Markiere in Aufgabe 2 primäre, sekundäre und tertiäre Alkanole.

5.18 Eigenschaften der Alkohole

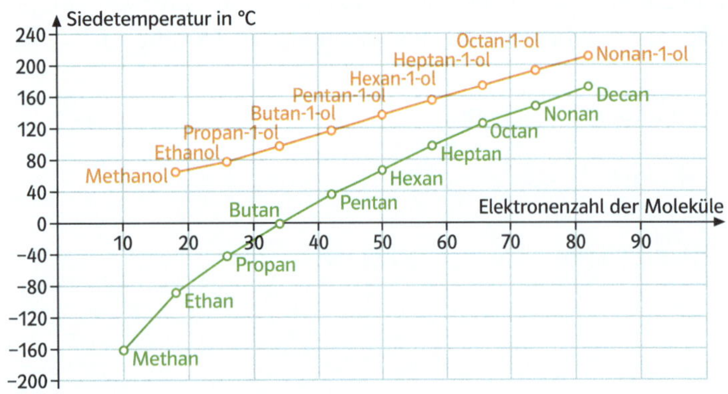

B1 Siedetemperaturen von Alkanolen und Alkanen im Vergleich

Die Stoffeigenschaften eines Alkohols werden sowohl von der polaren OH-Gruppe als auch von dem unpolaren Alkylrest geprägt. Es besteht somit ein direkter Zusammenhang zwischen der *Struktur der Moleküle* und den *Eigenschaften der Stoffe*.

Homologe Reihe und Siedetemperaturen. Innerhalb der homologen Reihe steigen die Siedetemperaturen der Alkanole an [B1]. Diese liegen wesentlich höher als die Siedetemperaturen von Alkanen mit ähnlicher Kettenlänge und Elektronenanzahl.

Name	Schmelztemperatur ϑ_{sm} in °C	Siedetemperatur ϑ_{sd} in °C	Löslichkeit in Wasser	Löslichkeit in Benzin	Viskosität
Methanol	−98	65	unbegrenzt	wenig	nimmt zu
Ethanol	−117	78		unbegrenzt	
Propan-1-ol	−126	97			
Butan-1-ol	−89	117	nimmt zu		
Pentan-1-ol	−79	138			
Hexan-1-ol	−47	157			
Dodecan-1-ol	26	256			
Hexadecan-1-ol	50	344			

B2 Die homologe Reihe der Alkanole. Zusammenhang zwischen Struktur und Eigenschaften

Dies ist auf die Polarität der OH-Gruppe zurückzuführen, die zur Ausbildung von Wasserstoffbrücken zwischen den Alkanol-Molekülen führt. Mit zunehmender Kettenlänge nähern sich allerdings die Siedetemperaturen von Alkanen und entsprechenden Alkanolen an, da die Van-der-Waals-Kräfte zwischen den Alkan-Molekülen bzw. Alkylgruppen mit zunehmender Molekülgröße und damit zunehmender Elektronenanzahl immer größer werden. Sie gewinnen gegenüber den Wasserstoffbrücken einen immer größeren Anteil an den zwischenmolekularen Kräften. Der erste bei Zimmertemperatur feste Alkohol ist Dodecan-1-ol.

Homologe Reihe und Viskosität. Mit größer werdender Kettenlänge nehmen die Van-der-Waals-Kräfte zu. Dies ist die Ursache für die im Verlauf der homologen Reihe zunehmende *Zähflüssigkeit (Viskosität)* der Alkanole [B2].

Homologe Reihe und Löslichkeit. Der Einfluss des Alkylrests bzw. der Hydroxygruppe wirkt sich auch auf das Lösungsverhalten der Alkanole aus [B2]. Zwischen der polaren OH-Gruppe der Alkanol-Moleküle und den Wasser-Molekülen können sich Wasserstoffbrücken ausbilden. Die ersten drei Glieder der homologen Reihe lösen sich deshalb unbegrenzt in Wasser. Ab Butan-1-ol nimmt die Wasserlöslichkeit immer mehr ab, da der größer werdende unpolare Alkylrest zunehmend das Lösungsverhalten bestimmt. In Benzin und anderen lipophilen Lösungsmitteln sind alle Alkohole unbegrenzt löslich [V1, B2].

V1 Gib zu einigen Millilitern Wasser bzw. Benzin tropfenweise verschiedene Alkanole und prüfe, ob sich eine Lösung bildet. Interpretiere die Ergebnisse.

A1 Propan-1-ol siedet bei 97 °C, Butan bei −1 °C. Erkläre den Unterschied.

A2 Kommentiere den Satz: „Eine OH-Gruppe zieht drei Kohlenstoff-Atome ins Wasser."

5.19 Vielfalt der Alkohole

Neben Alkanolen sind in Alltag und Technik auch **mehrwertige Alkohole** von Belang. Das sind Alkohole mit zwei oder mehr Hydroxygruppen in ihren Molekülen. Prinzipiell kann jedes Kohlenstoff-Atom eines Moleküls mit einer OH-Gruppe verbunden sein. Moleküle mit mehr als einer OH-Gruppe an ein und demselben C-Atom sind allerdings meist nicht beständig (Erlenmeyer-Regel).

1 Informiere dich über die Alkohole Methanol, Ethanol, Propan-2-ol, Ethandiol und Propantriol. Ordne ihnen dann jeweils die passenden Textbausteine zu. Durch Verbinden der Punkte mit Linien ergeben die nicht durchgestrichenen Buchstaben von oben nach unten gelesen das Lösungswort.

Methanol

Ethanol

Propan-2-ol

Ethandiol

Propantriol

A C H L E E S O M L T H A I I B T E L

Ist eine dickflüssige, giftige, süß schmeckende Flüssigkeit, die auch **Glykol** (griech. glykys, süß) genannt wird. Aufgrund der zwei OH-Gruppen im Molekül herrschen starke zwischenmolekulare Kräfte (Wasserstoffbrücken). Siedetemperatur (198 °C) und Viskosität sind deutlich höher als bei Ethanol.

In Geruch und Geschmack ähnelt es dem Ethanol, ist jedoch weitaus giftiger. Der Genuss von 5 bis 10 ml führt zu Erblindung und Gehirnschädigungen, bereits 20 bis 50 ml sind tödlich.

Es ist der wichtigste Alkohol mit einer Jahresproduktion in Deutschland von ca. 1 Mio. t. Es kann sowohl hydrophile als auch hydrophobe Stoffe lösen und wird deshalb als wichtiges Lösungsmittel eingesetzt. Der größte Teil wird zur Herstellung von Ausgangsstoffen für die Kunststoffproduktion benötigt.

Der umgangssprachlich **Isopropylalkohol** genannte Stoff ähnelt Ethanol sehr und ersetzt es in vielen Bereichen. Wegen seines guten Lösungsvermögens und seiner die Hautdurchblutung anregenden und desinfizierenden Wirkung ist er ein verbreitetes Lösungsmittel in Kosmetika. Auch als Frostschutzmittel in Scheibenwaschanlagen von Autos und in Enteisern findet er Verwendung, ferner als Lösungsmittel in vielen Farben und Lacken sowie in Haushaltsreinigern.

Wässrige Lösungen besitzen tiefe Erstarrungstemperaturen. Sie werden zum Enteisen von Flugzeugen und als Frostschutz in Kühlern von Kraftfahrzeugen eingesetzt, da der Stoff aus der heißen Kühlerflüssigkeit nicht verdampft.

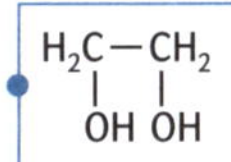

Wegen seiner hygroskopischen Wirkung sorgt der Stoff z. B. in Cremes und Zahnpasten für genügend Feuchtigkeit. In Fahrzeugen dient er als Bremsflüssigkeit und als Frostschutzmittel.

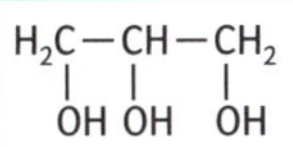

Ihre Löslichkeit in Benzin ist sehr gering. Dagegen sind sie gut wasserlöslich, sie sind hydrophil. *(2 Alkohole zuordnen)*

Lässt sich von Ethanol durch die Boraxprobe leicht unterscheiden, Die Grünfärbung der Methanolprobe und die Gelbfärbung der Ethanolprobe ermöglichen eine klare Unterscheidung.

Boraxprobe mit Methanol (links) und Ethanol (rechts)

Wird als Gemisch mit Benzin an Tankstellen als E10 verkauft (Anteil 10 %). Es ist auch in Superbenzin zu einem gewissen Anteil enthalten (unter 5 %). Dies führt zur einem längeren Erhalt der Erdölvorräte der Erde.

Der Stoff (umgangssprachlicher Name: **Glycerin**) hat aufgrund der drei Hydroxygruppen eine noch höhere Viskosität als Glykol und auch seine Siedetemperatur ist höher.

Lösungswort: ____________________

5.20 Impulse Lernzirkel Alkohole

B1 Zuckerrohr

B2 Zuckerrüben

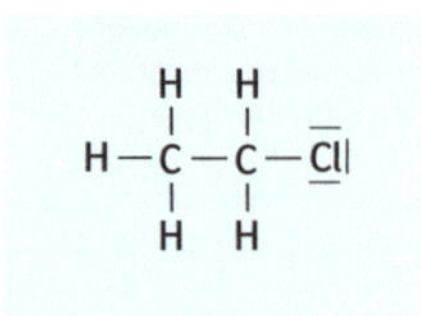

B3 Chlorethan

Station 1: Grundlagen

Aufgaben:

a) Gib die allgemeine Formel der Alkanole an.
b) Kennzeichne die funktionelle Gruppe in der Formel.
c) Pentan-1-ol hat mehrere Isomere. Zeichne die Halbstrukturformeln von zwei primären, zwei sekundären Alkanolen und einem tertiären Alkanol. Die von dir gezeichneten Moleküle sollten alle Isomere des Pentan-1-ols sein.
d) Benenne die Alkanole aus c).
e) Die Siedetemperaturen folgender Stoffe sind gegeben: ϑ_{sd}(Ethanol) = 78 °C, ϑ_{sd}(Chlorethan) = 12 °C, ϑ_{sd}(Propan) = −42 °C. Begründe, wodurch die unterschiedlichen Siedetemperaturen zustande kommen. Tipp: Die Strukturformeln der Moleküle können dir dabei eine Hilfe sein (s. auch B3).

Station 2: Eigenschaften und Verwendung von Alkoholen

Aufgaben:

Trage zu folgenden Alkoholen die Eigenschaften und Verwendungen zusammen: Methanol, Ethanol, Propan-2-ol, Ethandiol, Propantriol und Hexanhexol. Gib auch ihre Halbstrukturformeln an. Lege dazu eine Tabelle mit den entsprechenden Spalten an.

Station 3: Viskosität

Geräte und Materialien: 4 Reagenzgläser, Reagenzglasgestell, 4 kleine Kugeln: Kunststoff- oder Glaskugeln oder Erbsen, Stoppuhr, Pinzette, Ethanol, Butan-1-ol, Ethandiol, Propantriol.

Durchführung: Fülle je ein Reagenzglas etwa 10 cm hoch mit mit jeweils einem der Alkohole. Die Füllhöhe muss genau gleich sein. Lass dann aus der Höhe der Reagenzglasöffnung eine Kugel in den jeweiligen Alkohol fallen und miss die Zeit, bis die Kugel den Boden des Reagenzglases erreicht hat.

Aufgaben:

a) Beschreibe und deute deine Beobachtungen. Gehe dazu auch auf die Anziehungskräfte zwischen den Teilchen ein.
b) Welche Flüssigkeit hat eine größere Viskosität: Butan-1-ol oder Pentan? Schätze ab und begründe deine Entscheidung.

Station 4: Löslichkeit von Heptan und Wasser

Geräte und Materialien: 10 Reagenzgläser, Reagenzglasgestell, 2 Stopfen, 2 Tropfpipetten (eine für Wasser, eine für Heptan), Ethanol, Propan-1-ol, Pentan-1-ol, Dodecan-1-ol, Heptan, Wasser.

Durchführung:

a) Gib von Heptan bzw. den Alkoholen jeweils einen Fingerbreit in jeweils ein Reagenzglas und setze jedem Ansatz tropfenweise Wasser zu. Schüttle.
b) Gib von Wasser bzw. den Alkoholen jeweils einen Fingerbreit in jeweils ein Reagenzglas und füge jeweils tropfenweise Heptan zu. Schüttle.

Aufgabe: Beschreibe und deute deine Beobachtungen. Ziehe zur Deutung auch die Halbstrukturformeln der Moleküle der eingesetzten Stoffe heran.

Station 5: Ethanol als Treibstoff

Aufgaben:

a) Recherchiere Vor- und Nachteile der Verwendung von Ethanol als Treibstoff.
b) Erkläre, warum Benzin leichter verdunstet als Ethanol.
c) Formuliere die Reaktionsgleichung für die Verbrennung von Ethanol.
d) Vergleiche die Einsatzmöglichkeiten von Erdgas und Ethanol in ihrer Funktion als Treibstoffe.
e) Erkläre, warum Ethanol und Zuckerrohr als „nachwachsende Rohstoffe" bezeichnet werden. Nenne weitere Beispiele für die Verwendung nachwachsender Rohstoffe.
f) Erläutere, warum der Einsatz von Treibstoffen aus nachwachsenden Rohstoffen die Zunahme der Konzentration des Treibhausgases Kohlenstoffdioxid verringert? Begründe, wieso in der Gesamtbilanz bei Verwendung von „nachwachsenden Rohstoffen" als Treibstofflieferant trotzdem mehr Kohlenstoffdioxid freigesetzt wird, als von den Pflanzen aufgenommen wird.

5.21 Alkohole als Emulgatoren

Die menschliche Haut wird von einer Schicht geschützt, die aus dem Fett der Talgdrüsen und dem wässrigen Sekret der Schweißdrüsen besteht. Beide Ausscheidungen bilden eine Öl-in-Wasser-Emulsion. Derartige Emulsionen schützen die Haut vor Austrocknung und dem Eindringen von Bakterien. Viele Hautcremes sind nach diesem Vorbild aufgebaut. Sie enthalten ein pflegendes Öl, Wasser, Duftstoffe und einen Emulgator. Als Emulgatoren werden hier u.a. langkettige Alkanole wie Cetylalkohol (Hexadecan-1-ol $C_{16}H_{33}OH$, auch: Palmitylalkohol), Stearylalkohol (Octadecan-1-ol $C_{18}H_{37}OH$) verwendet. Sie geben der Creme zusätzlich auch Festigkeit.

1 Recherchiere und erkläre die Funktion der Emulgatoren in Hautcremes.

Um die Wirkweise eines Alkanols als Emulgator zu erklären, reicht es aus, das Alkanol-Molekül wie in **B1** vereinfacht zu skizzieren. Eine entsprechende Öl-in-Wasser-Emulsion kann wie in **B2** dargestellt werden.

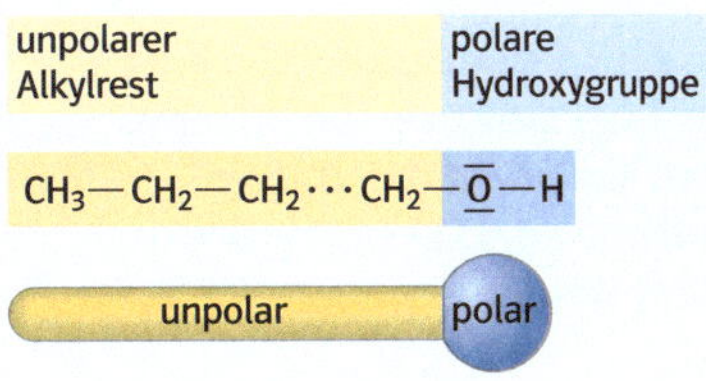

B1 Modell eines Alkanols

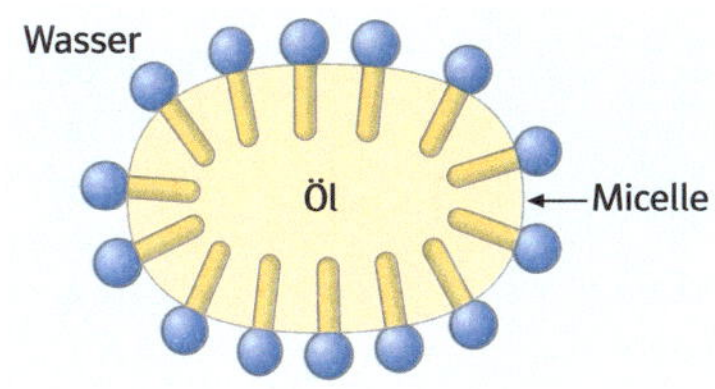

B2 Öl-in-Wasser-Emulsion

2 Beschreibe B2 und erkläre die Abbildung mithilfe der Polarität der jeweiligen Moleküle.

3 Zeichne eine Skizze, die die Lösungsverhältnisse in einer Wasser-in-Öl-Emulsion mit einem Alkanol als Emulgator darstellt.

5.22 Exkurs Oxidation von Alkoholen: Aldehyde und Ketone

Oxidation von Ethanol. Taucht man eine heiße, durch Kupferoxid an der Oberfläche geschwärzte Kupferdrahtnetzrolle in Ethanol [V1a], so zeigt die Farbänderung, dass das Kupferoxid zu Kupfer reduziert worden ist [B1]. Ethanol muss also oxidiert worden sein:

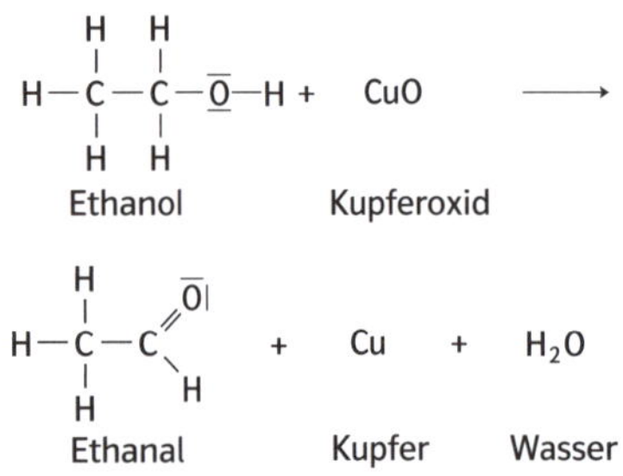

Das Reaktionsprodukt *Ethanal* ist auch unter der Bezeichnung *Acetaldehyd* bekannt und gehört zur Stoffgruppe der **Aldehyde**.
Die Bezeichnung Aldehyd ist ein aus „**al**cohol **dehyd**rogenatus" gebildetes Kunstwort und bedeutet: Alkohol, dem Wasserstoff entzogen worden ist.

Oxidation primärer und sekundärer Alkohole. Nicht nur Ethanol lässt sich zu einem Aldehyd oxidieren, sondern alle *primären Alkohole* können durch *Oxidation* bzw. *Dehydrierung* in Aldehyde überführt werden.

B1 Oxidation von Ethanol durch Kupferoxid

Diejenigen Aldehyde, die aus *primären Alkanolen* gebildet werden können, heißen mit dem systematischen Namen **Alkanale.** Ihre Benennung erfolgt durch Anhängen der Silbe „-al" an den Namen des entsprechenden Alkans. So entsteht z. B. aus Propan-1-ol durch Oxidation Propanal [V1b, B2].

Methanal	H—CHO
Ethanal	CH_3—CHO
Propanal	C_2H_5—CHO
Butanal	C_3H_7—CHO
Pentanal	C_4H_9—CHO
Hexanal	C_5H_{11}—CHO
Heptanal	C_6H_{13}—CHO

B2 Homologe Reihe der Alkanale

Wird der sekundäre Alkohol Propan-2-ol oxidiert bzw. dehydriert, so entsteht *Propanon (Aceton)* [V1c]:

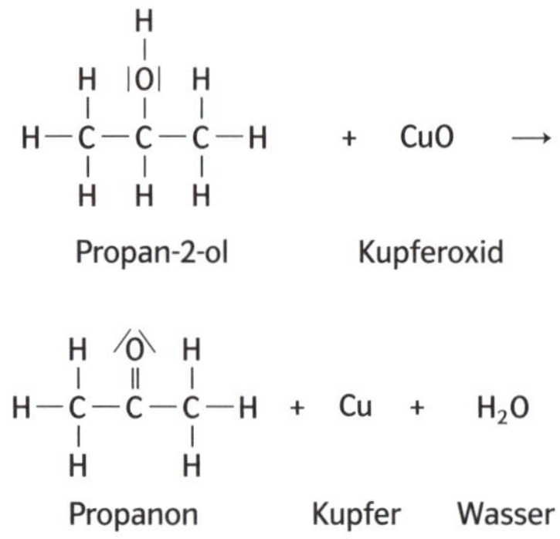

Propanon gehört zur Stoffgruppe der **Ketone**. Die Ketone, die sich von *sekundären Alkanolen* ableiten lassen, werden **Alkanone** genannt. Sie werden durch die Endsilbe „-on" gekennzeichnet, die dem Namen des entsprechenden Alkans angehängt wird. Die Stellung der funktionellen Gruppe im Molekül wird analog der Benennung der Alkanole angegeben.

Primäre Alkohole (Alkanole) ergeben bei der Oxidation Aldehyde (Alkanale). Sekundäre Alkohole (Alkanole) ergeben bei der Oxidation Ketone (Alkanone).

Aldehyd- und Keton-Moleküle weisen als *gemeinsame funktionelle Gruppe* die **Carbonylgruppe** auf:

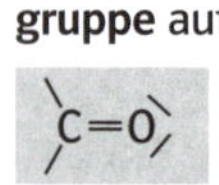

Ist an die Carbonylgruppe ein Wasserstoff-Atom gebunden, so handelt es sich um eine **Aldehydgruppe** (vereinfachte Schreibweise –CHO), liegen zwei Kohlenstoff-Atome als Bindungspartner vor, handelt es sich um eine **Ketogruppe.**

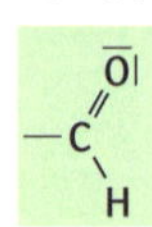

Aldehydgruppe

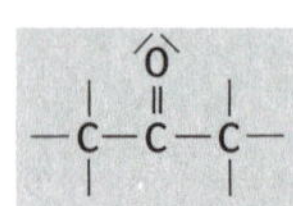

Ketogruppe

Während die Carbonylgruppe der Ketogruppe demnach immer *in* einer Kohlenstoff-Kette liegt, bildet eine Aldehydgruppe immer das Ende einer Kette.

Tertiäre Alkohole lassen sich unter diesen Bedingungen nicht oxidieren.

Die Carbonylgruppe (C=O-Gruppe) ist die funktionelle Gruppe der Aldehyde und Ketone.

Eigenschaften der Aldeyhde und Ketone. Die Eigenschaften der beiden Stoffgruppen werden wesentlich durch die Carbonylgruppe bestimmt. Aufgrund der Elektronegativitätsdifferenz zwischen dem Kohlenstoff- und dem Sauerstoff-Atom ist die Carbonylgruppe stark polar. Die Siedetemperaturen der niederen Alkanale und Alkanone liegen deutlich über denen der Alkane mit ähnlicher Größe und Elektronenanzahl, sind jedoch niedriger als die der entsprechenden Alkanole. Dies wird dadurch verständlich, dass zwischen Alkanal- bzw. Alkanon-Molekülen zwar Dipolkräfte wirken, jedoch keine Wasserstoffbrücken ausgebildet werden können. Sie besitzen kein Wasserstoff-Atom, das an ein Atom mit einer hohen Elektronegativität, z. B. ein Sauerstoff-Atom, gebunden ist.
Wasser-Moleküle sind dagegen durchaus in der Lage, über ihre Wasserstoff-Atome Wasserstoffbrücken zu den Sauerstoff-Atomen der Carbonylgruppen auszubilden [B5]. Deshalb sind die ersten Glieder der beiden homologen Reihen in Wasser gut löslich.

Silberspiegelprobe. Aldehyde können andere Stoffe reduzieren, indem sie selbst oxidiert werden. Darauf beruht der Nachweis von Aldehyden durch die Silberspiegelprobe [B4]. Aus einer ammoniakalischen Silbernitrat-Lösung entsteht hier Silber. Dieses liegt zum Teil sehr fein verteilt vor und verleiht der Flüssigkeit eine grau-schwarze Färbung und haftet zum Teil als Silberspiegel an der Gefäßwand an.

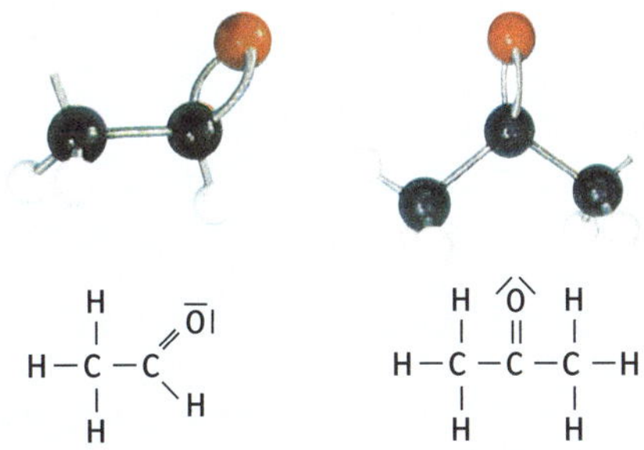

B3 Moleküle von Ethanal und Propanon als Modell und Formeldarstellung

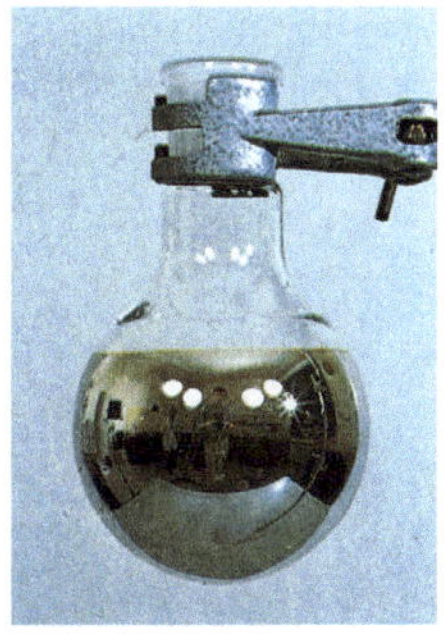

B4 Silberspiegelprobe. Aldehyde wirken reduzierend

V1 (Vorsicht, brennbare Dämpfe, Abzug!)
a) Man erhitzt eine Rolle aus einem Kupferdrahtnetz in der Brennerflamme, bis es an der Oberfläche oxidiert ist, und taucht es heiß in ein Becherglas mit Ethanol.
b) Man wiederholt den Versuch mit Propan-1-ol. **c)** Man wiederholt den Versuch mit Propan-2-ol.

V2 Versuche Wasser, Benzin, Ethanol und Fett in Aceton (Propanon) zu lösen.

V3 Gib in ein kleines Becherglas zu wenig Propanon einige Styroporstückchen.

A1 Wie verhalten sich primäre, sekundäre und tertiäre Alkanole gegenüber heißem Kupferoxid? Beschreibe.

A2 Formuliere die Halbstrukturformel eines primären, eines sekundären und eines tertiären Alkanols mit fünf Kohlenstoff-Atomen. Nenne, falls möglich, jeweils das Produkt der Reaktion mit Kupferoxid.

A3 Formuliere die Strukturformeln aller Hexanon-Moleküle. Benenne die Verbindungen.

A4 Butan-1-ol siedet bei 117 °C, Pentan bei 36 °C und Butanon bei 79 °C. Erkläre die Unterschiede in den Siedetemperaturen der Stoffe.

A5 Informiere dich über Vorkommen, Eigenschaften und die Verwendung der Stoffe Methanal, Ethanal und Propanon.

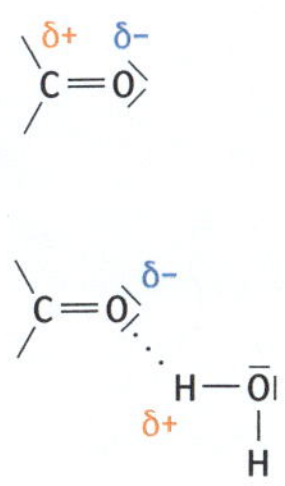

B5 Carbonlygruppe (oben), Wasserstoffbrücken bei Carbonylverbindungen mit Wasser-Molekülen (unten)

5.23 Essig und Essigsäure

B1 Essigreiniger enthält u.a. Essigsäure

Ethansäure lautet der systematische Name der Essigsäure

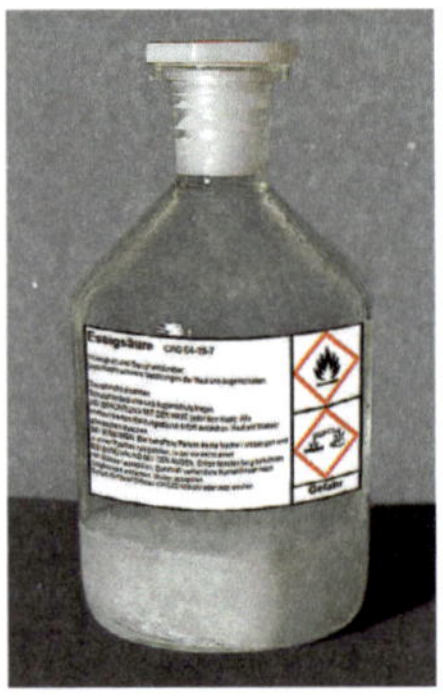

B2 Reine Essigsäure ist unter 16 °C fest. Man bezeichnet sie auch als „Eisessig"

Massenanteil w = 5 %
In 1 kg (= 1000 g) Gemisch sind 50 g des betreffenden Stoffes enthalten

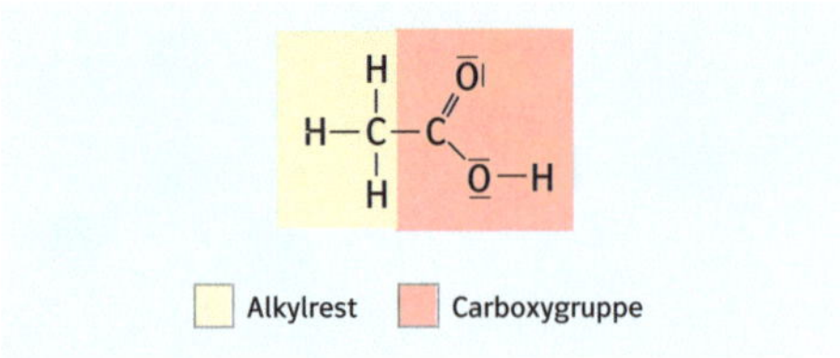

B3 Strukturformel des Essigsäure-Moleküls

Essigreiniger [B1] enthalten Essigsäure. Diese bewirkt, dass sich Kalkablagerungen oder Seifenreste leicht entfernen lassen und das Badezimmer wieder glänzt. Außerdem wirkt Essigsäure desinfizierend. Auch Essig und Essigessenz enthalten Essigsäure und können zum Reinigen verwendet werden.

Industrielle Essig- und Essigsäureherstellung. Essig wird durch Oxidation von Ethanol gewonnen. Dazu lässt man Wein, Most oder andere ethanolhaltige Flüssigkeiten über Buchenholzspäne rieseln, die mit Essigsäurebakterien geimpft sind. Von unten strömt die zur Oxidation benötigte Luft entgegen.

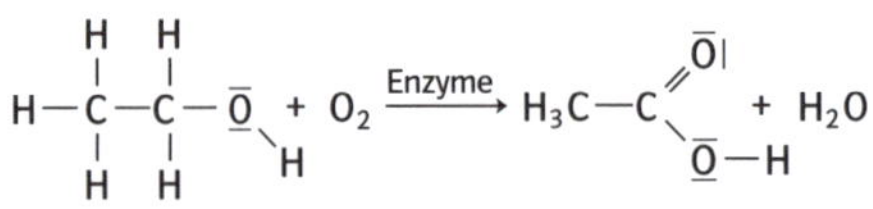

Der überwiegende Teil der Essigsäure wird durch Oxidation von Kohlenwasserstoffen aus Erdöl hergestellt. Ein Großteil dient der chemischen Industrie zur Herstellung von Lösungsmitteln, Kunstseide (Acetatseide), Kunststoffen und Medikamenten.

Verwendung von Essig. Haushaltsessig ist eine verdünnte Lösung von Essigsäure. Die Lösung ist sauer (Kap. 1.2). Vor allem darauf beruht die Verwendung von Essig zum Konservieren von Nahrungsmitteln, z. B. Gewürzgurken und Heringen.
In 2 %iger bis 3 %iger Essigsäure-Lösung sind viele Bakterien nicht mehr lebensfähig. Der Massenanteil von Essigsäure in Essig beträgt meist 5 % bis 6 %, in „Essigessenz" 25 %. Essigessenz muss vor dem Gebrauch verdünnt werden.

Struktur des Essigsäure-Moleküls. Die funktionelle Gruppe des Essigsäure-Moleküls ist die **Carboxygruppe —COOH** (**Carb**onylhydr**oxy**gruppe) [B3]. Sie bestimmt im Wesentlichen die Eigenschaften und das Reaktionsverhalten der Essigsäure. Verbindungen, deren Moleküle die Carboxygruppe aufweisen, heißen **Carbonsäuren**. Der systematische Name für die Essigsäure lautet Ethansäure.

Carbonsäuren enthalten als funktionelle Gruppe die Carboxygruppe (COOH-Gruppe).

Eigenschaften der Essigsäure. Reine 100 %ige Essigsäure ist ein farbloser, ätzend wirkender und stechend riechender Stoff, der bei 118 °C siedet und bei 16 °C erstarrt [B2]. Man bezeichnet diesen Stoff als Eisessig. Essigsäure weist im Vergleich zu Propan-1-ol (ϑ_{sd} = 97 °C) eine höhere Siede- und Schmelztemperatur auf. Der Unterschied ist auf die stark polare Carboxygruppe zurückzuführen. Die Carboxygruppe enthält die polare C=O-Doppelbindung und die O—H-Bindung. Essigsäure-Moleküle können zwei Wasserstoffbrücken ausbilden, z. B.:

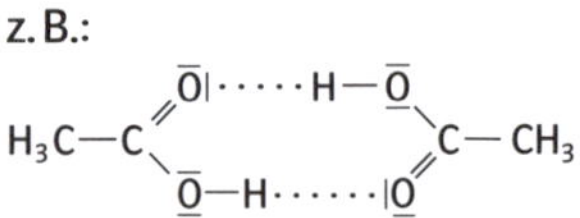

V1 Stelle ein Glas mit vergorenem Traubensaft einige Tage offen an einen warmen Ort. Prüfe den Geruch.

Exkurs Oxidation von Aldehyden

Aldehyde entstehen bei der Oxidation von primären Alkoholen (5.22). Sie können weiter oxidiert werden. Im Fall von Ethanal entsteht Ethansäure (Essigsäure). Die Reaktion erfolgt an der Aldeyhdgruppe:

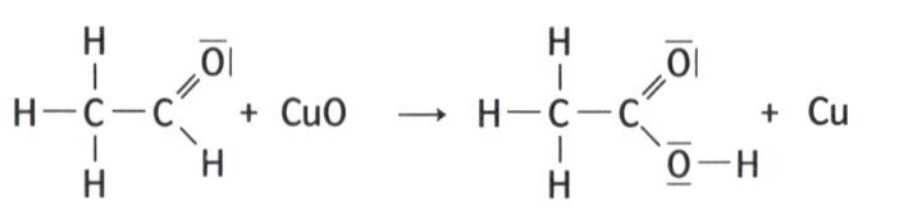

Ethanal + Kupferoxid   Ethansäure + Kupfer

5.24 Alkansäuren: homologe Reihe

Ethanol lässt sich zu Essigsäure, einer Carbonsäure, oxidieren (Kap. 5.23). Die bei der Oxidation von Alkanolen entstehenden Carbonsäuren nennt man **Alkansäuren**. Zur systematischen Benennung wird die *Endung „säure"* an den Stammnamen angehängt. Auch die Alkansäuren bilden eine homologe Reihe [B1], innerhalb derer sich die Eigenschaften der Stoffe in charakteristischer Weise unterscheiden.

Eigenschaftsänderungen innerhalb der homologen Reihe. Die Eigenschaften der ersten vier Alkansäuren werden am stärksten durch die polare Carboxygruppe bestimmt. Die Moleküle können mit anderen geeigneten Molekülen *Wasserstoffbrücken* eingehen, z. B. mit Wasser-Molekülen. Diese Säuren lösen sich in jedem Verhältnis in Wasser.
Alkansäuren, deren Moleküle mehr als vier Kohlenstoff-Atome enthalten, lösen sich nur wenig in Wasser. Dies kann damit begründet werden, dass die Wirkung der polaren Carboxygruppe gegenüber der sich vergrößernden, unpolaren Alkylgruppe in den Hintergrund tritt. Diese Alkansäuren sind zunehmend hydrophob. Schon ab der Ethansäure bilden Säuren mit Benzin in jedem Verhältnis eine Lösung; die bei Zimmertemperatur festen Alkansäuren lösen sich bei höherer Temperatur in Benzin.

Name (Trivialname)	Formel	ϑ_{sm} in °C	ϑ_{sd} in °C
Methansäure (Ameisensäure)	$HCOOH$	8	100
Ethansäure (Essigsäure)	CH_3COOH	16	118
Propansäure (Propionsäure)	C_2H_5COOH	−22	141
Butansäure (Buttersäure)	C_3H_7COOH	−7	164
Dodecansäure (Laurinsäure)	$C_{11}H_{23}COOH$	44	225*
Hexadecansäure (Palmitinsäure)	$C_{15}H_{31}COOH$	63	269*
Octadecansäure (Stearinsäure)	$C_{17}H_{35}COOH$	69	287*

* bei 133 hPa

B1 Homologe Reihe der Alkansäuren

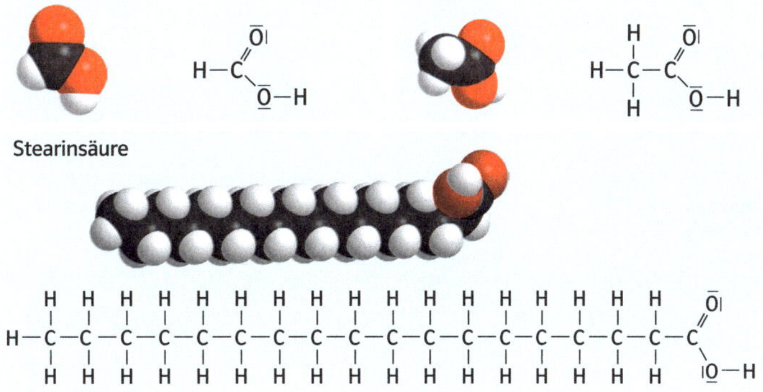

B2 Einige Alkansäuren mit Strukturformel und Molekülmodell

Die *Siedetemperaturen* der Alkansäuren liegen wegen der polaren Carboxygruppe deutlich über denen der Alkanole mit Molekülen ähnlicher Kettenlänge und Moleküloberfläche. Auch bei den Alkansäuren steigen mit wachsender Anzahl der Kohlenstoff-Atome ihrer Moleküle die Siedetemperaturen, da die Van-der-Waals-Kräfte eine zunehmend größere Rolle spielen.

Der *Geruch* der Alkansäuren verändert sich vom stechenden Geruch der Methan- und Ethansäure zum widerwärtigen Geruch der Butansäure und der folgenden Säuren. Die bei Zimmertemperatur festen Alkansäuren riechen wegen ihrer geringen Flüchtigkeit kaum.

A1 Warum besitzt Essigsäure eine höhere Siedetemperatur als Ethanol? Erkläre.

A2 **a)** Begründe, warum die Siedetemperaturen der Alkansäuren innerhalb der homologen Reihe ansteigen.
b) In B1 werden die Siedetemperaturen ab der Dodecansäure bei vermindertem Druck angegeben. Erkläre.

A3 Wie verändert sich die Löslichkeit der Alkansäuren in Wasser und in Benzin innerhalb der homologen Reihe? Begründe.

A4 Informiere dich über folgende Alkansäuren (Vorkommen, Verwendung): Ameisensäure, Propionsäure, Buttersäure, Stearinsäure.

B3 Ameisen produzieren Ameisensäure.
Das Papier enthält einen Indikator, der saure Lösungen durch Rotfärbung anzeigt

5.25 Die Esterbildung

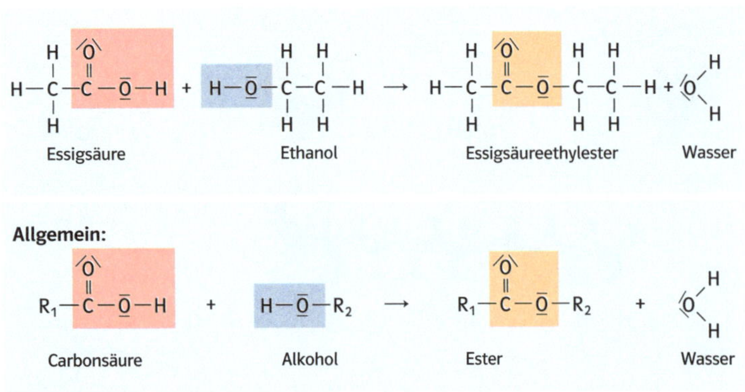

B1 Esterbildung. Oben: Bildung von Essigsäureethylester. Unten: Allgemeines Schema der Esterbildung

Mit den Alkoholen und den Carbonsäuren haben wir Stoffe kennen gelernt, bei denen die Eigenschaften und das Reaktionsverhalten entscheidend von den funktionellen Gruppen der Moleküle beeinflusst werden. Wie verhalten sich Vertreter der beiden Stoffe, wenn sie zusammengegeben werden?

Die Reaktion der Essigsäure mit Ethanol. Essigsäure (Ethansäure) und Ethanol lösen sich ineinander und zeigen zunächst keine Reaktion. Erst wenn das Gemisch mit etwas Schwefelsäure erhitzt wird [V1], lässt sich eine Veränderung feststellen. Gießt man die erhaltene Flüssigkeit in Wasser, so bilden sich zwei Flüssigkeitsschichten [B2], und ein eigenartiger Geruch, der an Alleskleber erinnert, ist deutlich wahrnehmbar. Da die Ausgangsstoffe in Wasser löslich sind, muss eine chemische Reaktion stattgefunden haben.

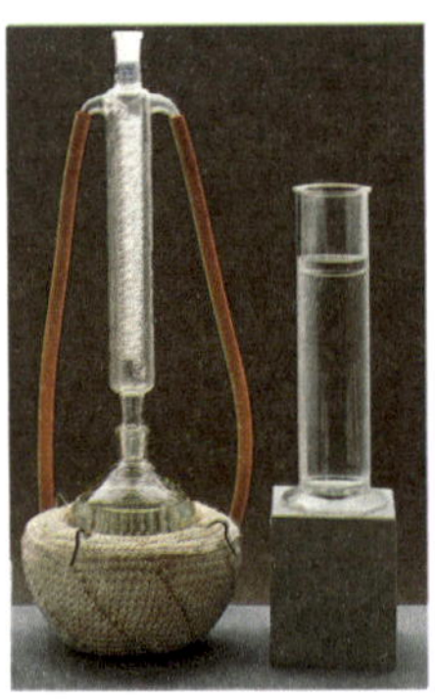

B2 Herstellung von Essigsäureethylester. Reaktionsprodukt in Wasser

Essigsäure und Ethanol reagieren zu Essigsäureethylester und Wasser [B1, oben]. Diese Esterbildung verläuft selbst bei Temperaturen zwischen 70 °C und 90 °C nur sehr langsam. Durch die Zugabe von Schwefelsäure wird die Esterbildung jedoch beschleunigt. Essigsäureethylester bzw. Ethansäureethylester wird auch als Ethylacetat bezeichnet.

Ester. Auch andere Alkohole und Carbonsäuren reagieren zu Estern und Wasser [B1, unten]. Dabei verbinden sich das Alkohol-Molekül und das Carbonsäure-Molekül während gleichzeitig ein Wasser-Molekül abgespalten wird. Solch eine Reaktion nennt man *Kondensationsreaktion*.

Säuren reagieren mit Alkoholen in einer Kondensationsreaktion zu Estern und Wasser.

Alle Ester-Moleküle, die aus Carbonsäuren hergestellt werden, enthalten die funktionelle Gruppe:

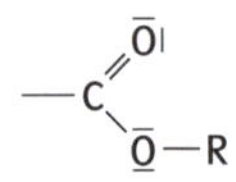

Vereinfachte Schreibweise: —COOR
(R bezeichnet hier die Alkylgruppe des Alkohol-Moleküls).

Der *Name eines Esters* setzt sich zusammen aus dem *Namen der Säure*, dem *Namen für die Alkylgruppe des Alkohols und der Bezeichnung „ester"*.

V1 (Schutzbrille, Schutzhandschuhe!) Man erhitzt ein Gemisch aus 20 ml Eisessig, 20 ml Ethanol und 3 ml konz. Schwefelsäure ca. 10 Minuten im Kolben mit aufgesetztem Rückflusskühler. Danach wird die Flüssigkeit in einen kleinen Standzylinder mit Wasser gegossen. Der Geruch wird vor und nach der Reaktion geprüft.

V2 (Schutzbrille, Schutzhandschuhe!) Man stellt in einem Reagenzglas ein Gemisch aus 3 ml Butan-1-ol und 2,5 ml Essigsäure her und gibt einige Tropfen konz. Schwefelsäure dazu. Man schüttelt, erwärmt kurz und lässt das Reagenzglas einige Minuten stehen. Der Inhalt wird in ein Becherglas mit verdünnter Natronlauge gegossen. Der Geruch wird geprüft.

A1 Formuliere für die Reaktion der Essigsäure mit Butan-1-ol die Reaktionsgleichung. Benenne die Produkte.

A2 Zeichne die Strukturformel von Butansäureethylester.

Durch die Esterbildung haben wir Moleküle mit einer neuen funktionellen Gruppe kennengelernt, die die Eigenschaften der Ester beeinflusst. Essigsäureethylester ist z. B. Bestandteil vieler Nagellackentferner [B1].

Eigenschaften. Essigsäureethylester ist in Wasser begrenzt löslich (8,5 g in 100 g Wasser), mit Benzin bildet dieser Ester in jedem Verhältnis eine Lösung [B4]. Dies liegt daran, dass in den Ester-Molekülen der Einfluss der unpolaren Methyl- und Ethylgruppen gegenüber der polaren Estergruppe überwiegt [B2]. Da die Ester-Moleküle keine Hydroxygruppen aufweisen, können sie untereinander keine Wasserstoffbrücken bilden. Die Siedetemperaturen der Ester liegen deshalb weit niedriger als die der Alkohole und Carbonsäuren mit Molekülen ähnlicher Kettenlänge.

Ester, die aus Carbonsäuren und Alkoholen mit jeweils kurzkettigen Molekülen gewonnen werden können, sind leicht flüchtig. Sie haben einen angenehm fruchtartigen oder blumigen Geruch, ganz im Gegensatz zum stechenden Geruch der Carbonsäuren, die an deren Bildung beteiligt sind.

Vorkommen und Verwendung. Ester, deren Moleküle kurzkettige Alkylgruppen besitzen, sind vielfach *Duft- und Aromastoffe* [B1]. Es sind Stoffe, die sowohl in der Natur vorkommen als auch synthetisch hergestellt werden. Manche finden zudem als *Lösungsmittel* und zum Verdünnen von Lacken und Anstrichfarben Verwendung. Essigsäurebutylester ist ein Lösungsmittel vieler Klebstoffe.

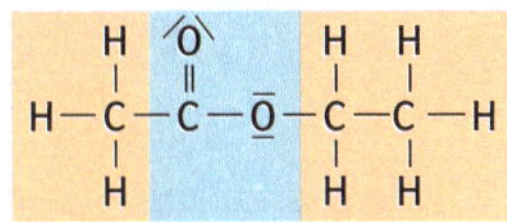

unpolare Alkylgruppe

polare Estergruppe

B2 Aufbau des Essigsäureethylester-Moleküls

Die Lösungsmitteldämpfe dürfen nicht in größeren Mengen und über einen längeren Zeitraum eingeatmet werden. Insbesondere beim „Schnüffeln" treten Schäden an Leber und Gehirn auf.
Ester von Carbonsäuren und Alkoholen mit jeweils langkettigen Molekülen sind Wachse.

B3 Nagellack und Nagellackentferner

V1 Befülle vier Reagenzgläser mit jeweils einem der angegebenen Lösungsmittel: 2 ml Wasser, 20 ml Wasser, 2 ml Benzin, 2 ml Pflanzenöl. Gib in jedes Reagenzglas zusätzlich 2 ml Essigsäureethylester. Schüttle.

V2 Mische in einem Reagenzglas 2,5 ml Essigsäure mit 2 ml Pentan-1-ol. Die Lösung wird mit einigen Tropfen konz. Schwefelsäure versetzt (von der Lehrkraft). Erhitze im schwach siedenden Wasserbad. Gieße den Inhalt nach 10 min in stark verdünnte Natronlauge. Prüfe den Geruch und zeichne die Strukturformel des Esters.

A1 Vergleiche die Siedetemperatur des Essigsäureethylesters (ϑ_{sd} = 77 °C) mit der Siedetemperatur der isomeren Carbonsäure und erkläre den Unterschied.

A2 Ameisensäuremethylester ist in Wasser besser löslich als Essigsäureethylester. Erkläre.

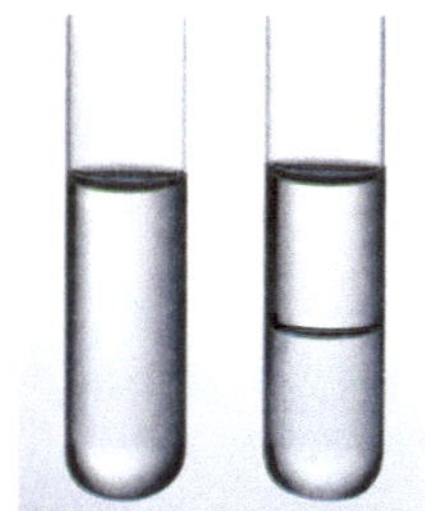

B4 Essigsäureethylester in Benzin (links) und in Wasser (rechts)

Butansäuremethylester
$C_3H_7—COOCH_3$

Butansäureethylester
$C_3H_7—COOC_2H_5$

Pentansäurepentylester
$C_4H_9—COOC_5H_{11}$

Ethansäurehexylester
$CH_3—COOC_6H_{13}$

B1 Aromen von Früchten. Manche werden von Estern geprägt

Zwischenmolekulare Kräfte			
Wasserstoffbrücken		**Van-der-Waals-Kräfte**	
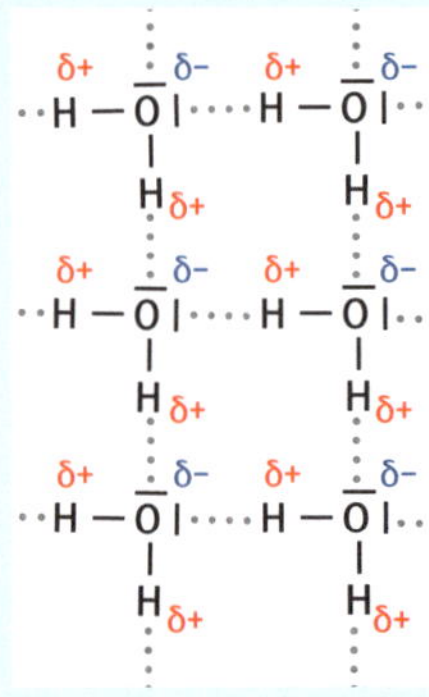	Polar gebundene Wasserstoff-Atome in Dipolen, deren weitere Atome nicht bindende Elektronenpaare aufweisen, bilden Wasserstoffbrücken aus. Sie treten z.B. bei Wasser, Alkoholen und Carbonsäuren auf. Wasserstoffbrücken sind die stärksten zwischenmolekularen Kräfte, die man kennt.	Anziehungskräfte zwischen Teilchen, die unter dem Einfluss benachbarter Teilchen temporäre Dipole bilden, nennt man Van-der-Waals-Kräfte. Die Van-der-Waals-Kräfte nehmen mit wachsender Kettenlänge und damit auch wachsender Oberfläche zu. Sie treten z.B. bei Alkanen auf.	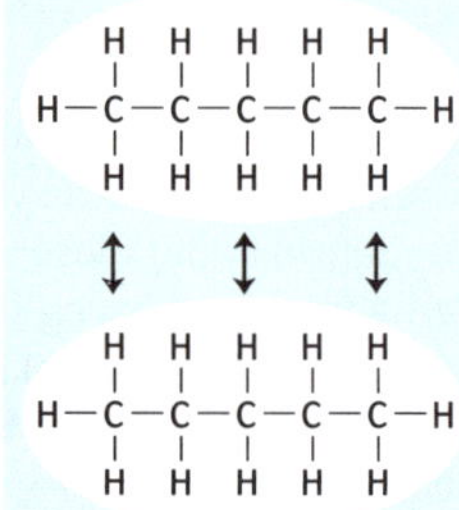

B3 Zwischenmolekulare Kräfte im Vergleich

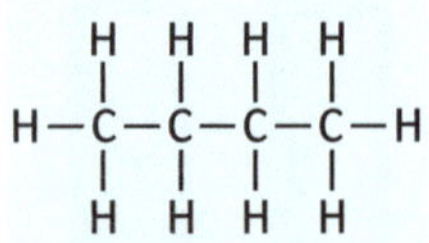

Butan

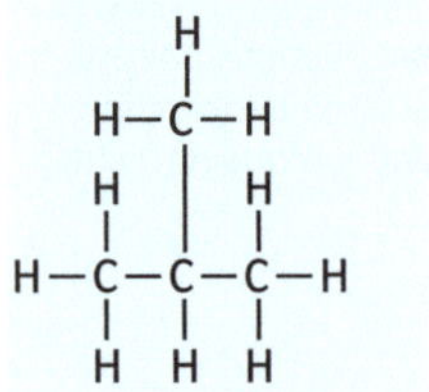

2-Methylpropan

B1 Isomere

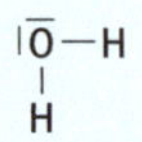

Dipol

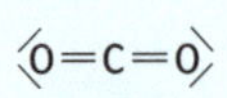

kein Dipol

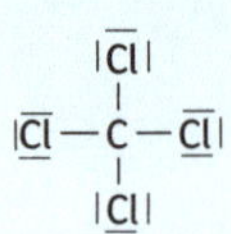

kein Dipol

B2

Elektronenpaar-Abstoßungs(EPA)-Modell
Das EPA-Modell erklärt den räumlichen Bau von Molekülen mit mehr als zwei Atomen. Bindende und nicht bindende Elektronenpaare nehmen den größtmöglichen Abstand zueinander ein. Bei 4 Elektronenpaaren ergibt sich die Gestalt eines Tetraeders. Elektronenpaare in einer Doppelbindung (oder Dreifachbindung) werden wie ein Elektronenpaar behandelt.

Elektronegativität
Die Elektronegativität ist eine Zahl, die angibt, wie stark ein Atom die Elektronen einer Atombindung zu sich zieht. Die Polarität einer Bindung steigt mit zunehmender Elektronegativitätsdifferenz ΔEN.

Polare Elektronenpaarbindung
Eine Bindung zwischen zwei Atomen unterschiedlicher Elektronegativität führt zur polaren Elektronenpaarbindung. Die Ladungsverteilung zwischen den verbundenen Atomkernen ist unsymmetrisch. Das eine Atom trägt eine positive (δ+), das andere eine negative Teilladung (δ-).

Dipole
Unsymmetrische Moleküle mit einer oder mehreren polaren Bindungen sind Dipole. Symmetrische Moleküle können keine Dipole sein [B2].

Alkane
Alkane sind Kohlenstoff-Wasserstoff-Verbindungen (Kohlenwasserstoffe), bei denen die Kohlenstoff-Atome ausschließlich über Einfachbindungen miteinander verknüpft sind. Ihre allgemeine Summenformel lautet C_2H_{2n+2}. Sie sind die einfachste Verbindungsklasse in der organischen Chemie („Chemie der Kohlenstoffverbindungen").

Isomere
Moleküle, die bei gleicher Summenformel unterschiedliche Strukturformeln haben, bezeichnet man als Isomere (Strukturisomere) [B1].

Wasserlöslichkeit und Fettlöslichkeit
Hydrophil und hydrophob:
Stoffe mit guter Wasserlöslichkeit nennt man hydrophil. Stoffe mit geringer Wasserlöslichkeit nennt man hydrophob.
Lipophil und lipophob:
Fettlösliche Stoffe bezeichnet man als lipophil, wenig fettlösliche als lipophob.

„Ähnliches löst sich in Ähnlichem"
Je ähnlicher die Teilchen zweier Stoffe in Bezug auf die Polarität sind, desto besser lösen sich die Stoffe ineinander.

Funktionelle Gruppe
Eine Atomgruppe im Molekül, die die Eigenschaften einer Verbindung wesentlich bestimmt, bezeichnet man als funktionelle Gruppe [B5].

Alkanole
Alkanole gehören zur Stoffklasse der Alkohole. Deren funktionelle Gruppe ist die Hydroxygruppe (OH-Gruppe). Sie bestimmt wesentlich die Eigenschaften und das Reaktionsverhalten. Ethanol ist der wichtigste Vertreter der Stoffklasse der Alkanole. Ethanol entsteht bei der alkoholischen Gärung mithilfe von Enzymen aus Traubenzucker (Glucose):

$C_6H_{12}O_6 \longrightarrow 2\,C_2H_5OH + 2\,CO_2$

Eigenschaften der Alkohole
Aufgrund der Wasserstoffbrücken schmelzen und sieden Alkohole bei wesentlich höheren Temperaturen als Alkane mit Molekülen ähnlicher Elektronenanzahl und Größe der Van-der-Waals-Kräfte. Die Länge der Alkylgruppe und die Anzahl der OH-Gruppen entscheiden darüber, ob ein Alkohol eher lipophil oder eher hydrophil ist [B4].
Alkanole mit hydrophilen *und* lipophilen Eigenschaften, z. B. Methanol, Ethanol und die Propanole, sind bedeutende Lösungsmittel. Sie können gleichzeitig sowohl hydrophile als auch lipophile Stoffe lösen.

Siedetemperatur und Löslichkeit sauerstoffhaltiger organischer Verbindungen
Im Allgemeinen gilt:
Je länger die Alkylgruppe im Molekül einer sauerstoffhaltigen Verbindung ist, desto höher ist die Siedetemperatur und desto geringer ist die Löslichkeit in Wasser.
Und:
Je mehr Hydroxygruppen (bzw. Carboxygruppen) im Molekül vorkommen, desto höher ist die Siedetemperatur und desto besser ist die Wasserlöslichkeit.

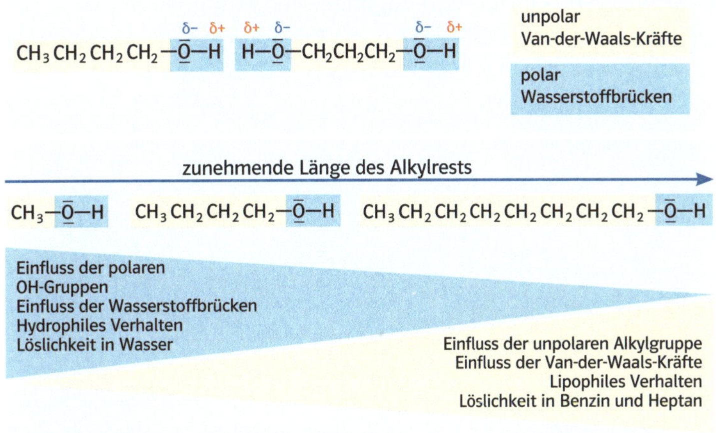

B4 Einfluss des Molekülbaus auf die Eigenschaften der Alkanole

Verbindungsklasse	**Allgemeine Strukturformel**	**Funktionelle Gruppe**
Alkohole (z. B. Alkanole)	$R-\overline{O}-H$	Hydroxygruppe
Aldehyde (z. B. Alkanale)	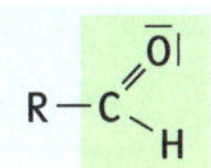	Aldehydgruppe
Ketone (z. B. Alkanone)	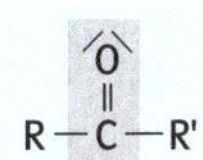	Carbonylgruppe
Carbonsäuren (z. B. Alkansäuren)	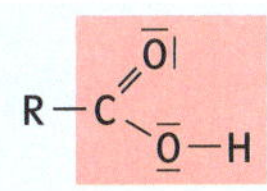	Carboxygruppe
Carbonsäureester	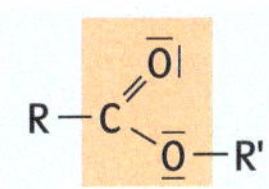	Estergruppe

B5 Wichtige Verbindungsklassen und ihre funktionellen Gruppen

Verbindungsklassen
Die in B5 genannten Namen, die mit „Alkan-" beginnen, benennen Verbindungen, die immer eine Alkylgruppe enthalten. Z. B. Essigsäure (Ethansäure):

CH_3-COOH
Methylgruppe (CH_3), Carboxygruppe ($COOH$)

1 Gib die Strukturformeln folgender Verbindungen mit bindenden und nicht bindenden Elektronenpaaren an: CF_4, NH_3, $CHCl_3$, H_2S. Ergänze die Teilladungen der Atome. Welche der Moleküle sind Dipole?

2 Überlege, wie es um die Löslichkeit in Wasser bei den folgenden drei Stoffen bestellt sein könnte: Buttersäure, Butan, Butan-1-ol. Erstelle eine Reihenfolge und begründe diese.

3 Zeichne die Strukturformeln aller Sauerstoff-Verbindungen, deren Moleküle drei Kohlenstoff-Atome enthalten, und benenne diese. Berücksichtige nur Stoffklassen, die im Unterricht behandelt wurden.

6 Säuren und Laugen

Säuren und Laugen spielen in Haushalt, Technik und Industrie eine große Rolle. Im Alltag begegnen sie uns als saure und alkalische Lösungen, bei der Zubereitung von Lebensmitteln bis hin zu Inhaltsstoffen verschiedener Reinigungsmittel.

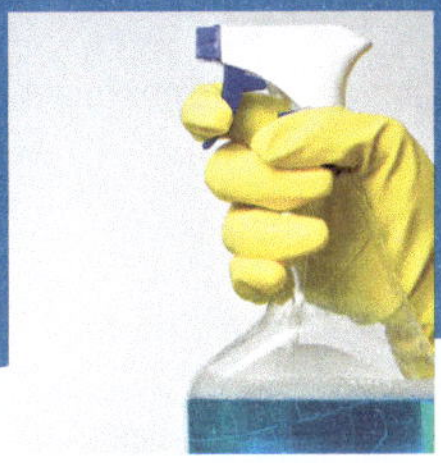

Laugenbrezeln werden vor dem Backen in Natronlauge getaucht.

Unser Magensaft enthält Salzsäure. In der Apotheke gibt es Mittel, die einen Überschuss an Magensäure ausgleichen.

Bei der Verwendung von Glasreinigern fällt häufig ein Geruch nach Ammoniak (Salmiakgeist) auf.

Saure und alkalische Lösungen können sich in ihrer Wirkung aufheben, sie neutralisieren sich. So werden z. B. Abwässer vor dem Einleiten in die Kläranlage neutralisiert. Für ein tiefer gehendes Verständnis der Neutralisation ist es hilfreich, die charakteristischen Teilchen von sauren und alkalischen Lösungen kennenzulernen.

Surftipp
5sq9v3

6.1 Säuren und Laugen im Alltag

Säuren in Lebensmitteln
Viele Menschen schätzen den erfrischenden, sauren Geschmack verschiedener Lebensmittel. Dies können Früchte wie Äpfel und Orangen sein, aber auch Zubereitungen wie z. B. Naturjoghurts, Buttermilch, saure Gurken, Apfelsaftschorle, Essig oder Zitronenlimonade [B1].

B1 Saure Lösungen im Alltag

A1 Informiere dich, durch welche Stoffe bei den oben angegebenen Lebensmitteln der saure Geschmack hervorgerufen wird. Gib an, ob es sich um einen Lebensmittelzusatzstoff handelt oder um einen Bestandteil, der von Natur aus enthalten ist.

A2 Zahlreiche Sauerkonserven werden in Gläsern angeboten, viele aber auch in Konservendosen aus Metall [B3], wobei dann die Innenseite der Dosen z. B. durch einen Lacküberzug geschützt ist. Versuche, hierfür eine Erklärung zu finden. Beachte in diesem Zusammenhang auch die Regel, die besagt, dass man keine angestoßenen, eingedellten Konservendosen kaufen soll.

B2 Duschlotion

B3 Konservendosen sind innen beschichtet

Säuren und Laugen in Reinigern
In zahlreichen Reinigungsmitteln, die im Haushalt, aber auch bei industriellen Prozessen eingesetzt werden, sind Säuren oder Laugen enthalten [B4].

B4 Haushaltsreiniger

A3 Untersuche im Haushalt vorhandene Reiniger, ob sie Säuren oder Laugen enthalten. Gib hierzu auf eine Untertasse jeweils zu einer kleinen Substanzprobe etwas Wasser und setze einige Tropfen Indikatorlösung zu. Stelle das Ergebnis in Form einer Tabelle dar und vergleiche es mit dem anderer Mitschüler und Mitschülerinnen. Wieso kommen wohl zwei Sorten von Reinigern zum Einsatz?

A4 Informiere dich über die Wirkungsweise von Rohr- bzw. Abflussreinigern, WC- und Glasreinigern.

A5 Menschen mit empfindlicher Haut wird empfohlen, beim Duschen keine Seife zu verwenden, sondern ein „seifenfreies Waschstück" oder eine „pH-neutrale Duschlotion" [B2]. Suche eine Erklärung.

A6 Essig wird einerseits in Essigreinigern eingesetzt, andererseits aber auch zum Einlegen von Essiggurken. Erläutere den vielseitigen Einsatz von Essig im Alltag.

A7 Untersuche die Verpackungsaufschriften saurer Reiniger auf Hinweise zur Anwendung auf Marmor. Gib ein Stückchen Marmor zu der Probe eines sauren Reinigers und beobachte.

Alles im neutralen Bereich

In einem chemischen Labor und bei zahlreichen technischen Prozessen fallen saure und alkalische Lösungen an. Da sie die Lebensbedingungen von Fischen, Pflanzen und Mikroorganismen in Gewässern gefährden, dürfen sie nicht einfach ins Abwasser geschüttet werden. Da sich saure und alkalische Lösungen gegenseitig in ihrer Wirkung aufheben, können sie zur gegenseitigen Neutralisation verwendet werden.

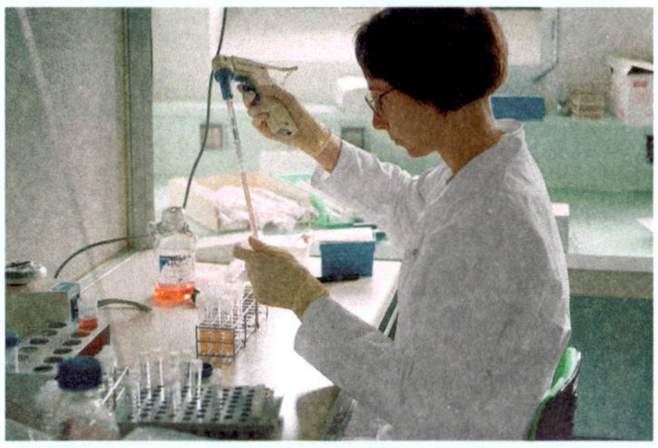

B5 Eine Laborantin bei der Neutralisation

A8 Eine Laborantin setzt bei dem Versuch einer Neutralisation zu 0,1 l saurer Lösung exakt 0,1 l alkalische Lösung zu [B5]. Bei der Prüfung mit einem Indikator stellt sie fest, dass trotz der Verwendung gleicher Volumenportionen keine Neutralisation erfolgt ist. Was hat sie übersehen?

Saure und alkalische Abfälle

Wenn 3/4 voll, mit Natronlauge bzw. Salzsäure neutralisieren (pH = 7). Neutrale Flüssigkeit in den Abguss. Schlamm in Flasche oder Kunststoffbeutel bzw. nach Verfestigen durch Einzementieren zum Müll.

B6 Entsorgungshinweis für saure und alkalische Lösungen

A9 Gib auf eine Untertasse Maschinenspülmittel und etwas Wasser und prüfe mit einem Indikator, ob eine saure oder alkalische Lösung vorliegt. Gehe dabei wie in A3 vor. Wiederhole den Versuch mit wenig Klarspüler. Versuche, eine Erklärung zu finden.

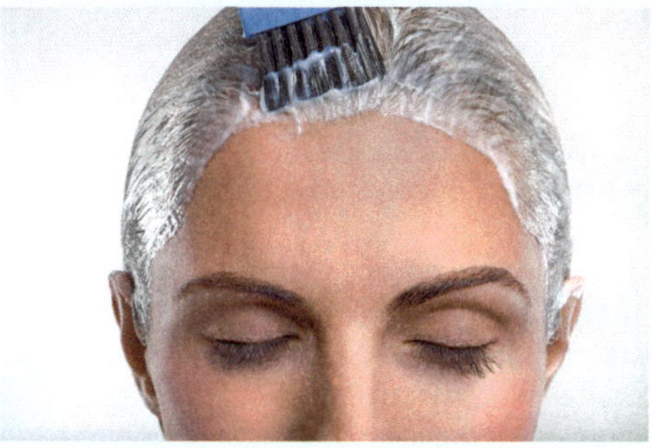

B7 Haarfärbemittel wird aufgetragen

A10 Beim Färben von Haaren [B7] werden alkalische Lösungen verwendet, um das Haar für den Färbeprozess „aufzuschließen". Ermittle aus dem Packungsaufdruck, welche Eigenschaften die Spülung besitzt, die am Ende des Färbevorgangs aufgetragen wird.

Alkalische Lösungen und Laugen sind Synonyme

A11 Ein Sprichwort lautet zwar „sauer macht lustig", aber andererseits „stößt einem etwas sauer auf". Im übertragenen Sinn bedeutet dies, dass einem etwas missfällt. Es kann einem aber tatsächlich sauer aufstoßen. Dieses **Sodbrennen** löst ein körperliches Unbehagen aus.

a) Informiere dich, wodurch Sodbrennen hervorgerufen wird [B8].

b) Gegen Sodbrennen kann man Antazida einnehmen. Informiere dich über deren Wirkungsweise.

B8 Zu üppiges Essen kann einem später sauer aufstoßen

6.2 Worin unterscheiden sich Säuren und saure Lösungen?

B1 Essig
w(Essigsäure) ≈ 5 %

B5 Limonade ist ein „Säurecocktail"

Um Ordnung in die ungeheure Vielfalt der chemischen Verbindungen zu bringen, hat man versucht, sie nach ihren chemischen Eigenschaften zu sortieren. Mit einer Stoffklasse kommen wir täglich in Kontakt: den Säuren.

Säuren im Alltag. Bereits beim Frühstück können Säuren eine Rolle spielen, denn im Zitronensaft für den Morgentee und in der Marmelade ist *Citronensäure* und im Joghurt für das Müsli ist *Milchsäure* enthalten. Mit der Orangenlimonade, die man in der Pause oder zum Mittagessen trinkt, nimmt man geradezu einen „Säurecocktail" zu sich. Die Zutatenliste [B5] verrät, dass in diesem Getränk Citronensäure (Säuerungsmittel E 330), *Kohlensäure* und *Ascorbinsäure* enthalten sind. Die letztgenannte Säure befindet sich auch im Zitronensaft. Ascorbinsäure ist besser als *Vitamin C* bekannt. In Colagetränken sind *Kohlensäure* und *Phosphorsäure*. Wenn Salat auf dem Tisch steht, dann ist dieser meist mit Essig [B1] angemacht, dessen wichtigster Bestandteil die *Essigsäure* ist. Offensichtlich ist ein milder Säuregeschmack für viele Menschen etwas Appetitliches. Aber auch, wenn man Saures nicht so gerne mag, kommt doch spätestens dann Säure ins Spiel, wenn das Essen verdaut wird. Der Magen produziert nämlich *Salzsäure*, die den Eiweißabbau fördert und Krankheitserreger abtötet.

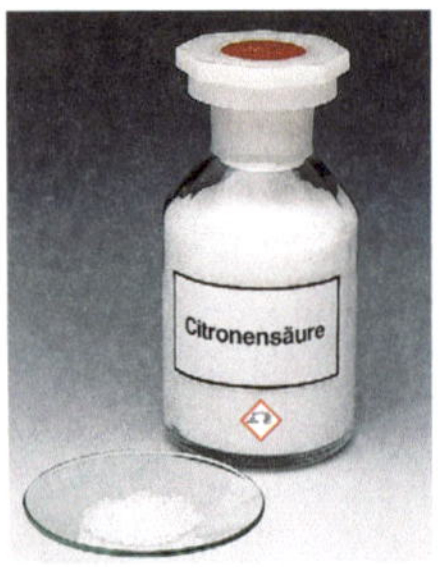

B2 Citronensäure ist ein Reinstoff

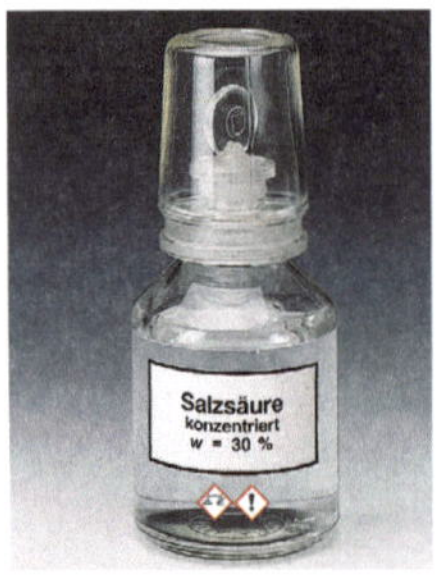

B3 Salzsäure ist eine saure Lösung

B4 Gefahrensymbol für „Ätzend"

Säuren im Labor. Wenn man im chemischen Labor nach Chemikalien mit dem Wort „Säure" im Namen sucht, dann wird man rasch fündig. Während Säuren im Alltag fast immer Bestandteile von Gemischen sind, findet man sie im Labor meist als Reinstoffe oder in Form von wässrigen Lösungen. So ist etwa *Citronensäure* ein weißer, kristalliner Feststoff [B2], *Milchsäure* eine klare, leicht sirupartige Flüssigkeit. Säuren sind feste, flüssige oder gasförmige Reinstoffe.
Im Labor gebräuchliche verdünnte Säuren wie *Salzsäure* [B3], *Schwefelsäure* und *Salpetersäure* sind klare, leicht bewegliche Flüssigkeiten. Bei den drei letztgenannten Säuren handelt es sich aber nicht um Reinstoffe, sondern um Lösungen der Säuren in Wasser. Durch die Zusätze „konzentriert" bzw. „verdünnt" wird der Säuregehalt dieser **sauren Lösungen** angegeben. Der Säuregehalt saurer Lösungen ist bei konzentrierten Säuren hoch, bei verdünnten Säuren niedrig.

Der Begriff „Säure" wird im chemischen Sprachgebrauch sowohl für reine Säuren als auch für saure Lösungen verwendet.

Gefahrensymbol. Auf Säureflaschen findet man oft das Gefahrensymbol für „Ätzend" [B4]. Es warnt vor der Eigenschaft mancher Säuren, vor allem der konzentrierten Säuren, Metalle und lebendes Gewebe anzugreifen. Im Umgang mit Säuren ist immer Vorsicht geboten! Insbesondere darf niemals, auch nicht bei scheinbar harmlosen Chemikalien, eine Geschmacksprobe genommen werden.

Gemeinsamkeiten saurer Lösungen. Zitronensaft und Speiseessig schmecken sauer und bewirken wie Salzsäure charakteristische Farben von Indikatorlösungen [V1] (Kap. 1.2). In Autobatterien ermöglicht verdünnte Schwefelsäure den Stromfluss. Eine Überprüfung verschiedener saurer Lösungen ergibt [V2a, b; B6], dass sie alle den elektrischen Strom leiten.

Saure Lösungen leiten den elektrischen Strom.

A1 Eine Essigsäure-Lösung (z. B. Essig) leitet im Gegensatz zu reiner Essigsäure den elektrischen Strom. Deute diesen Unterschied.

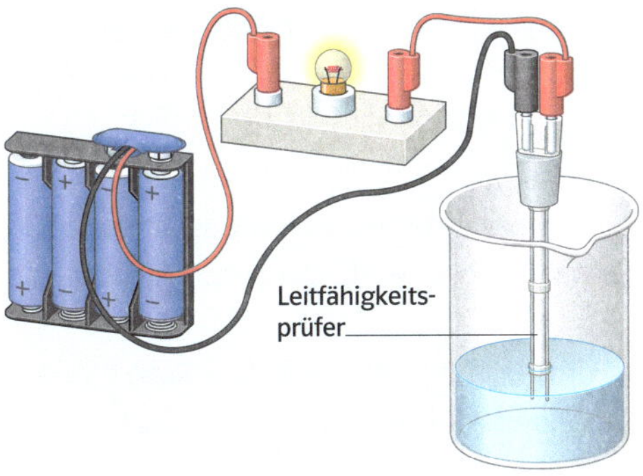

B6 Leitfähigkeitsprüfung einer Citronensäure-Lösung

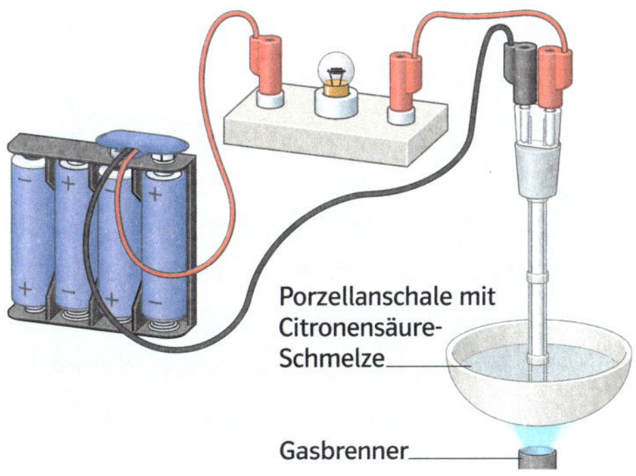

B7 Leitfähigkeitsprüfung einer Citronensäure-Schmelze

Saure Lösungen zeigen hier die gleichen Eigenschaften wie Salzlösungen. Da die elektrische Leitfähigkeit von Lösungen nur durch frei bewegliche Ionen verursacht werden kann, müssen in sauren Lösungen Ionen vorhanden sein. Prüft man dagegen die elektrische Leitfähigkeit einer Citronensäure-Schmelze [B7], so zeigt sich, dass diese im Gegensatz zur Salzschmelze den elektrischen Strom nicht leitet. Genau wie geschmolzene Säuren zeigen meist auch wasserfreie flüssige Säuren keine Leitfähigkeit. Sie tritt erst ein, wenn man die Säure mit Wasser versetzt. Aus diesen Beobachtungen kann man schließen, dass Säuren aus *Molekülen* bestehen. Die Ionen *bilden* sich also erst dann, wenn eine Säure zu Wasser gegeben wird, durch eine chemische Reaktion.

Säuren bestehen aus Molekülen. In sauren Lösungen liegen Ionen vor.

Typische Teilchen in sauren Lösungen. Alle sauren Lösungen schmecken sauer und wirken mehr oder weniger stark ätzend [B8]. Darüberhinaus leiten alle sauren Lösungen den elektrischen Strom. Bei der Untersuchung der elektrischen Leitfähigkeit mit Gleichspannung stellt man fest, dass sich stets am Minuspol Wasserstoff bildet. Gibt es zu diesen übereinstimmenden Eigenschaften auf der Stoffebene auch eine Gemeinsamkeit auf der Teilchenebene? Betrachtet man die Valenzstrichformeln einiger Säuremoleküle genauer [B9], so fällt auf, dass alle Säuremoleküle Wasserstoff-Atome enthalten. Die Bildung von Wasserstoff am Minuspol bei der Leitfähigkeitsüberprüfung legt nahe, dass in den sauren Lösungen positiv geladene Wasserstoff-Ionen (Protonen) enthalten sein müssen. Diese lagern sich in wässriger Lösung sofort an Wasser-Moleküle an, wobei **H_3O^+-Ionen (Oxonium-Kationen, Oxonium-Ionen)** entstehen.

Beispiel:

$$HCl(g) + H_2O \longrightarrow H_3O^+(aq) + Cl(aq)^-$$

		Oxonium-Ion		Chorid-Ion (Säurerest-Anion)

Diese Oxonium-Ionen sind für die charakteristischen Säureeigenschaften verantwortlich. Die Anionen bezeichnet man als **Säurerest-Anionen.**

Oxonium-Ionen sind die für alle sauren Lösungen typische Teilchen.

V1 Prüfe verdünnte Salzsäure sowie Lösungen von Citronensäure oder Essigsäure mit Bromthymolblau als Indikatorlösung.

V2 Prüfe die elektrische Leitfähigkeit
a) von verdünnter Salzsäure,
b) einer Citronensäure-Lösung [B6],
c) einer Citronensäure-Schmelze [B7].

B8 Schwefelsäure zerstört Baumwolle

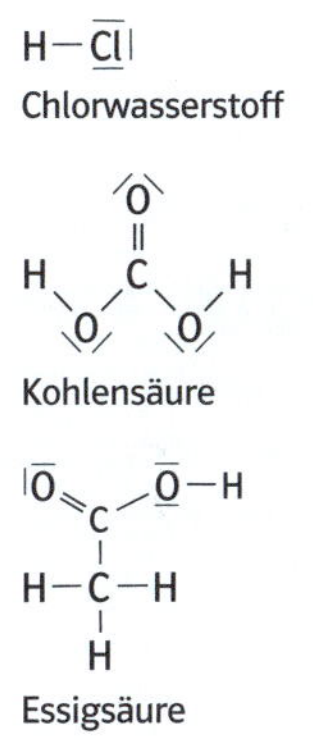

B9 Valenzstrichformeln einiger Säuremoleküle

6.3 Was haben saure Lösungen gemeinsam?

V1 **1. Versuchsreihe**

Geräte und Materialien: Reagenzglas, Reagenzglasständer, Glasstab, Spatel, Universalindikatorpapier, Uhrglas, Citronensäure, Essig, verdünnte Salzsäure.

Durchführung:

a) Bringe mit dem Glasstab ein oder zwei Tropfen Essig auf den Handrücken und prüfe den Geschmack.
b) Wiederhole die Geschmacksprobe mit zwei Tropfen einer Citronensäure-Lösung, die du durch Auflösen einer Spatelspitze Citronensäure in etwa 5 ml Wasser herstellst.
c) Gib auf ein kleines Stück Universalindikatorpapier, das auf einem Uhrglas liegt, mit dem Glasstab einen Tropfen Essig. Führe den Versuch auch mit der Citronensäure-Lösung und verdünnter Salzsäure durch.
Achtung: Für die Geschmacksproben nur saubere Geräte und Materialien verwenden!

Auswertung:

Formuliere die Gemeinsamkeiten der sauren Lösungen, die sich aus dieser Versuchsreihe ableiten lassen.

____

____

____

____

____

V2 **2. Versuchsreihe**

Geräte und Materialien: 6 Reagenzgläser (16 × 160 mm), 1 durchbohrter Stopfen, Gasableitungsrohr, Kunststoffwanne (ca. 20 × 10 × 10 cm), 6 kleine Reagenzgläser mit passenden Stopfen, Reagenzglasständer, Stativ, Doppelmuffe, Universalklemme, Feuerzeug, Spatel, Schutzbrille, Magnesiumspäne, Zinkpulver, Eisenpulver, Salzsäure (c = 0,5 mol/l), Essigsäure (c = 1 mol/l).

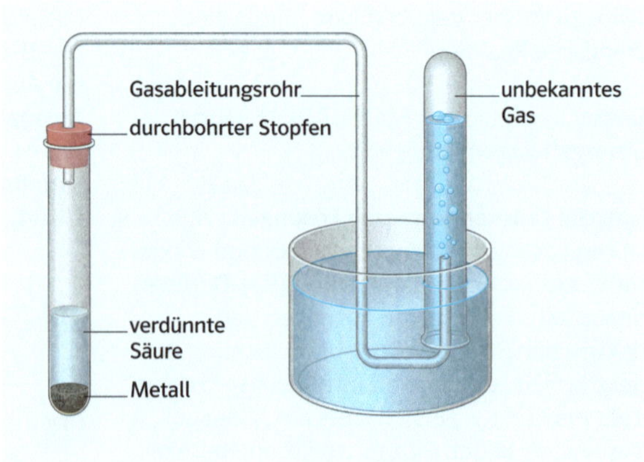

B1 Versuchsaufbau zur 2. Versuchsreihe

Durchführung:

Während der Durchführung des Versuchs muss die Schutzbrille getragen werden!

a) Baue die in **B1** abgebildete Apparatur zum Auffangen eines Gases auf. Fülle das mit der Stativklemme gehaltene Reagenzglas zu etwa einem Drittel mit der Salzsäure. Gib zu der Säure eine Spatelspitze Magnesiumspäne. Verschließe das Reagenzglas mit dem durchbohrten Stopfen, in dem sich das Gasableitungsrohr befindet. Fange das entstehende Gas in dem kleinen Reagenzglas auf. Führe das mit Gas gefüllte Reagenzglas mit der Öffnung an eine Feuerzeugflamme. **b)** Wiederhole den Versuch mit Zinkpulver und mit Eisenpulver. **c)** Wiederhole die Versuchsreihe mit verdünnter Essigsäure anstelle von Salzsäure.

Auswertung:

Die Knallgasprobe verläuft ______________________________. Die Metalle (Magnesium, Zink, Eisen) reagieren mit sauren Lösungen, dabei entsteht ______________________.

V3 **3. Versuchsreihe**

Geräte und Materialien: Spannungsquelle, Stromstärkemessgerät, Leitfähigkeitsmessstab, 3 Experimentierkabel, 2 Krokodilklemmen, Reagenzglasständer, 3 Reagenzgläser, Becherglas, Spatel, verdünnte Essigsäure, verdünnte Salzsäure, Citronensäure, destilliertes Wasser.

Durchführung:
Stelle eine Citronensäure-Lösung durch Auflösen einer Spatelspitze Citronensäure in etwa 5 ml destilliertem Wasser her.
Baue die Versuchsapparatur wie in **B2** auf. Lege eine Wechselspannung von etwa 6 V an.
Halte den Messstab nacheinander in die Citronensäure-Lösung, die Essigsäure und die Salzsäure. Vor dem Eintauchen in eine neue Lösung muss der Messstab jeweils mit destilliertem Wasser abgespült werden.

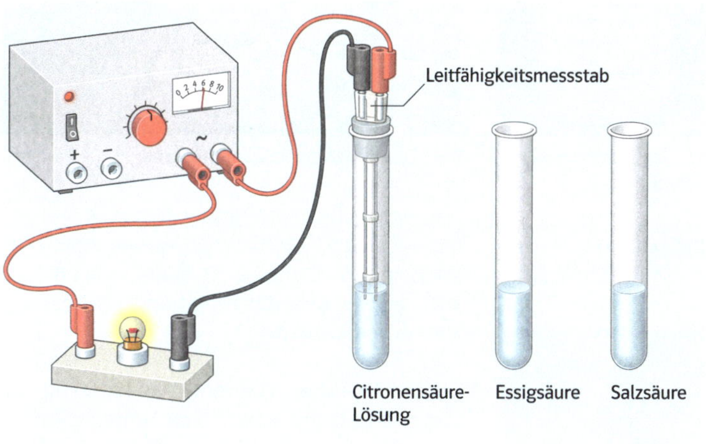

B2 Versuchsaufbau zur 3. Versuchsreihe

Auswertung:
Deute die Versuchsbeobachtungen.

Eine Citronensäure-Schmelze leitet den elektrischen Strom nicht. Was lässt sich daraus schließen?

1 Milchsäure ist eine bei Zimmertemperatur flüssige Molekülverbindung. Stelle Vermutungen an über die elektrische Leitfähigkeit der reinen Flüssigkeit und der einer wässrigen Milchsäure-Lösung und begründe.

6.4 Was sind Laugen und alkalische Lösungen?

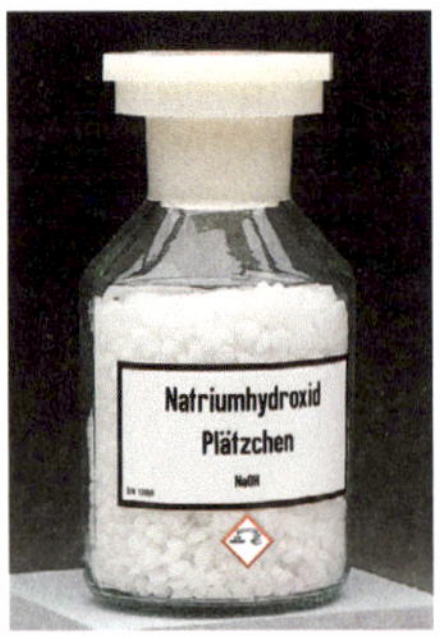

B1 Natriumhydroxid-plätzchen

Hydroxid Verkürzte Form des Hydrogenoxid-Ions

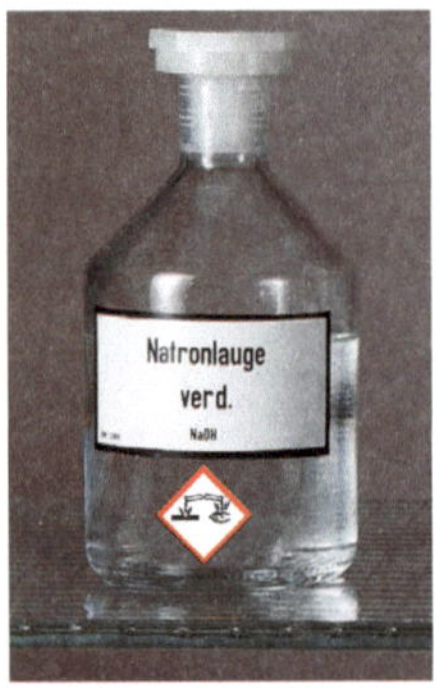

B2 Natronlauge, eine alkalische Lösung

B3 Rohrreiniger (Abflussreiniger)

B4 Zubereitung von Laugenbrezeln

Das gleiche Gefahrensymbol, (Kap. 6.2, B4), das auf vielen Säureflaschen vor der ätzenden Wirkung des Inhalts warnt, findet man oft auch auf den Behältern einer anderen Stoffklasse: den **Laugen**.

Laugen im Alltag. Während man im Alltag fast zwangsläufig einer Vielzahl unterschiedlicher Säuren begegnet, beschränkt sich der direkte Kontakt mit Laugen normalerweise auf das Waschen mit Seifenlauge. Wer schon einmal Seife in die Augen bekommen hat, der wird bestätigen, dass selbst diese verdünnte Lauge ätzende Wirkung besitzt. Gelangt Waschwasser in den Mund, so nimmt man den typischen, seifigen Geschmack von Laugen wahr.

Die Bezeichnung „Laugengebäck" kommt daher, dass der Teigling vor dem Backen mit verdünnter Natronlauge bestrichen wird [B4]. Beim Backprozess bewirkt die Lauge die Bildung der braunen, glatten Kruste. Dabei reagiert die Natronlauge mit dem im Teig entstehenden Kohlenstoffdioxid zu Natriumcarbonat, das mit zum typischen Geschmack von Laugengebäck beiträgt.

Rohrreiniger. Natronlauge in viel höherer Konzentration entsteht auch beim Gebrauch von Rohrreiniger (Abflussreiniger) [B3]. Er besteht zum großen Teil aus Natriumhydroxid-Kügelchen. Gibt man den Reiniger in ein verstopftes Rohr, in dem Wasser steht, so löst sich das Natriumhydroxid darin auf. Dabei entsteht Natronlauge. Dieser Lösungsvorgang ist stark exotherm, sodass Temperaturen um

Bei Bodensielen bzw. großen Abflüssen 3 Esslöffel Abflussreiniger nehmen und mit 3 Tassen kaltem Wasser nachspülen.
Die Dosierungsvorschrift ist unbedingt zu beachten.
Nach Gebrauch Verschluss wieder fest zuschrauben.

Verursacht schwere Verätzungen. Darf nicht in die Hände von Kindern gelangen. Spritzer in die Augen gründlich mit Wasser abspülen und Arzt konsultieren. Beschmutzte Kleidung sofort ausziehen. Geeignete Schutzhandschuhe tragen.
Enthält: 56 % Natriumhydroxid, Aluminium und Salze.

4014

B5 Etikett eines Rohrreinigers

90 °C erzeugt werden und die Schmutzteilchen leichter von der heißen Lauge zersetzt werden können. Rohrreiniger enthält Natriumhydroxid, Aluminiumkörnchen und Natriumnitrat. Aluminium reagiert mit der Lauge unter Bildung von Wasserstoff [V1]. Wasserstoff bildet mit Luftsauerstoff hochexplosives Knallgas. Daher wird Natriumnitrat hinzugesetzt, welches mit Wasserstoff zu dem Gas Ammoniak (NH_3), reagiert. Das Gas wirbelt den im Rohr abgelagerten Schmutz (z. B. Haare) auf.

Laugen im Labor. Natronlauge ist kein Reinstoff, sondern, wie schon im Abschnitt über Rohrreiniger dargestellt, eine Lösung von Natriumhydroxid in Wasser. Weitere Laugen erhält man, wenn man andere Alkalimetallhydroxide oder Erdalkalimetallhydroxide in Wasser löst. Der jeweilige Hydroxidgehalt dieser **alkalischen** (oder **basischen**) **Lösungen** entscheidet darüber, ob eine verdünnte oder konzentrierte Lauge vorliegt.

Alkalimetallhydroxide. Laugen entstehen auch bei der Reaktion von Alkalimetallen mit Wasser (Kap. 2.7), in V2 z. B. mit Natrium. Das zischende Geräusch rührt von einem entstehenden Gas her. Es handelt sich dabei um Wasserstoff. Daneben entsteht bei V2 eine Natrium-Sauerstoff-Wasserstoff-Verbindung, die gelöst vorliegt: Natriumhydroxid mit der Verhältnisformel **NaOH**. Die alkalische Lösung ist demnach Natronlauge.

$$2\,Na + 2\,H_2O \longrightarrow 2\,NaOH + H_2$$

Die Reaktionsgleichung kann auch folgendermaßen geschrieben werden (Ionenschreibweise mit Angabe der Aggregatzustände):

$$2\ Na(s) + 2\ H_2O(l) \longrightarrow 2\ Na^+(aq) + 2\ OH^-(aq) + H_2(g)$$

Durch die Ionenschreibweise können die typischen Teilchen der alkalischen Lösung [B6] besser dargestellt werden. Lithium und Kalium reagieren entsprechend zu ihren Hydroxiden.

Calciumhydroxid. Das Erdalkalimetall Calcium verhält sich gegenüber Wasser ähnlich wie die Alkalimetalle [V3]. Calcium reagiert mit Wasser unter Bildung einer weißen Suspension und Wasserstoff. Durch Filtration erhält man eine alkalische Lösung und einen weißen Feststoff, **Calciumhydroxid**, mit einer im Gegensatz zu den Alkalimetallhydroxiden nur geringen Löslichkeit in Wasser. Seine Verhältnisformel ist **CaO_2H_2**. Da das Entstehen der alkalischen Lösung auch hier auf die **OH-Atomgruppierung** zurückzuführen ist, schreibt man **$Ca(OH)_2$**. Damit lautet die Reaktionsgleichung:

$$Ca + 2\ H_2O \longrightarrow Ca(OH)_2 + H_2$$

Ionenschreibweise mit Aggregatzuständen:

$$Ca(s) + 2\ H_2O(g) \longrightarrow 2\ Ca^{2+}(aq) + 2\ OH^-(aq) + H_2(g)$$

Die **Calciumhydroxid-Lösung** nennt man auch **Kalkwasser**. Es ist unter anderem ein Nachweismittel für Kohlenstoffdioxid.

Typische Teilchen alkalischer Lösungen. Auch Hydroxide und ihre wässrigen Lösungen, d.h. Laugen, haben ähnliche Eigenschaften, wie die ätzende Wirkung oder den seifigen Geschmack. Welches sind die typischen Teilchen alkalischer Lösungen? Sowohl die Lösungen von V4 als auch die Schmelzen der Hydroxide bei V5 leiten den elektrischen Strom. Hydroxide bestehen folglich aus Ionen. Es liegen **Metallkationen** und **OH^--Ionen** vor, die man als **Hydroxid-Ionen (Hydroxid-Anionen)** bezeichnet. Die Ionen sind schon im festen Zustand vorhanden und bilden ein Ionengitter [B8], das beim Lösen in Wasser in hydratisierte Hydroxid-Ionen und Metallionen zerfällt.

Name	Natronlauge	Kalilauge	Kalkwasser
Formel	NaOH(aq)	KOH(aq)	$Ca(OH)_2$ (aq)
Ionen in der Lösung	Na^+ OH^-	K^+ OH^-	Ca^{2+} OH^-

B6 Wichtige Laugen

Hydroxid-Ionen sind die für alle alkalischen Lösungen typischen Teilchen. Laugen sind alkalische Lösungen.

V1 (Schutzbrille!) Gib in ein Reagenzglas etwas verdünnte Natronlauge. Wirf nun ein kleines Stück zusammengeknüllte Alufolie in die Lauge. Das entstehende Gas fängst du mit einem darübergestülpten Reagenzglas auf. Führe mit dem Gas die Knallgasprobe durch.

V2 (Schutzscheibe!) Eine große, runde Glaswanne wird etwa zur Hälfte mit Wasser gefüllt und mit einigen Tropfen Spülmittel (verhindert, dass Natrium an der Glaswand haftet) sowie etwas Bromthymolblau-Lösung versetzt. Man wirft ein sorgfältig entrindetes, etwa linsengroßes Stückchen Natrium auf das Wasser. (Vorsicht, das Reaktionsprodukt kann zerspritzen!).

V3 Bringe ein Stückchen Calcium mit der Pinzette unter die Öffnung eines Wasser gefüllten umgestülpten Reagenzglases. Ein Becherglas dient als pneumatische Wanne. Wiederhole den Versuch so lange, bis das Reagenzglas mit Gas gefüllt ist. Halte das Reagenzglas mit dem Gas an die Brenner-flamme. Gib einige Tropfen Bromthymolblau-Lösung in das Becherglas.

V4 Prüfe die Leitfähigkeit von verdünnter Natron- oder Kalilauge.

V5 (Schutzhandschuhe und Schutzscheibe!) Man schmilzt sorgfältig entwässertes Natriumhydroxid in einem Nickeltiegel, der in einem Tondreieck sitzt, und prüft mit zwei Zinkelektroden die Leitfähigkeit der Schmelze.

A1 Erkläre den Unterschied zwischen Natriumhydroxid und Natronlauge.

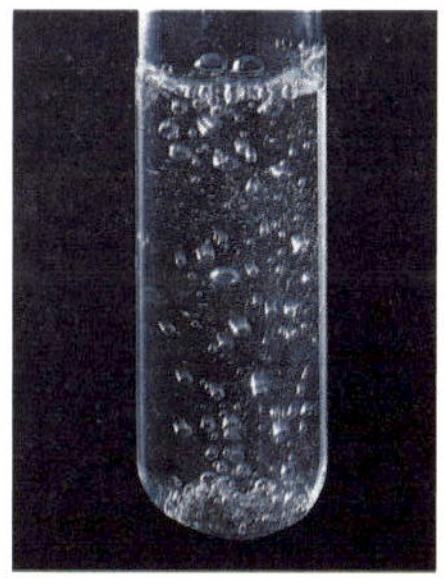

B7 Calcium reagiert mit Wasser

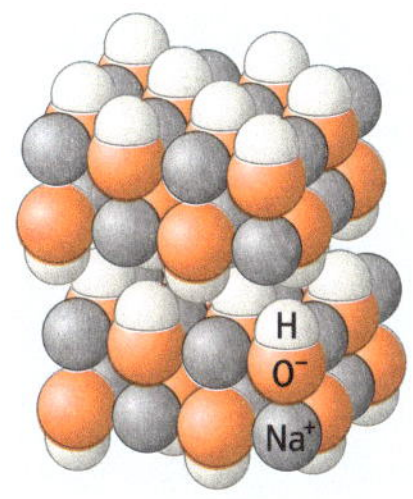

B8 Ionengitter von Natriumhydroxid

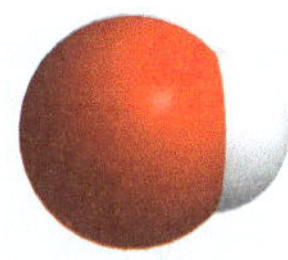

B9 Hydroxid-Ion, Kalottenmodell

OH^-

Verhältnisformel

$[|\overline{O}-H]^-$

Strukturformel

B10 Formeln des Hydroxid-Ions

6.5 Indikatoren und pH-Wert

B1 Farbänderung von Schwarztee bei Zugabe von Zitronensaft

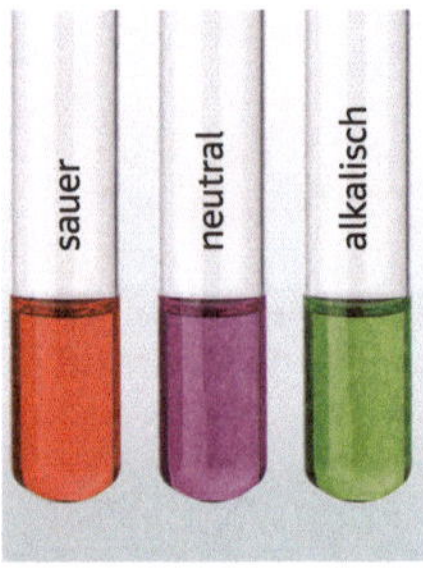

B2 Farbwechsel von Rotkohlsaft

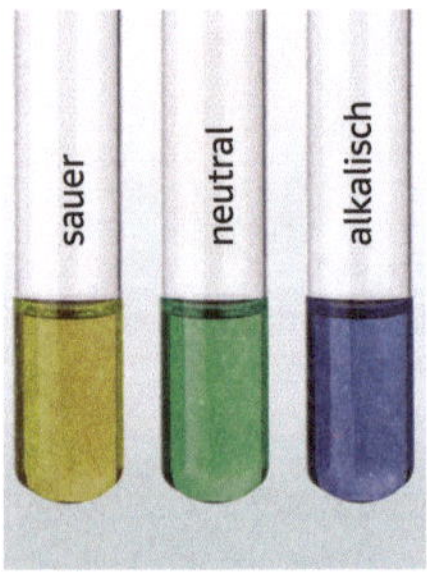

B3 Farbwechsel von Bromthymolblau

Konzentration Teilchenanzahl *N* in einem bestimmten Volumen

Indikatoren. Man kennt eine ganze Reihe von Farbstoffen, die ihre Farbe ändern, wenn sie mit sauren oder alkalischen Lösungen in Berührung kommen. Derartige Farbstoffe nennt man Indikatoren (Kap. 1.2). So wird violetter Rotkohlsaft rot, wenn er mit Essig vermischt wird [V1]. Er zeigt damit eine saure Lösung an. In Seifenlösung färbt er sich blaugrün, die Lösung ist alkalisch [B2, V1]. Lösungen, die weder sauer noch alkalisch sind, bezeichnet man als neutral. Auch der Reinstoff Wasser ist neutral.
Neben pflanzlichen Farbstoffen verwendet man als Indikatoren synthetisch hergestellte Stoffe wie *Bromthymolblau* [B3] oder *Phenolphthalein*.

Indikatoren sind Farbstoffe, die in saurer, neutraler oder alkalischer Lösung unterschiedliche Farben annehmen.

Universalindikatoren und pH-Wert. Gemische von Indikatoren zeigen keine scharfen Farbumschläge, sondern gleitende Farbübergänge. Mit derartigen Gemischen kann auch bestimmt werden, wie sauer oder alkalisch eine Lösung tatsächlich ist. Die Indikatorfarbe in der Prüflösung bzw. des Teststreifens wird mit einer Farbskala verglichen, die meist Werte von 0 bis 14 umfasst [B5]. Bei diesen Angaben handelt es sich um den **pH-Wert**.

H_3O^+-Ionen, OH^--Ionen und pH-Wert. Es gibt neutrale, saure und alkalische Lösungen [B5]. Je *saurer* eine Lösung ist, desto *kleiner* ist ihr pH-Wert und desto mehr Oxonium-Ionen enthält die Lösung. Ein Liter einer Lösung mit dem pH-Wert 1 enthält 10-mal so viele H_3O^+-Ionen wie ein Liter einer Lösung mit einem pH-Wert 2. Ein Liter einer Lösung mit dem pH-Wert 4 enthält 10 x 10 x 10 = 1000-mal so viele H_3O^+-Ionen, wie ein Liter einer Lösung mit dem pH-Wert = 7 [B6].
Je *stärker alkalisch* eine Lösung ist, desto *größer* ist ihr pH-Wert. So enthält ein Liter einer Lösung mit dem pH-Wert 10 im Vergleich zu einer mit dem pH-Wert 8 100-mal so viele OH^--Ionen.

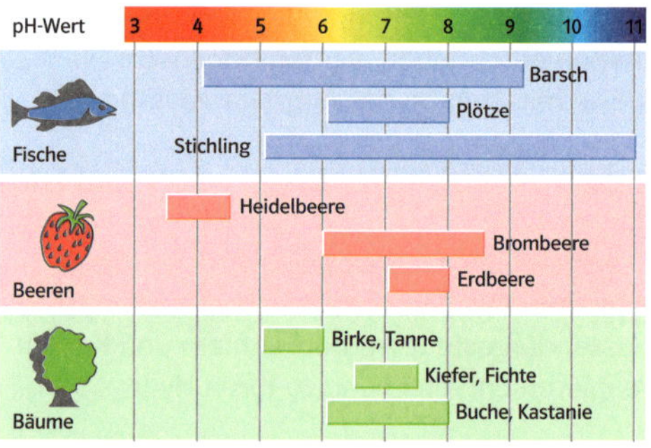

B4 Optimale pH-Bereiche für Fische und Pflanzen in Gewässern und Böden

Der pH-Wert einer neutralen Lösung ist 7. Eine neutrale Lösung enthält nur wenige, aber gleich viele H_3O^+- und OH^--Ionen. B6 zeigt auch, dass im sauren Bereich (pH < 7) neben sehr vielen H_3O^+-Ionen auch OH^--Ionen und im alkalischen Bereich (pH > 7) neben sehr vielen OH^--Ionen auch H_3O^+-Ionen vorhanden sind.

Je saurer eine Lösung ist, desto höher ist ihre Konzentration an H_3O^+-Ionen. Je alkalischer eine Lösung ist, desto höher ist ihre Konzentration an OH^--Ionen.
Eine Differenz der pH-Skala von 1 bedeutet eine um den Faktor (Divisor) 10 höhere (geringere) Konzentration an H_3O^+-Ionen bzw. OH^--Ionen in einer Lösung.

Neutralisieren. Eine saure und eine alkalische Lösung können so miteinander vermischt werden, dass eine neutrale Lösung entsteht. Zum Erkennen der neutralen Lösung ist der Zusatz eines Indikators notwendig.

Der richtige pH-Wert von Gewässern und Böden ist lebenswichtig für Pflanzen und Tiere [B4]. Für die Mehrzahl der Fische sollte der pH-Wert der Gewässer zwischen 5 und 9,5 liegen. Die Kiemen von Jungfischen, Kaulquappen oder Molchen werden bei niedrigeren pH-Werten verätzt und Fischlaich kann absterben. Für die meisten Bodenorganismen liegt der optimale pH-Wert bei 6 bis 7. Bei Abweichungen wird z. B. das Pflanzenwachstum unter anderem dadurch beeinträchtigt, dass die von den Pflanzen benötigten Mineralsalze nicht zur Verfügung stehen.

pH-Wert und Farbe des Universalindikators	Beispiele	pH-Werte
pH = 14	Natronlauge (w = 4 %)	etwa 14
pH = 13		
pH = 12	konzentrierte Ammoniaklösung	12,0
pH = 11		
pH = 10	Kalkwasser	10,5
pH = 9	Seifenlösung	8,0 bis 10,0
pH = 8	Meerwasser	7,8 bis 8,2
pH = 7 (neutral)	Blut dest. Wasser	7,4 7,0
pH = 6	Milch	6,4 bis 6,7
pH = 5	„reiner Regen"	5,6
pH = 4	Niederschläge in Deutschland (Mittelwert) Urin	4,3 4,0 bis 7,4
pH = 3	Wein Speiseessig	etwa 3,0 2,5 bis 3,0
pH = 2	Zitronensaft	2,3
pH = 1	weltweit sauerster Regen (USA)	1,9
pH = 0	Magensaft Salzsäure (w = 3,65 %)	0,9 bis 2,0 etwa 0

zunehmend alkalisch ↑ — neutral — ↓ zunehmend sauer

B5 pH-Werte einiger Lösungen

A1 In drei Reagenzgläsern befinden sich: destilliertes Wasser, Seifenlösung und Citronensäure-Lösung. Plane einen Versuch, mit dem du herausfindest, welche Lösung in welchem Reagenzglas ist.

A2 Bei welchem pH-Wert im Gartenboden gedeihen Erdbeerpflanzen am besten? Warum können im gleichen Boden Heidelbeeren kaum wachsen [B4]?

pH-Wert	Anzahl $N(H_3O^+)$ pro Liter	Anzahl $N(OH^-)$ pro Liter	
…	:10 ↑ ↓ ·10	·10 ↑ ↓ :10	$N(H_3O^+) < N(OH^-)$
10	60 000 000 000 000	60 000 000 000 000 000 000	
9	600 000 000 000 000	6 000 000 000 000 000 000	
8	6 000 000 000 000 000	600 000 000 000 000 000	
7	60 000 000 000 000 000	60 000 000 000 000 000	$N(H_3O^+) = N(OH^-)$
6	600 000 000 000 000 000	6 000 000 000 000 000	$N(H_3O^+) > N(OH^-)$
5	6 000 000 000 000 000 000	600 000 000 000 000	
4	60 000 000 000 000 000 000	60 000 000 000 000	
…			

B6 Verdeutlichung der Abstufung der pH-Wert-Skala. Beispiel mit konkreten Teilchenanzahlen pro Liter

A3 100 ml Salzsäure, deren pH-Wert 2 beträgt, werden mit destilliertem Wasser auf 1 l verdünnt. Welchen pH-Wert weist die Salzsäure nach dem Verdünnen auf? Begründe.

V1 Schneide einige Rotkohlblätter in kleine Stücke und koche sie in einem kleinen Kochtopf in wenig Wasser etwa 1 Minute. Verteile den abgesiebten, abgekühlten Rotkohlsaft in kleine Marmeladegläser und teste damit die Lösungen folgender Alltagsstoffe: Speiseessig, Entkalker, Essigreiniger, Neutralreiniger, Zucker, Speisesalz, Kern- oder Schmierseife, Haushaltsnatron, Soda. Stelle die Beobachtungen in einer Tabelle zusammen. Unterscheide darin saure, neutrale und alkalische Lösungen.

V2 Ein Zaubertrick: Gib ca. 2 cm hoch Natriumcarbonat-Lösung in ein Reagenzglas, in ein zweites Essigsäure-Lösung. Füge jeweils ein wenig Rotkohlsaft aus [V1] hinzu. Lass nun mithilfe einer Pipette die Essigsäure-Lösung am Rand des Reagenzglases mit der Natriumcarbonat-Lösung langsam hinunterfließen. Beobachte [B8].

V3 Ermittle mit Universalindikator-Papier den pH-Wert von Speiseessig bzw. Seifenlösung.

V4 Prüfe mit Indikatorlösung, ob ein seifenfreies Waschstück tatsächlich eine Lösung mit einem pH-Wert pH ≈ 5,5 erzeugt.

B7 Universalindikator-Papier mit pH-Skala

Indikator von lat. indicare, anzeigen

neutral von lat. neuter, keiner von beiden

B8 Ein Zaubertrick

6.6 Säure-Base-Definition nach Brønsted

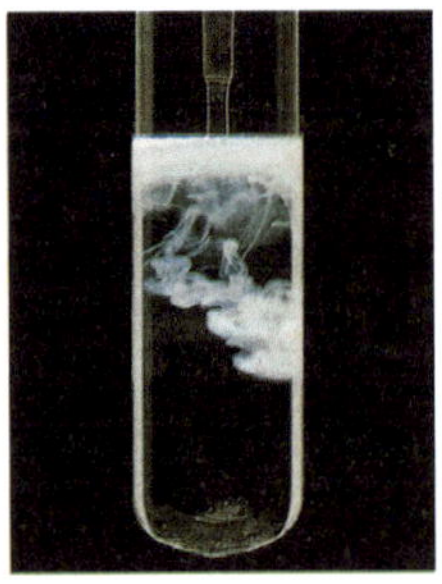

B1 Nachweis von Chlorid-Ionen in Salzsäure

Säure ist sowohl ein Begriff der Stoff- als auch der Teilchenebene

Base ist ein Begriff, der nur der Teilchenebene angehört

Die Valenzstrichformel des Oxonium-Ions wird oft in eckige Klammern gestellt und die Ionenladung wird außen an die Klammer geschrieben. Dies soll zum Ausdruck bringen, dass die Ladung vom ganzen Teilchen getragen wird und nicht einem einzelnen Atom zugeordnet werden kann

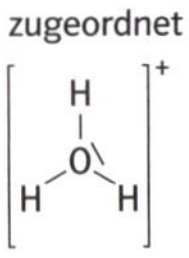

Elektrische Leitfähigkeit. Wie bereits in Kap. 6.2 und durch V1a dieses Unterkapitels gezeigt, leiten wässrige Lösungen von Säuren den elektrischen Strom.
Experimente zeigen jedoch, dass Säuren als Reinstoffe, wie z. B. Milchsäure oder Citronensäure, in der Regel Nichtleiter sind [V1b]. Es muss daher gefolgert werden, dass Säuren aus Molekülen bestehen. Die für die Leitfähigkeit verantwortlichen Ionen bilden sich erst beim Zusammenbringen der Säure mit Wasser.

Herstellung von Salzsäure. Ein Liter Wasser nimmt bei Atmosphärendruck etwa 500 Liter Chlorwasserstoff auf [V4, B4]! Sowohl das Chlorwasserstoff- als auch das Wasser-Molekül sind polare Moleküle [B3]. Daher ist eine gute Löslichkeit von Chlorwasserstoff in Wasser zu erwarten; dass aber so große Mengen des Gases in Lösung gehen, überrascht doch. Eine Lösung von Chlorwasserstoff in Wasser ist sauer, was beispielsweise mit dem Universalindikator überprüft werden kann [V3]. Die Lösung wird als **Salzsäure** bezeichnet.

In der Salzsäure lassen sich Chlorid-Ionen nachweisen [V3, B1]. Weil Chlorwasserstoff aber keine Ionenverbindung ist, müssen die Chlorid-Ionen beim Einbringen des Gases ins Wasser entstanden sein. Es handelt sich hier also nicht um einen bloßen Lösungsvorgang, sondern um eine chemische Reaktion.

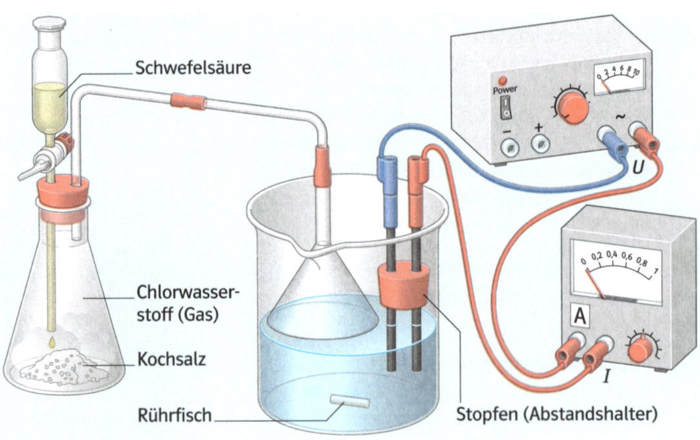

B2 Reaktion von Chlorwasserstoff mit Wasser – Stoffebene

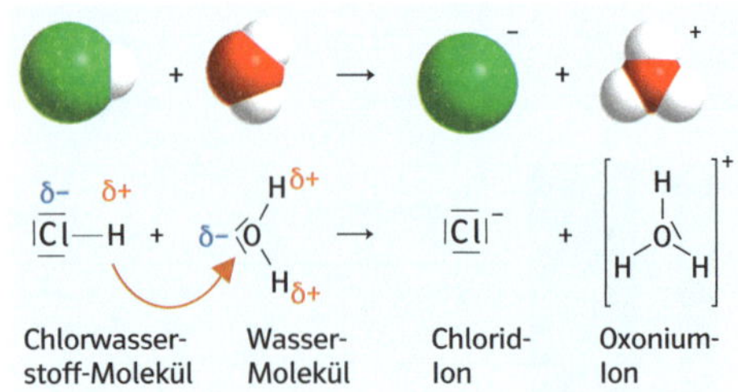

B3 Reaktion von Chlorwasserstoff mit Wasser – Teilchenebene

Reaktion von Chlorwasserstoff mit Wasser. Das Chlorwasserstoff-Molekül ist ein Dipol-Molekül. Das Chlor-Atom besitzt eine größere Elektronegativität (*EN* = 3,0) als das Wasserstoff-Atom (*EN* = 2,1) (Kap. 5.3). Das bindende Elektronenpaar ist somit zum Chlor-Atom hin verschoben, und das Chlor-Atom trägt eine negative Partialladung [B3]. Beim Kontakt mit einem Wasser-Molekül lässt das positiv polarisierte Wasserstoff-Atom das zum Chlor-Atom hin verschobene Bindungselektronenpaar ganz beim Bindungspartner zurück. Dadurch entsteht formal ein H^+-Ion, ein Proton also. Da ein Proton keine Elektronenhülle besitzt, ist es extrem klein und hat daher eine sehr hohe Ladungsdichte.
Es lagert sich daher sofort an das negativ polarisierte Sauerstoff-Atom eines Wasser-Moleküls an. Dabei wird aus dem nichtbindenden Elektronenpaar des Sauerstoff-Atoms ein bindendes Elektronenpaar und es entsteht ein Kation, das **Oxonium-Ion** [B3].
Aus dem zuvor gebundenen Chlor-Atom ist ein Chlorid-Ion geworden.

A1 Kennzeichne bei den folgenden Reaktionsgleichungen jeweils die Säure und die Base.

a) $H_2O + NH_2^- \longrightarrow OH^- + NH_3$
b) $NH_3 + H_2O \longrightarrow NH_4^+ + OH^-$
c) $CH_3COOH + H_2O \longrightarrow CH_3COO^- + H_3O^+$
d) $F^- + HNO_3 \longrightarrow HF + NO_3^-$
e) $H_3PO_4 + H_2O \longrightarrow H_2PO_4^- + H_3O^+$
f) $HF + H_2O \longrightarrow F^- + H_3O^+$

Sowohl die H_3O^+-Ionen als auch die Cl^--Ionen sind zusätzlich von einer Hülle aus Wasser-Molekülen, einer **Hydrathülle**, umgeben. Hydratisierte Oxonium-Ionen werden manchmal noch **Hydronium-Ionen** genannt.

In der Salzsäure befinden sich positiv geladene Oxonium-Ionen und negativ geladene Chlorid-Ionen. Die Oxonium-Ionen sind für den Farbumschlag des Indikators verantwortlich.

Säuren und Basen nach Brønsted. Die Reaktion von Chlorwasserstoff mit Wasser wird mit der folgenden Reaktionsgleichung beschrieben:

Protonenabgabe

$$HCl + H_2O \longrightarrow Cl^- + H_3O^+$$

Protonenaufnahme

Das Chlorwasserstoff-Molekül fungiert als **Protonendonator** (Protonenspender), das Wasser-Molekül ist der **Protonenakzeptor** (Protonenempfänger).

Die beiden Chemiker Brønsted und Lowry machten 1923 unabhängig voneinander den Vorschlag, alle Teilchen, die Protonen abgeben, als **Säuren** zu bezeichnen. Teilchen hingegen, die Protonen aufnehmen, sollen **Basen** genannt werden.
Vor allem der Däne Brønsted [B5] war es, der diese Definition mit immer neuen Beispielen untermauerte und weiter ausbaute. Daher ist heute praktisch nur noch sein Name mit ihr verbunden.

Säure-Base-Definition nach Brønsted: Säuren sind Protonendonatoren, Basen sind Protonenakzeptoren.

Das Besondere an dieser Definition ist, dass die beiden Stoffklassen *Säuren* und *Basen* nicht nach physikalischen Eigenschaften oder chemischer Zusammensetzung charakterisiert werden, sondern nach einem *Reaktionstyp*. Es geht allein um die Fähigkeit, Protonen abzugeben oder aufzunehmen.

V1 **a)** Verdünne etwas Milchsäure mit Wasser und prüfe die Leitfähigkleit.
b) Prüfe die Leitfähigkeit von reiner Milchsäure.

V2 Versuchsaufbau wie in B2.
Man prüft zunächst die Leitfähigkeit des destillierten Wassers im Becherglas, wobei die gewählte Stromstärke im Milliamperebereich bleiben sollte. Dann startet man durch langsames Auftropfen von konzentrierter Schwefelsäure auf leicht (!) angefeuchtetes Kochsalz die Entwicklung von Chlorwasserstoff. Die Öffnung des Trichters befindet sich knapp über der Wasseroberfläche. Mit dem Magnetrührer kann die Lösung durchmischt werden, sodass der Zeigerausschlag am Messgerät besonders gleichmäßig erfolgt.
Die entstandene saure Lösung wird noch für die folgenden Versuche benötigt.
⚠ Im Abzug arbeiten!

V3 **a)** Pipettiere etwas von der in V2 gebildeten Lösung in ein Reagenzglas und tropfe Silbernitrat-Lösung dazu.
b) Gib etwas Universalindikator in die in V2 entstandene Lösung.

V4 Für das Experiment „Salzsäurespringbrunnen" füllt man zunächst einen Rundkolben mit Chlorwasserstoff. Dann wird der Kolben mit einem durchbohrten Gummistopfen verschlossen, in dem ein zur Spitze ausgezogenes Glasrohr steckt. Das aus dem Kolben ragende Ende des Glasrohres taucht man im Experiment in Indikatorlösung. Nach kurzer Zeit bietet sich der in B4 abgebildete Anblick.

A2 Erkläre die bei V4 zu machenden Beobachtungen mit Vorgängen auf der Teilchenebene.

A3 Kennzeichne bei den Reaktionen in A1 den Vorgang der Protonenabgabe und den Vorgang der Protonenaufnahme jeweils durch farbige Pfeile (wie bei der Reaktionsgleichung für die Reaktion von Chlorwasserstoff mit Wasser).

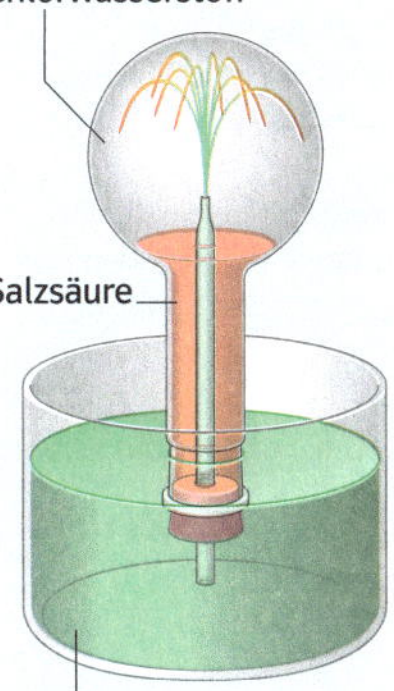

B4 Salzsäurespringbrunnen

Donator von lat. donator, der Spender, Geber, Schenker

Akzeptor von lat. acceptor, der Empfangende, Empfänger, Aufnehmende

fungieren tätig, wirksam sein

B5 Johannes Nicolaus Brønsted (1879–1947)

6.7 Protonendonatoren und -akzeptoren

Homolyse von griech. homos, gleich und griech. lysis, Spaltung, Zersetzung

Heterolyse von griech. heteros, verschieden und griech. lysis, Spaltung, Zersetzung

acid von lat. acidus, sauer

Allgemeine Säureformel: H_nA
H: acides Wasserstoff-Atom
A: Säurerest
n: Anzahl der aciden Wasserstoff-Atome

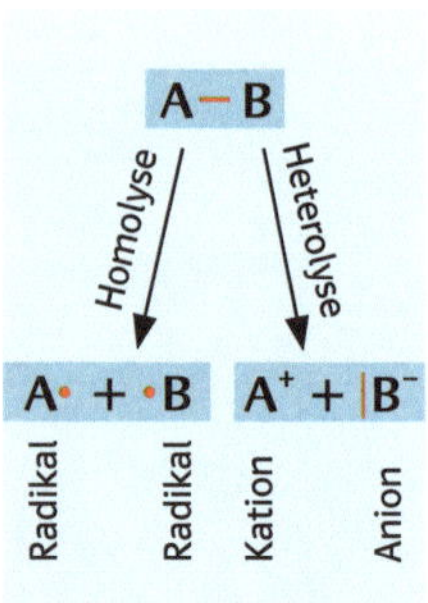

B1 Möglichkeiten der Bindungstrennung bei einem Molekül AB

Trennung von Atombindungen. In Molekülen werden die Atome durch gemeinsame Elektronenpaare zusammengehalten. Es sind eine ganze Reihe von Reaktionen bekannt, bei denen Moleküle in zwei oder mehrere kleinere Teilchen gespalten werden. Wenn bei einer solchen Molekülspaltung eine Atombindung getrennt wird und jeder Bindungspartner wieder „sein" Elektron bekommt, dann nennt man dies eine **Homolyse** oder homolytische Spaltung. Es entstehen zwei **Radikale**. Dies sind sehr reaktive Teilchen.
Verbleibt das bindende Elektronenpaar ganz bei einem Bindungspartner, sodass ein Kation und ein Anion entstehen, so spricht man von einer **Heterolyse** oder heterolytischen Spaltung [B1].
In Kapitel 6.6 wurde aufgezeigt, dass von Säure-Molekülen Protonen abgespalten werden. Mit welcher Art der Bindungsspaltung haben wir es hier zu tun? Bei der Abgabe eines Protons durch eine Säure verbleibt das bindende Elektronenpaar beim Säurerest-Anion, sodass neben dem Proton bzw. Oxonium-Ion ein Säure-Anion entsteht. Hier handelt es sich daher um einen Spezialfall der Heterolyse, man spricht von einer **Protolyse**. Sie kann nur deshalb stattfinden, weil das Proton sofort eine neue Bindung zu einem Teilchen mit freiem Elektronenpaar eingeht. Es findet also eine Protonenübertragung statt. Rein formal lässt sich die Reaktion von Chlorwasserstoff mit Wasser in zwei Teilreaktionen darstellen:

$$H{-}\overline{\underline{Cl}}| \longrightarrow H^+ + |\overline{\underline{Cl}}|^- \qquad \text{Protonenabgabe} \quad (1)$$

$$H^+ + H{-}\overline{O}{-}H \longrightarrow \left[H{-}\underset{|}{\overset{H}{\overset{|}{O}}}{-}H\right]^+ \qquad \text{Protonenaufnahme} \quad (2)$$

Gesamte Reaktionsgleichung:

$$HCl + H_2O \longrightarrow H_3O^+ + Cl^-$$

Eine Abspaltung von Protonen, die an eine sofortige Protonenaufnahme gekoppelt ist, bezeichnet man als Protolyse.

Ein- und mehrprotonige Säuren. Das Schwefelsäure-Molekül besitzt zwei Wasserstoff-Atome. Diese können, je nach Reaktionsbedingungen, nacheinander abgegeben werden. Dabei entstehen das *Hydrogensulfat-Ion* (HSO_4^-) und das *Sulfat-Ion* (SO_4^{2-}). Schwefelsäure ist daher eine *zweiprotonige Säure*.

$$H_2SO_4 + H_2O \longrightarrow HSO_4^- + H_3O^+$$

$$HSO_4^- + H_2O \longrightarrow SO_4^{2-} + H_3O^+$$

Im Essigsäure-Molekül [B3] sind vier Wasserstoff-Atome vorhanden. Allerdings ist nur das Wasserstoff-Atom, welches an das Sauerstoff-Atom gebunden ist, stark positiv polarisiert. Daher löst sich nur dieses **acide Wasserstoff-Atom** als Proton ab. Essigsäure ist also trotz der vier im Molekül vorhandenen Wasserstoff-Atome eine *einprotonige* Säure [B5].

V1 Man gibt etwas konzentriertes Ammoniakwasser auf ein Uhrglas und stellt es im Abzug neben ein Uhrglas mit konzentrierter Salzsäure. Bei dunklem Hintergrund ist die Bildung eines weißen Rauches gut zu beobachten. Nun stülpt man eine Glasglocke über beide Schälchen und beobachtet.

A1 Ameisen verteidigen sich gegen Angreifer, indem sie Ameisensäure aus einer Hinterleibsdrüse verspritzen [B6]. Wie viele Protonen kann diese Säure abgeben [B5]? Begründe deine Antwort und zeichne die Valenzstrichformel des Formiat-Ions.

A2 Schwefelsäure (H_2SO_4) reagiert in einer zweistufigen Protolyse mit Wasser. Gib an, welche Teilchen als Säure und welche als Base fungieren.

A3 Stelle die schrittweise Protolyse von Kohlensäure [B5] in Wasser mit Valenzstrichformeln dar.

B2 Bildung von Ammoniumchlorid – Stoffebene

B3 Kalottenmodell und Valenzstrichformel von Ameisensäure (links), Essigsäure (rechts)

Formiat-Ion von lat. formica, die Ameise; Anion der Ameisensäure

Protolysen in wasserfreier Umgebung. Die Brønsted'sche Säure-Base-Definition sagt nichts darüber aus, ob eine Protonenabgabe immer in wässriger Lösung erfolgen muss. Tatsächlich können die beiden Gase Chlorwasserstoff und Ammoniak direkt zu festem Ammoniumchlorid reagieren [V1, B2].
Die bei dieser Protonenübertragungsreaktion gebildeten positiv geladenen Ionen heißen **Ammonium-Ionen (NH_4^+)**:

$$HCl(g) + NH_3(g) \longrightarrow NH_4^+Cl^-(s)$$

Dabei fungiert das Chlorwasserstoff-Molekül als Protonendonator und das Ammoniak-Molekül als Protonenakzeptor [B4]. Die Teilreaktionsgleichungen für diese Reaktion lauten:

$HCl \longrightarrow H^+ + Cl^-$ Protonenabgabe (1)
$NH_3 + H^+ \longrightarrow NH_4^+$ Protonenaufnahme (2)

Gesamte Reaktionsgleichung:

$$HCl + NH_3 \longrightarrow Cl^- + NH_4^+$$

Säure-Base-Reaktionen sind Paradebeispiele für das *Donator-Akzeptor-Konzept*.

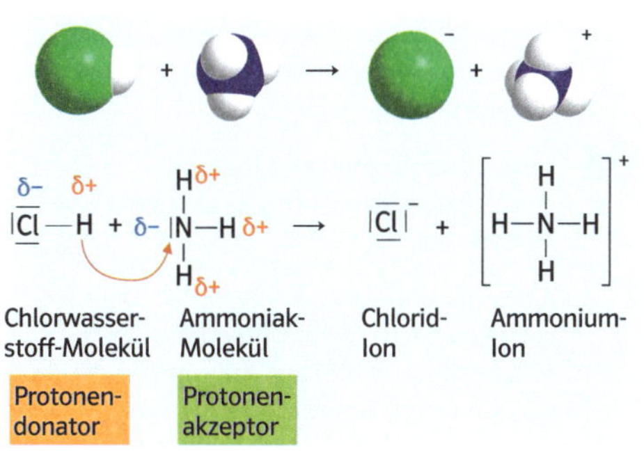

B4 Bildung von Ammoniumchlorid – Teilchenebene

Säure	Formel	Säurerest-anion	Name des Anions
Salzsäure	HCl(aq)	Cl^-	Chlorid-Ion
Schwefelsäure	H_2SO_4	HSO_4^-	Hydrogensulfat-Ion
		SO_4^{2-}	Sulfat-Ion
Schweflige Säure	H_2SO_3	HSO_3^-	Hydrogensulfit-Ion
		SO_3^{2-}	Sulfit-Ion
Schwefelwasserstoff-säure	H_2S	HS^-	Hydrogensulfid-Ion
		S^{2-}	Sulfid-Ion
Kohlensäure	H_2CO_3	HCO_3^-	Hydrogencarbonat-Ion
		CO_3^{2-}	Carbonat-Ion
Salpetersäure	HNO_3	NO_3^-	Nitrat-Ion
Phosphorsäure	H_3PO_4	$H_2PO_4^-$	Dihydrogenphosphat-Ion
		HPO_4^{2-}	Hydrogenphosphat-Ion
		PO_4^{3-}	Phosphat-Ion
Ameisensäure	HCOOH	$HCOO^-$	Formiat-Ion
Essigsäure	CH_3COOH	CH_3COO^-	Acetat-Ion

B5 Ein- und mehrprotonige Säuren

B6 Ameisen können Säure verspritzen

6.8 Ammoniak und Ammoniumchlorid

B1 Dunkles Haar mit blonden Strähnen

Den typischen stechenden Geruch von **Ammoniak** kann man in Friseursalons beim Blondieren oder Färben der Haare wahrnehmen. Durch Ammoniak quillt das Haar auf und wird so zur Aufnahme von Farbstoff-Molekülen vorbereitet. Auch bei der Benutzung von Fensterreinigern fällt häufig Ammoniakgeruch auf. Ammoniak ist ein farbloses, stechend riechendes Gas mit der Molekülformel NH_3.

Ammoniak und Ammoniak-Lösung. Von Wasser werden beträchtliche Portionen Ammoniak aufgenommen [V1, B2], bei Zimmertemperatur etwa 700 l Ammoniak von 1 l Wasser. Die dabei entstandene Ammoniak-Lösung wird auch *Ammoniakwasser* genannt. Die Ammoniak-Lösung ist alkalisch, sie muss also Hydroxid-Ionen enthalten. Wie werden diese Hydroxid-Ionen gebildet? Sie entstehen durch eine Reaktion der Ammoniak-Moleküle mit den Wasser-Molekülen. Dabei gehen Protonen von den Wasser-Molekülen auf die Ammoniak-Moleküle über. Bei dieser Protonenübergangsreaktion [B4a] bilden sich positiv geladene Ammonium-Ionen und negativ geladene Hydroxid-Ionen:

$$NH_3(g) + H_2O(l) \longrightarrow NH_4^+(aq) + OH^-(aq)$$

Insgesamt reagiert aber nur ein geringer Anteil der Ammoniakportion mit Wasser, der größte Teil liegt in Wasser nur gelöst vor und entweicht daraus schon bei Zimmertemperatur.

Aufbau des Ammoniak-Moleküls und zwischenmolekulare Wechselwirkungen. Im Ammoniak-Molekül sind die drei polaren N—H-Bindungen und das freie Elektronenpaar tetraedrisch angeordnet. Somit ergibt sich eine unsymmetrische Ladungsverteilung, die Ammoniak-Moleküle sind Dipole. Die Polarität der N—H-Bindung ist so groß, dass *Ammoniak-Moleküle untereinander* und in der Ammoniaklösung *mit Wasser-Molekülen Wasserstoffbrücken* ausbilden können. Hierauf ist die gute Löslichkeit des Ammoniaks in Wasser zurückzuführen.

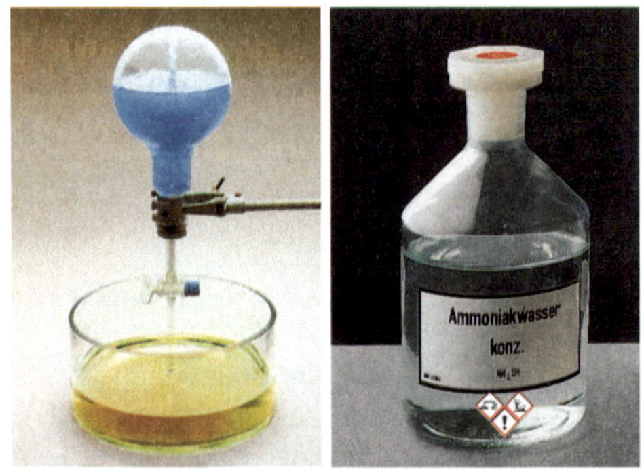

B2 Der Ammoniakspringbrunnen (links), Ammoniakwasser (rechts)

V1 ⚠ Ein trockener, dickwandiger, unbeschädigter und nicht zu großer Rundkolben (max. 500 ml) wird mit Ammoniak gefüllt (Öffnung nach unten). Abzug! (Das Gas gewinnt man durch Erhitzen von konzentriertem Ammoniakwasser). Der Kolben wird mit einem durchbohrten Gummistopfen, in dem ein kurzes, zur Spitze ausgezogenes Glasrohr steckt, verschlossen. Die Spitze soll dabei ins Kolbeninnere weisen. Nun wird der Kolbenhals rasch in eine Wanne mit Indikatorlösung getaucht, sodass Flüssigkeit in den Kolben hochschießt. (Schutzscheibe!)

V2 Man nimmt zwei gleich große Standzylinder und pipettiert in den ersten 2–3 Tropfen konz. Salzsäure und in den zweiten 2–3 Tropfen konz. Ammoniak-Lösung. Dann stellt man den Zylinder, der Chlorwasserstoff enthält, mit der Öffnung auf den Zylinder mit Ammoniak [B3, links].

A1 Gib für das Stickstoff- und das Wasserstoff-Atom die Elektronegativitäten an. Kennzeichne die positive und negative Seite der N—H-Bindung.

A2 Leitet eine Ammoniak-Lösung den elektrischen Strom? Begründe deine Entscheidung.

A3 Ammoniak weist im Vergleich zu Stickstoff oder Chlorwasserstoff eine hohe Siedetemperatur (−33 °C) auf. Worauf könnte dies beruhen? Begründe deine Antwort.

Ammoniumchlorid. Bringt man konzentrierte Ammoniak-Lösung in die Nähe von konzentrierter Salzsäure [V2], so entsteht ein weißer Rauch, ohne dass die Flüssigkeiten miteinander in Kontakt kommen. Es müssen also die Gase Ammoniak und Chlorwasserstoff miteinander reagiert haben. Dieser Vorgang wird häufig zum Nachweis einer der beiden Stoffe benutzt. Führt man die Reaktion in einer geschlossenen Apparatur durch [B3, links], scheidet sich ein weißer Stoff ab. Er ist in Wasser leicht löslich und in der Lösung lassen sich Chlorid-Ionen nachweisen. Aus den beiden Gasen ist also ein Salz entstanden:

$$NH_3(g) + HCl(g) \longrightarrow NH_4^+Cl^-(s)$$

Das Salz heißt **Ammoniumchlorid**, umgangssprachlich nennt man es **Salmiak**. Die Ammonium- und Chlorid-Ionen bilden im Ammoniumchlorid ein Ionengitter. Bei dieser Reaktion reagieren die Chlorwasserstoff-Moleküle als Protonendonatoren und die Ammoniak-Moleküle als Protonenakzeptoren. Ammoniumchlorid findet Verwendung als Lötstein und als schleimlösender Wirkstoff in Salmiakpastillen [B3, rechts]. Salmiak verleiht Lakritze [B4] den bitter-salzigen Geschmack.

B3 Bildung von Ammoniumchlorid aus Ammoniak und Chlorwasserstoff (links), Salmiakpastillen (rechts)

B4 Buntes Lakritzkonfekt

Ein **Lötstein** ist ein Reinigungsmittel für die Lötspitze eines Lötkolbens

Exkurs Das Donator-Akzeptor-Prinzip

Um die Gemeinsamkeiten von Protonenübergangsreaktionen als Funktionen von Teilchen herauszustellen, wurden 1923 von dem dänischen Wissenschaftler JOHANNES NICOLAUS BRØNSTED (1879–1947) die Begriffe Säure und Base definiert.

Teilchen, die bei einer Reaktion Protonen abgeben, nennt man Säuren (**Protonendonatoren**). Teilchen, die bei einer Reaktion Protonen binden, nennt man Basen (Protonenakzeptoren).

Beispiel: Bei der Bildung von Ammoniumchlorid ist das Chlorwasserstoff-Molekül die Säure und das Ammoniak-Molekül die Base [B5b].

Das allgemeine Funktionsprinzip, nach dem sowohl die Säure-Base-Reaktionen als auch die Redoxreaktionen erklärt werden können, ist das **Donator-Akzeptor-Prinzip**. Bei Säure-Base-Reaktionen sind es Protonendonatoren bzw. -akzeptoren und bei Redoxreaktionen die Elektronendonatoren bzw. Elektronenakzeptoren (Kap. 4.8).

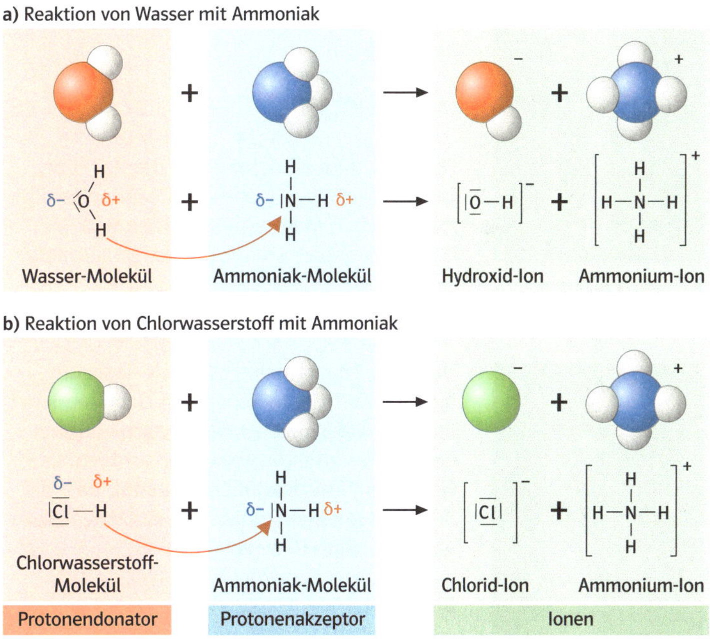

B4 Protonenübergangsreaktionen

6.9 Typische Reaktionen von Säuren

Reaktionen von sauren Lösungen mit Metallen. Unedle Metalle wie Magnesium [B1] oder Zink [B2] reagieren mit sauren Lösungen unter Wasserstoffentwicklung [V1]. Dampft man die entstehende Lösung ein, so bleibt ein weißer Feststoff zurück. Dabei handelt es sich um ein Salz. Edelmetalle wie Gold oder Silber werden dagegen nicht angegriffen.

Unedle Metalle reagieren mit sauren Lösungen unter Bildung von Wasserstoff und Salzen, die häufig gelöst vorliegen.

Das allgemeine Reaktionsschema lautet:

unedles Metall + Säure ⟶ Salz + Wasserstoff

Reagiert z. B. Magnesium mit verdünnter Salzsäure, so lautet die *Reaktionsgleichung*:

$$Mg(s) + 2\,HCl(aq) \longrightarrow MgCl_2(aq) + H_2(g)$$

Tatsächlich liegen alle Ionenverbindungen als hydratisierte Anionen und Kationen vor, sodass eine *Ionengleichung* die Reaktion besser beschreibt:

$$Mg + 2\,H_3O^+ + 2\,Cl^- \longrightarrow Mg^{2+} + 2\,Cl^- + H_2 + 2\,H_2O$$

Die Chlorid-Ionen nehmen an der Reaktion gar nicht teil, die eigentliche Reaktion erfolgt nur zwischen Magnesium-Atomen und Oxonium-Ionen (*vereinfachte Ionengleichung*):

$$Mg + 2\,H_3O^+ \longrightarrow Mg^{2+} + H_2 + 2\,H_2O$$

Diese Gleichung macht deutlich, dass sich die Reaktion nur zwischen den Oxonium-Ionen und den Magnesium-Atomen abspielt. Und noch etwas anderes wird offensichtlich: Es findet kein Protonenübergang statt, d. h., die Reaktion zwischen Salzsäure und Magnesium ist keine Säure-Base-Reaktion.

Die Bildung von Wasserstoff bei der Reaktion von unedlen Metallen mit Säuren nutzte J. W. DÖBEREINER (1780–1849) bei der von ihm entwickelten Zündmaschine [B3]. Über einen Hebel kann ein Stück Zink in Säure getaucht werden. Nun entwickelt sich Wasserstoff, der durch eine Düse strömt und auf fein verteiltes Platin trifft. Unter der katalytischen Wirkung des Edelmetalls reagiert der Wasserstoff mit dem Luftsauerstoff und entzündet sich.

B1 Magnesium in verdünnter Salzsäure

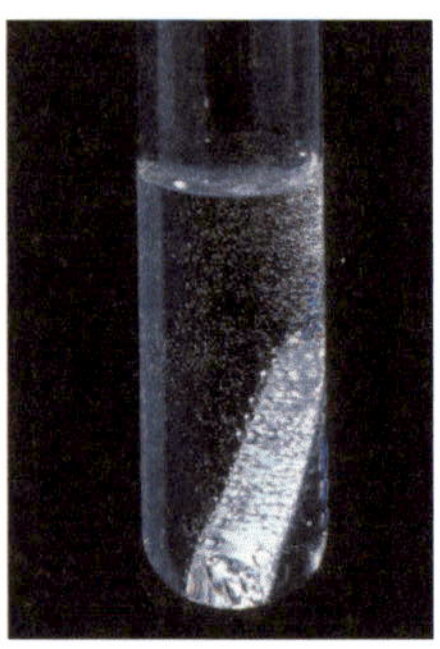

B2 Zink in verdünnter Schwefelsäure

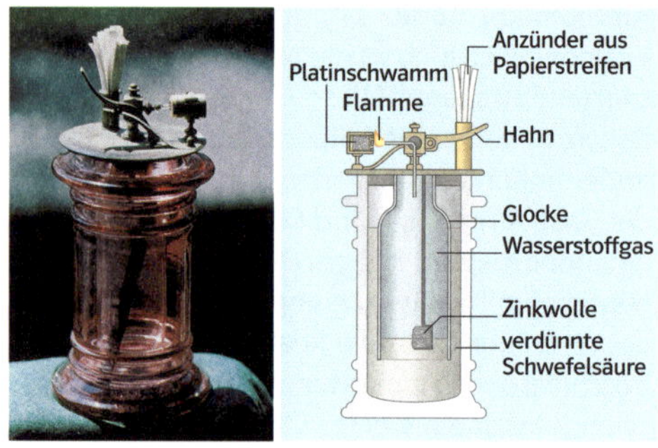

B3 Döbereinerfeuerzeug

Reaktionen von sauren Lösungen mit Metalloxiden. Das Halbedelmetall Kupfer reagiert nicht mit Salzsäure [B5]. Sein Oxid reagiert jedoch bereitwillig mit Salzsäure zu Kupferchlorid [V2, B4], das gelöst vorliegt. Auch andere Oxide bilden mit sauren Lösungen Salzlösungen. Bei diesen Reaktionen ist *keine* Wasserstoffentwicklung zu beobachten.

A1 Erstelle die Reaktionsgleichungen für folgende Reaktionen:
a) Calciumoxid reagiert mit Salpetersäure,
b) Magnesium reagiert mit Essigsäure,
c) Eisen bildet mit Schwefliger Säure Eisensulfit ($FeSO_3$),
d) Calciumoxid reagiert mit Salzsäure.

A2 Formuliere die Reaktionsgleichung für die Reaktion, die im Döbereinerfeuerzeug abläuft.

A3 Formuliere für folgende Reaktionen die Ionengleichungen:
a) Magnesiumoxid reagiert mit Salzsäure,
b) Zinkoxid reagiert mit Salzsäure.

A4 Formuliere die Reaktionsgleichung sowie die Ionengleichung für die Reaktion von Phosphorsäure mit Rost. Rost besteht weitgehend aus Eisenoxid-Hydrat ($Fe_2O_3 \cdot H_2O$).

Metalloxide reagieren mit sauren Lösungen zu Salzen.

Das Reaktionsschema lautet:

Metalloxid + Säure ⟶ Salz + Wasser

Bei der Reaktion von schwarzem Kupferoxid mit Salzsäure entsteht eine blaue bis grüne Kupferchlorid-Lösung [B4]:

$CuO(s) + 2\,HCl(aq) \longrightarrow CuCl_2(aq) + H_2O(l)$

Auch diese Reaktionsgleichung lässt sich als Ionengleichung formulieren.

$Cu^{2+} + O^{2-} + 2\,H_3O^+ + 2\,Cl^- \longrightarrow Cu^{2+} + 3\,H_2O + 2\,Cl^-$

Die vereinfachte Ionengleichung macht sofort deutlich, dass es sich um eine Säure-Base-Reaktion handelt:

$O^{2-} + 2\,H_3O^+ \longrightarrow 3\,H_2O$

Oxonium-Ionen wirken als Protonendonatoren, Oxid-Ionen (O^{2-}) als Protonenakzeptoren. Auch Magnesiumoxid oder Zinkoxid reagieren mit verdünnter Salzsäure unter Bildung von gelöstem Magnesiumchlorid bzw. Zinkchlorid:

$MgO(s) + 2\,HCl(aq) \longrightarrow MgCl_2(aq) + H_2O(l)$

$ZnO(s) + 2\,HCl(aq) \longrightarrow ZnCl_2(aq) + H_2O(l)$

Ein Alltagsbeispiel für die Reaktion einer Säure mit einem Metalloxid ist der Einsatz von Rostumwandlern auf Phosphorsäure-Basis [B6]. Streicht man das Präparat auf rostiges Eisen, so reagiert die Säure mit dem Rost und es entsteht eine weitgehend wasser- und luftundurchlässige Schicht aus unlöslichem Eisenphosphat, $FePO_4$. Diese Schicht soll den Kontakt des unter ihr liegenden Eisens mit dem Luftsauerstoff verhindern und ein Weiterrosten erschweren.

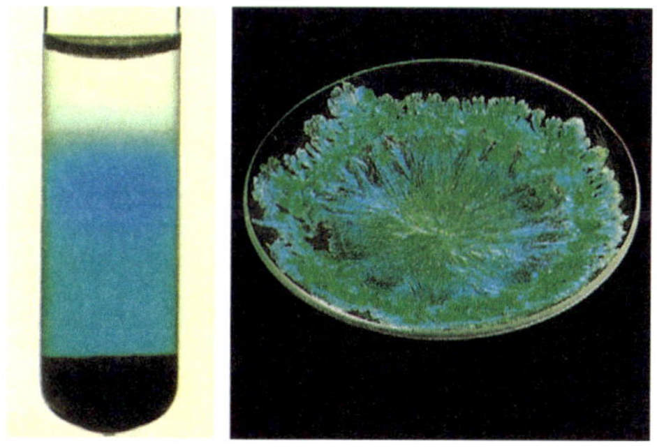

B4 Salzsäure reagiert mit Kupferoxid zu Kupferchlorid

B5 Kupfer in Salzsäure

V1 **a)** Gib in ein Reagenzglas zu verdünnter Salzsäure ein Stück Magnesiumband. Verschließe das Glas mit einem durchbohrten Stopfen, in dem ein Glasrohr mit einer Rückschlagsicherung aus Kupferwolle steckt. Fange das entstehende Gas in einem über das Röhrchen gestülpten Reagenzglas auf und führe die Knallgasprobe durch. Schutzbrille!
b) Wirf in verdünnte Schwefelsäure ein Stück Zinkblech oder einige Zinkgranalien. Verfahre weiter wie bei (a).
c) Übergieße ein Stück Silberblech oder einen Goldring in einem Becherglas mit verdünnter Salzsäure. Vor dem Entsorgen der Säure diese verdünnen und den Metallgegenstand mit einer Pinzette aufnehmen. Nicht mit den Fingern in die Säure fassen!

V2 **a)** Gib in ein Reagenzglas etwas schwarzes Kupferoxid, setze verdünnte Salzsäure zu und erwärme kurz.
b) Filtriere die Kupferoxid-Reste ab und dampfe die Lösung in einer Porzellanschale vorsichtig ein.
c) Wiederhole (a) und (b) mit Magnesiumoxid und Zinkoxid.

B6 Rostumwandlung mit Phosphorsäure

6.10 Exkurs Reaktionen von Säuren mit Salzen

Säuren können nicht nur mit Metalloxiden, sondern mit einer Reihe weiterer Ionenverbindungen reagieren. Bei Salzen werden nur die Säurerest-Anionen ausgetauscht; eine neue Säure und ein neues Salz werden gebildet:

Reaktionsschema Säure 1 und Salz 2 reagieren zu Salz 1 und Säure 2
zusammengehörige Paare werden durch gleiche Zahlen gekennzeichnet

Säure 1 + **Salz 2** ⟶ **Salz 1** + **Säure 2**

Bei der Herstellung von Chlorwasserstoff wird Kochsalz mit Schwefelsäure zur Reaktion gebracht (Kap. 6.6, V2). Die Reaktion verläuft in zwei Schritten:

$$H_2SO_4(aq) + NaCl(s) \longrightarrow NaHSO_4(s) + HCl(g) \quad (1)$$
$$NaHSO_4(s) + NaCl(s) \longrightarrow Na_2SO_4(s) + HCl(g) \quad (2)$$

Zusammenfassung von (1) und (2):
$$H_2SO_4(aq) + NaHSO_4(s) + 2\ NaCl(s) \longrightarrow NaHSO_4(s) + Na_2SO_4(s) + 2\ HCl(g)$$

$NaHSO_4$ streicht man, da es rechts und links vom Reaktionspfeil in gleicher Anzahl vorkommt. Man erhält als gesamte Reaktionsgleichung also:

$$H_2SO_4(aq) + 2\ NaCl(s) \longrightarrow Na_2SO_4(s) + 2\ HCl(g)$$

Der Nachweis von Carbonat-Ionen ist ein weiteres Beispiel für diesen Reaktionstyp. Schäumt es auf, wenn man etwas Salzsäure zu einem unbekannten Salz gibt, so ist dies ein Hinweis auf Carbonat. Diese Reaktion dient auch dem Nachweis von Kalk (Calciumcarbonat) in Mineralien und Gesteinsproben [V1a]. Für Kalk lautet die Reaktionsgleichung:

$$2\ HCl(aq) + CaCO_3(s) \longrightarrow CaCl_2(aq) + H_2CO_3(aq)$$

Die dabei gebildete Kohlensäure ist allerdings instabil und zerfällt:

$$H_2CO_3(aq) \longrightarrow CO_2(g) + H_2O(l)$$

Gelingt mit Kalkwasser (Calciumhydroxid-Lösung) der Nachweis, dass das Aufschäumen durch Kohlenstoffdioxid hervorgerufen wurde, so ist damit auch der **Carbonatnachweis** erbracht [V1b]. Dabei entsteht schwer lösliches Calciumcarbonat (Kalk):

$$Ca(OH)_2(aq) + CO_2(g) \longrightarrow CaCO_3(s) + H_2O(l)$$

B1 Brausepulver

Brausepulver. Ein Alltagsbeispiel für den Reaktionstyp „Salz + Säure" ist das Sprudeln von Vitamintabletten und Brausepulver [B1]. Neben Süß-, Farb- und Aromastoffen enthält Brause oft Natriumhydrogencarbonat (Natron) und Citronensäure. Gibt man das Pulver in Wasser, so findet folgende Reaktion statt:

Citronensäure + Natron ⟶ Natriumcitrat + Kohlensäure

Auch hier zerfällt die Kohlensäure in Wasser und Kohlenstoffidoxid, was am Aufschäumen zu erkennen ist.

V1 **a)** Tropfe verdünnte Salzsäure auf Kalkstein, Eierschalen und auf verschiedene Gesteins- und Bodenproben.
b) Stecke ein Gärröhrchen in einen einfach durchbohrten Stopfen. Pipettiere in das Gärröhrchen etwas frisch hergestelltes Kalkwasser. Gib nun einen Spatel Natriumcarbonat in ein Reagenzglas. Tropfe etwas verdünnte Salzsäure ins Reagenzglas und setze dann rasch das vorbereitete Gärröhrchen auf das Glas. Beobachte die Vorgänge im Reagenzglas und im Gärröhrchen.

A1 Früher stellte man im Labor Salpetersäure her, indem man Salpeter (Kaliumnitrat) mit konzentrierter Schwefelsäure versetzte. Anschließend destillierte man die Salpetersäure ab. Formuliere für die Reaktion von Kaliumnitrat mit Schwefelsäure die Reaktionsgleichung.

6.11 Typische Reaktionen von Laugen

Hydroxide und Laugen reagieren mit Salzen. Nicht nur Säuren, sondern auch Hydroxide und Laugen können mit Salzen reagieren. Dies macht man sich z. B. beim Nachweis von Ammonium-Verbindungen zunutze. Die Reaktion von Ammoniumchlorid mit Natriumhydroxid verläuft wie folgt:

$$NH_4Cl + NaOH \longrightarrow NH_3 + NaCl + H_2O$$

Die entsprechende Ionengleichung lautet:

$$NH_4^+ + Cl^- + Na^+ + OH^- \longrightarrow$$
$$NH_3 + Cl^- + Na^+ + H_2O$$

Die vereinfachte Ionengleichung macht die vorliegende Säure-Base-Reaktion besonders deutlich. Das Ammonium-Ion ist die Säure, das Hydroxid-Ion die Base.

$$\underset{\text{Säure}}{NH_4^+} + \underset{\text{Base}}{OH^-} \longrightarrow NH_3 + H_2O$$

Riechfläschchen. Die im 18. Jahrhundert in der „feinen Gesellschaft" weit verbreiteten „Riechfläschchen" [B1] enthielten ein Gemisch aus Calciumhydroxid ($Ca(OH)_2$) und Ammoniumchlorid (NH_4Cl) und dazu etwas Bergamotteöl. Fiel eine Dame in Ohnmacht, was bei den eng geschnürten Korsetten nicht so selten war, dann wurde der Ohnmächtigen das geöffnete Fläschchen unter die Nase gehalten. Der stechende Geruch des aus dem Ammoniumsalz gebildeten Ammoniaks (NH_3) brachte die Dame rasch wieder zu sich.

Korrespondierende Säure-Base-Paare. Die „Umkehrung" der letztgenannten Reaktionsgleichung begegnete uns schon bei der Reaktion von Ammoniak mit Wasser (Kap. 6.8):

$$\underset{\text{Säure}}{H_2O} + \underset{\text{Base}}{NH_3} \longrightarrow OH^- + NH_4^+$$

Wasser-Molekül und Hydroxid-Ion bilden ein zusammengehöriges Teilchenpaar (H_2O/OH^-), weil aus einem Wasser-Molekül durch Abgabe eines Protons ein Hydroxid-Ion entsteht und sich umgekehrt ein Hydroxid-Ion durch Aufnahme eines Protons wiederum ein Wasser-Molekül bilden kann. Ein solches Teilchenpaar nennt man **korrespondierendes Säure-Base-Paar.** Dieser Begriff soll verdeutlichen, dass ein Protonendonator, der ein Proton abgibt, zum Protonenakzeptor wird und dieser unter geeigneten Reaktionsbedigungen wieder ein Proton aufnehmen kann. Auch Ammonium-Ion und Ammoniak-Molekül bilden ein korrespondierendes Säure-Base-Paar.

Protonenabgabe

$$\underset{\text{Säure 1}}{H_2O} + \underset{\text{Base 2}}{NH_3} \longrightarrow \underset{\text{Base 1}}{OH^-} + \underset{\text{Säure 2}}{NH_4^+}$$

Protonenaufnahme

Beispiele für korrespondierende Säure-Base-Paare sind: H_2O/OH^-, NH_4^+/NH_3, HSO_4^-/SO_4^{2-}, $H_3PO_4/H_2PO_4^-$.
Auch bei der Reaktion von Säuren mit Salzen (Kap. 6.10) handelt es sich um eine Säure-Base-Reaktion. Da ein Protonendonator immer einen Protonenakzeptor als Reaktionspartner erfordert, laufen Säure-Base-Reaktionen stets nach folgendem Schema ab:

Säure 1 + Base 2 ⟶ Base 1 + Säure 2

Ein korrespondierendes Säure-Base-Paar unterscheidet sich in einem Proton.

A1 Versetzt man Eisensulfid (mit Fe^{2+}-Ionen) mit verdünnter Salzsäure, so entsteht ein nach faulen Eiern riechendes Gas. Erstelle die Reaktionsgleichung und die Ionengleichung für diese Reaktion.

A2 Ammoniumchlorid ist in Salmiakpastillen enthalten. Wie könnte man dieses Salz in Salmiakpastillen nachweisen?

V1 Versuchsaufbau siehe B2. Pipettiere in das Gärröhrchen wenig Phenolphthalein-Lösung (w = 0,5 %). Gib nun in ein Reagenzglas zwei Spatel Ammoniumchlorid und feuchte es leicht an. Füge mithilfe einer Pinzette zwei Plätzchen Natriumhydroxid hinzu und setze rasch das Gärröhrchen auf das Reagenzglas. Vorsicht! Schutzbrille!

B1 Riechfläschchen

korrespondierend von lat. respondere, entsprechen

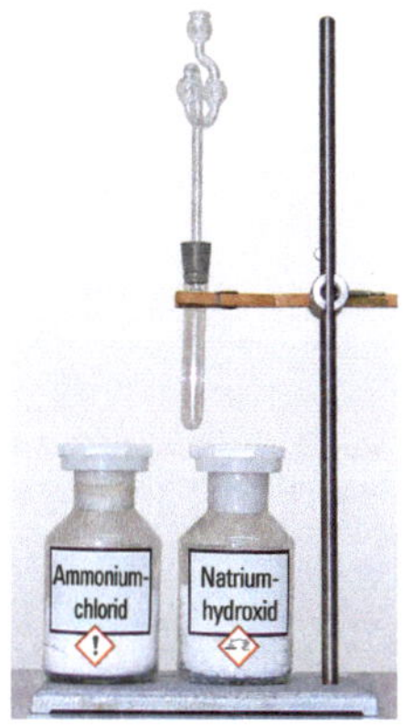

B2 Versuchsaufbau für Gasnachweise

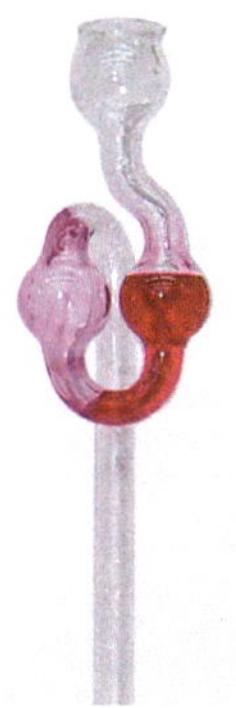

B3 Ammoniaknachweis mit Phenolphthalein-Lösung

6.12 Die Neutralisation

B1 Neutralisation von Salzsäure mit Natronlauge. Ein zugesetzter Indikator zeigt den Neutralpunkt an

B2 Eindampfen der neutralisierten Lösung. Natriumchlorid bleibt zurück

Nach einem Experiment sollte Natronlauge nicht in den Ausguss geschüttet werden. Wie könnte sie entsorgt werden? In der Schule gibt es Entsorgungsgefäße, z. B. eines für saure und alkalische Lösungen.

Alkalisch und sauer ergibt neutral? Mischt man verdünnte Natronlauge, der Universalindikator-Lösung zugesetzt wurde, tropfenweise mit verdünnter Salzsäure [V1], so ändert das Gemisch seine Farbe. Zudem ist eine Temperaturerhöhung des Gemischs zu beobachten. Nach dem Zusatz einer bestimmten Salzsäureportion wird es gelbgrün. Es ist somit eine Lösung entstanden, die weder alkalisch noch sauer ist. Sie ist neutral und der pH-Wert ist 7.

Entfernt man den Indikator durch Schütteln mit Aktivkohle und dampft die neutrale Lösung ein, so bleibt ein weißes Salz als Rückstand [B2]. Aus den Natrium- und Chlorid-Ionen ist Natriumchlorid entstanden.

A1 Nenne Hinweise dafür, dass beim Zusammengeben von Salzsäure und Natronlauge eine chemische Reaktion stattfindet.

A2 Formuliere die Reaktionsgleichungen in der Ionenschreibweise für die Reaktionen von **a)** Kalilauge (Kaliumhydroxid-Lösung) mit Salzsäure und **b)** Kalkwasser (Calciumhydroxid-Lösung) mit Salzsäure. Markiere jeweils die Protonenübergänge.

A3 Erläutere, warum bei der Reaktion von konz. Natronlauge mit konz. Salzsäure Natriumchlorid ausfällt, bei der Reaktion der verdünnten Lösungen dagegen nicht.

A4 Zum Kalken des Bodens gegen die Folgen des sauren Regens wird häufig Calciumoxid (Branntkalk) eingesetzt. Nenne die Reaktionsprodukte der Reaktion von Calciumoxid mit Salzsäure. Begründe, weshalb man diese Reaktion auch als Neutralisation bezeichnen wird.

A5 Formuliere mithilfe Kap. 6.7, B5 die Reaktionsgleichungen in Ionenschreibweise für folgende Neutralisationsreaktionen:
a) Kalkwasser mit Salpetersäure
b) Kalilauge mit Phosphorsäure
c) Ammoniakwasser mit Schwefelsäure
d) Natronlauge mit Ameisensäure.

Exkurs Antazida

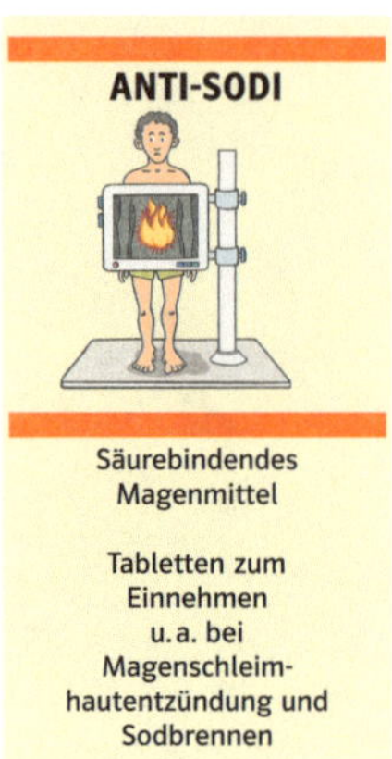

Im Magensaft befindet sich Salzsäure mit $w = 0{,}1\,\%$ bis $w = 0{,}5\,\%$. Sie aktiviert die eiweißspaltenden Enzyme. Da Salzsäure ätzend wirkt, kann es bei Störungen der Magensäureproduktion zu „Sodbrennen" kommen. Dabei steigt Magensaft in der Speiseröhre auf und verursacht ein unangenehmes Brennen.

Es gibt verschiedene säurebindende Medikamente, die die Magensäure teilweise neutralisieren und damit dem Sodbrennen entgegenwirken. Sie werden als **Antazida** bezeichnet und sind in Apotheken erhältlich. Als Antazida kommen unterschiedliche anorganische Substanzen zum Einsatz, z. B. ein Gemisch aus Aluminiumhydroxid [$Al(OH)_3$] und Magnesiumhydroxid [$Mg(OH)_2$].

Die Temperaturerhöhung beim Zusammengeben von Salzsäure und Natronlauge weist auf eine chemische Reaktion hin. Die Reaktionsgleichung in Ionenschreibweise lautet:

$$\underbrace{Na^+ + OH^-}_{\text{Ionen in der Natronlauge}} + \underbrace{H_3O^+ + Cl^-}_{\text{Ionen in der Salzsäure}} \longrightarrow \underbrace{Na^+ + Cl^-}_{\text{Ionen in der neutralen Lösung}} + 2\,H_2O$$

Aus der Reaktionsgleichung geht hervor, dass nicht alle Teilchen an der Reaktion beteiligt sind. *Nur die H_3O^+- und OH^--Ionen reagieren miteinander* unter Bildung von Wasser-Molekülen. Die Natrium-Ionen aus der Natronlauge und die Chlorid-Ionen aus der Salzsäure verändern sich nicht, sie liegen demnach auch in der neutralen Lösung vor. Reagiert konzentrierte Salzsäure mit konzentrierter Natronlauge, so ist das gebildete Salz als Feststoff sichtbar [V2]. Es entsteht so viel Natriumchlorid, dass seine Löslichkeit (Kap. 1.2) überschritten wird und es ausfällt.

V1 **a)** Gib in einem Reagenzglas zu verdünnter Natronlauge (w = 5 %), der Universalindikator-Lösung zugesetzt ist, tropfenweise verdünnte Salzsäure (w = 5 %), bis der Indikator gelbgrün ist. Miss die Temperatur der Natronlauge, der Salzsäure und der entstandenen Lösung.
b) Schütte die Lösung zur Entfernung des Indikators mit Aktivkohle und filtriere. Lass die Flüssigkeit des Filtrats verdunsten und betrachte den Rückstand unter der Lupe.

V2 ⚠ (Vorsicht, starke Wärmeentwicklung! Schutzbrille und Schutzscheibe!) Man gibt in einen Erlenmeyerkolben konz. Natronlauge und setzt langsam tropfenweise konz. Salzsäure zu.

V3 Ein im Mörser pulverisiertes Gemisch aus 1,6 g Citronensäure (wasserfrei) und 1,0 g Natriumhydroxid wird mit einem langen Trichter so in ein Reagenzglas gefüllt, dass der Reagenzglasrand sauber bleibt. Dann wird das Glas schräg über dem Gasbrenner vorsichtig erhitzt. Sobald die Reaktion einsetzt, wird das Reagenzglas aus der Flamme genommen. Den Beschlag am Glas mit einem Wassernachweismittel überprüfen.

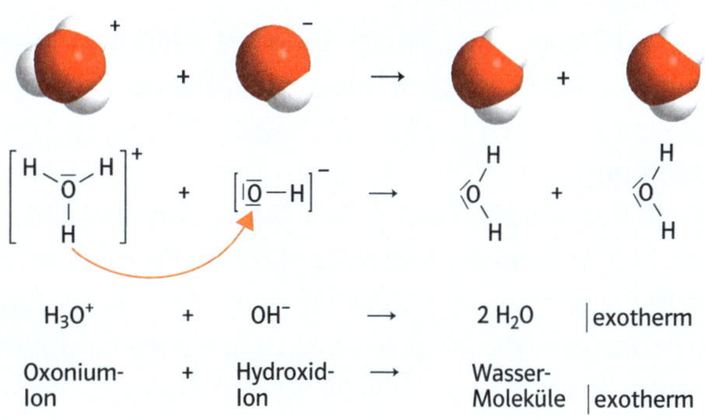

B3 Neutralisation und Protonenübergang im Modell und mit Formeln

Die vereinfachte Ionengleichung für die Neutralisationsreaktion lautet also:

Protonenabgabe (von H_3O^+ an H_2O)

$$\underset{\text{Säure 1}}{H_3O^+} + \underset{\text{Base 2}}{OH^-} \longrightarrow \underset{\text{Base 1}}{H_2O} + \underset{\text{Säure 2}}{H_2O}$$

Protonenaufnahme (von OH^- zu H_2O)

Die beiden korrespondierenden Säure-Base-Paare sind H_3O^+/H_2O und H_2O/OH^-. Dies gilt ganz unabhängig davon, welche Säure durch welche Lauge neutralisiert wird.

Neutralisation. Nicht nur Salzsäure und Natronlauge, sondern auch andere saure und alkalische Lösungen können miteinander zu neutralen Lösungen reagieren. Dabei entstehen immer Wasser und ein Salz, das meistens gelöst vorliegt. Bei der Reaktion wird immer Energie freigesetzt.

Bei einer Neutralisation reagieren Oxonium-Ionen mit Hydroxid-Ionen exotherm zu Wasser-Molekülen. Die Neutralisationsreaktion ist auch eine Säure-Base-Reaktion.

Das allgemeine Reaktionsschema einer Neutralisation lautet:

Säure + Lauge ⟶ Salz + Wasser

Führt man die Neutralisation als Feststoffreaktion durch, kann man auch die Wasserbildung beobachten [V3].

6.13 Saure und alkalische Lösungen als Gegenspieler

V1 **pH-Wert-Bestimmung**

Geräte und Chemikalien: Reagenzglas (16 × 160 mm), Reagenzglasständer, Tropfpipette, weißes Papier, Schutzbrille, Salzsäure (c = 0,1 mol/l), Natronlauge (c = 0,1 mol/l), Universalindikator (flüssig) mit pH-Tabelle.

Durchführung:

Gib in ein Reagenzglas ca. 3 ml Salzsäure (2 Finger breit) und versetze mit ca. 3 Tropfen Universalindikator. Tropfe dann Natronlauge zu der Salzsäure und schüttle nach einer Zugabe von etwa 10 Tropfen. Bestimme den pH-Wert des Reagenzglasinhaltes, halte dazu ein weißes Papier hinter das Reagenzglas. Wiederhole die Zugabe von Natronlauge, das Schütteln und die pH-Wert-Bestimmung. Gib danach weiter Natronlauge zu und schüttle nach jedem Tropfen. Notiere jeweils das Auftreten deutlicher Farbänderungen und gib den pH-Wert an.
Beende die Natronlaugezugabe bei einer Zugabe von etwa 4 ml.

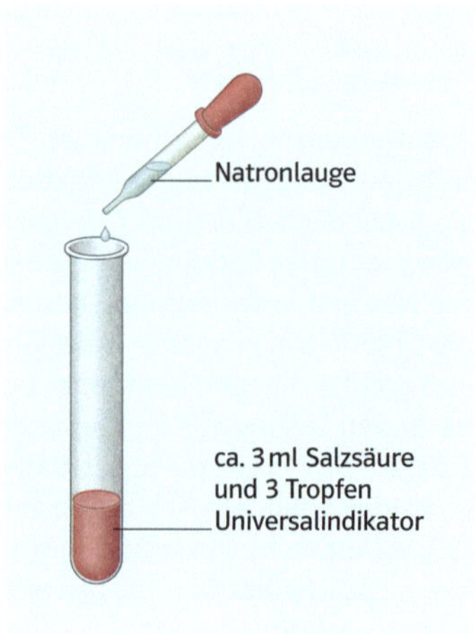

Natronlauge (Tropfenzahl)	
pH-Wert der Lösung	

V2 **Temperatur-Ermittlung**

Geräte und Materialien: 2 Reagenzgläser, Thermometer, 2 Kristallisierschalen, Messpipette, Pipettierhilfe, Schutzbrille, Salzsäure (c = 1 mol/l), Natronlauge (c = 1 mol/l), Natriumchlorid-Lösung.

Durchführung:

Miss die Temperatur der Salzsäure und der Natronlauge. Gib dann genau 5 ml Natronlauge zu 5 ml Salzsäure, verfolge die Temperatur des Gemischs und notiere die höchste Temperatur.

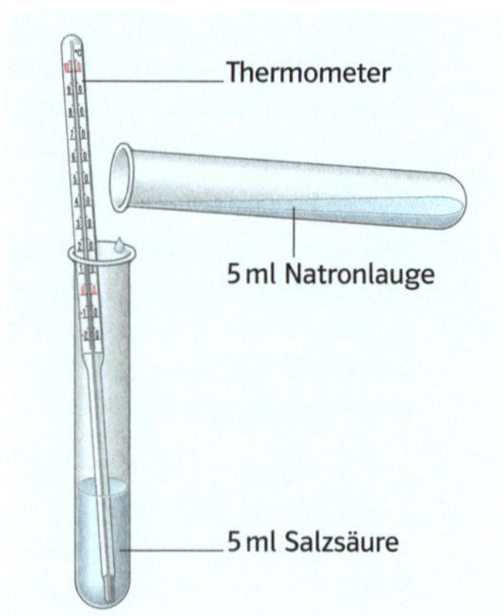

Temperatur der Salzsäure	
Temperatur der Natronlauge	
Temperatur des Gemischs	

Gib die Lösung sowie die Natriumchlorid-Lösung jeweils in eine Kristallisierschale und lass diese an einem warmen Ort stehen. Vergleiche die nach einigen Tagen entstandenen Kristalle.

Auswertung der Versuche

1 In welcher Hinsicht sind Salzsäure und Natronlauge Gegenspieler?

2 Nenne Hinweise darauf, dass bei der Zugabe von Salzsäure zu Natronlauge eine chemische Reaktion abläuft.

____

____

____

3 Formuliere für die Reaktion von Salzsäure mit Natronlauge das Reaktionsschema und die Reaktionsgleichung.

____

____

4 Fülle die Lücken aus:

Alle sauren Lösungen enthalten __________-Ionen, alle alkalischen Lösungen ____________________. Bei einer Neutralisation reagieren die ______________ mit den ______________ zu __________-Molekülen. Dabei wird __________ abgegeben. Die allgemeine Reaktionsgleichung für die Neutralisation lautet: ____

5 **Eine Neutralisationsanlage**

Bei vielen industriellen Prozessen entstehen saure oder alkalische Lösungen. Gelangen diese in die Gewässer, können Pflanzen und Fische geschädigt werden. Der pH-Wert von Gewässern sollte nicht stark von pH = 7 abweichen. In Fischgewässern darf der pH-Wert nicht unter 5 oder über 9, in Kläranlagen nicht unter 6 oder über 8,5 liegen. Abwässer, die sauer oder alkalisch sind, müssen deshalb neutralisiert werden.

Warum wird in der nebenstehenden Neutralisationsanlage der pH-Wert sowohl in dem Neutralisations- als auch im Kontrollbecken gemessen? Erkläre.

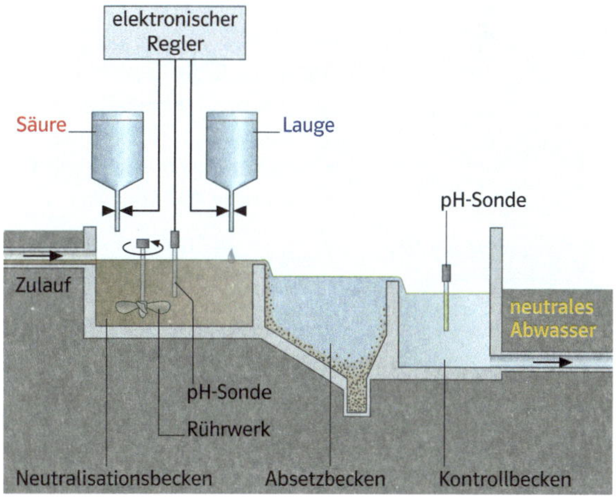

____

____

____

____

____

6.14 Massenanteil, Massen- und Volumenkonzentration

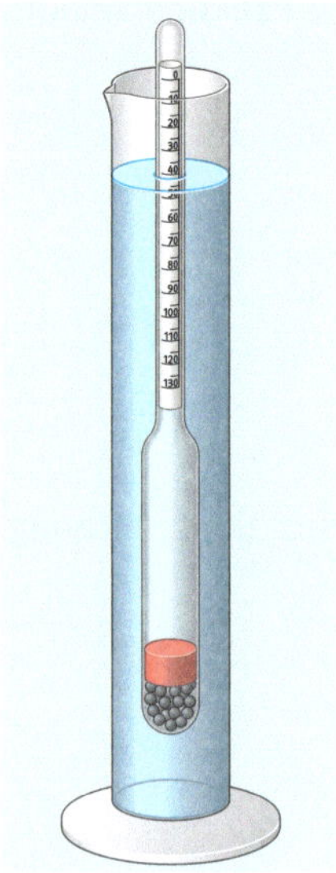

B1 Bierspindel, Aräometer (Gerät zur Dichtebestimmung)

Dichte Masse pro Volumeneinheit

$\varrho = \frac{m}{V}$

Volumenkonzentration σ(Ethanol): 5 %

Masse der in einem Getränk enthaltenen Alkoholportion m(Ethanol): 11,8 g

B2 Angabe der Alkohol-Volumenkonzentration in einem Bier

Auch wenn man bei der Neutralisation gleiche Volumina an sauren und alkalischen Lösungen zusammengibt, erhält man meistens *keine* neutrale Lösung, denn man muss eine weitere Größe berücksichtigen, den Gehalt der Lösungen. Diese Angaben können sich z. B. auf die Masse oder auf das Volumen eines Bestandteils der Lösung beziehen. Häufig werden der Massenanteil w, die Massenkonzentration β oder die Volumenkonzentration σ angegeben (Kap. 5.13).

Der Massenanteil. Beim Bierbrauen (Kap. 8.3) wird die Würze, die aus Wasser und den löslichen Bestandteilen des Malzes besteht, in den Würzpfannen mit Hopfen versetzt. Durch Kochen verdampft ein Teil des Wassers der Würze. Dadurch wird diese konzentrierter. Mithilfe einer Bierspindel bestimmt der Brauer schließlich den Stammwürzegehalt der Würze.

Hat die Würze den Stammwürzegehalt $w = 12\,\%$, so bedeutet dies, dass in 100 g Würzflüssigkeit 12 g gelöste Stoffe, die sogenannte Stammwürze, enthalten sind. Der Rest der Würze besteht aus 88 g Wasser. Diese Bestimmung ist vom Gesetzgeber vorgeschrieben. Je höher der Stammwürzegehalt ist, umso höher fällt die zu entrichtende Biersteuer aus. Außerdem kann mithilfe des Stammwürzegehalts ein Hinweis darauf gegeben werden, wie viel Alkohol später im Bier enthalten sein wird.

$$w(\text{Stammwürze}) = \frac{12\,\text{g}}{100\,\text{g}} = 0{,}12 = 12\,\%$$

Bezeichnen wir mit m(A) die Masse eines Bestandteils A, der sowohl ein Reinstoff als auch ein Gemisch (wie bei der Stammwürze) sein kann, und mit m(Gesamtlösung) die Gesamtmasse der Mischung, so gilt für den **Massenanteil w von A** allgemein:

$$w(\text{A}) = \frac{m(\text{A})}{m(\text{Gesamtlösung})}$$

Der Massenanteil wird häufig in % oder ‰ angegeben.

Die Massenkonzentration. Die Güte des Bieres hängt weitgehend von der Qualität des Brauwassers ab. Es wird von den Brauereien ständig überprüft. Im natürlichen Wasser sind Salze enthalten, die aus dem Gestein gelöst werden. Besitzt das Wasser einen hohen Gehalt an Calcium- und Magnesium-Ionen, so wird es als hart bezeichnet. Ist dieser Gehalt gering, so liegt weiches Wasser vor. Brauwasser sollte weich sein und 1 Liter nicht mehr als 10 mg Calcium- und Magnesium-Ionen enthalten, da sie für die Enzymaktivität von Nachteil sind. An der Einheit mg/l ist schon zu erkennen, dass die Analysenwerte der Ionen im Trinkwasser als Massenkonzentrationen angeben werden. Ist m(A) die Masse eines Bestandteils A, der sowohl Reinstoff als auch Gemisch sein kann, und V(Gesamtlösung) das Volumen der Gesamtlösung, in der A enthalten ist, so ist die Definition der **Massenkonzentration β von A:**

$$\beta(\text{A}) = \frac{m(\text{A})}{V(\text{Gesamtlösung})}$$

Die Volumenkonzentration. Auf Bierflaschen und anderen alkoholischen Getränken findet man die Angabe des Alkoholgehalts als **Volumenkonzentration**:

$$\sigma(\text{A}) = \frac{V(\text{A})}{V(\text{Gesamtlösung})}$$

σ wird häufig in % angegeben.

HEILWASSER

Analyse					
Kationen		mg/l	**Anionen**		mg/l
Kalium	K^+	31,00	Chlorid	Cl^-	117,00
Natrium	Na^+	973,20	Fluorid	F^-	0,30
Lithium	Li^+	2,35	Sulfat	SO_4^{2-}	318,50
Ammonium	NH_4^+	0,91	Nitrat	NO_3^-	0,58
Calcium	Ca^{2+}	136,30	Hydrogencarbonat	HCO_3^-	3001,00
Magnesium	Mg^{2+}	107,00	Hydrogenphosphat	HPO_4^{2-}	0,37
Strontium	Sr^{2+}	1,00	Metakieselsäure	H_2SiO_3	11,62
Eisen	Fe^{3+}	0,02	Metaborsäure	HBO_2	11,61

natürliches Mineralwasser ohne Zusatz von Kohlenstoffdioxid

Abfülldatum 12.07.2007 Mehr als 3 Jahre haltbar 0,7 l

B3 Bestandteile eines Mineralwassers

A1 In 100 g Wasser lösen sich bei 20 °C maximal 203,9 g Zucker. Berechne den Massenanteil w für die entstehende Zuckerlösung.

A2 Ist das in B3 beschriebene Wasser zum Bierbrauen geeignet? Begründe.

6.15 Praktikum Der Umgang mit Pipette und Bürette

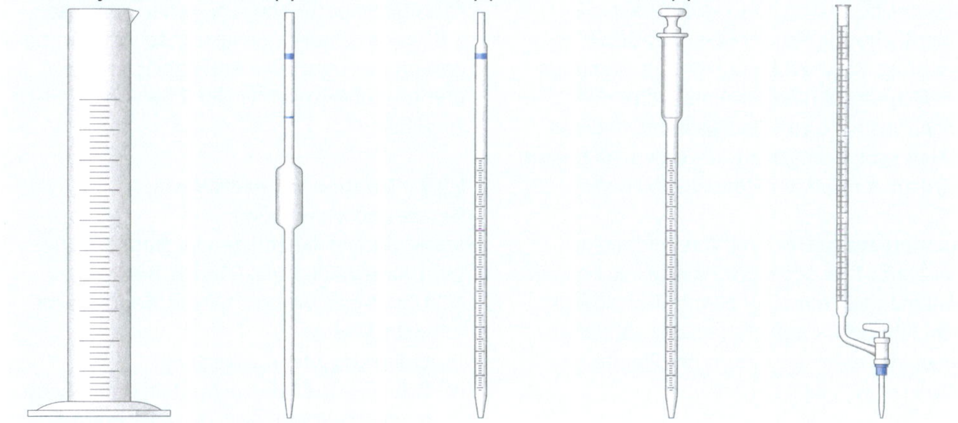

B1 Messgeräte für Flüssigkeitsportionen

Umgang mit Volumenmessgeräten. Häufig muss im Labor das Volumen einer Flüssigkeit genau abgemessen werden. Vielfach gebrauchte Volumenmessgeräte sind Messzylinder, Vollpipette, Messpipette und Bürette [B1]. Allerdings ist es verboten, Flüssigkeiten mit dem Mund aufzusaugen. Man muss eine Pipettierhilfe verwenden, wenn keine Kolbenpipette vorhanden ist. Auch Bechergläser und Erlenmeyerkolben haben häufig eine großschrittige Skala. Diese ist jedoch viel zu ungenau und nur als Circa-Angabe zu sehen.

Die Auswahl der Geräte muss an die Größe der zu messenden Volumenportionen angepasst werden. So ist ein 100-ml-Messzylinder zum Abmessen von $V = 10$ ml nicht geeignet, jedoch ein 10-ml-Messzylinder oder eine 10-ml-Messpipette.

Vollpipetten dienen zur Messung des Volumens einer *bestimmten* Flüssigkeitsportion, während mit Messpipette, Messzylinder und Bürette aufgrund ihrer Skala das Volumen von sehr vielen beliebigen Flüssigkeitsportionen erfasst werden kann.

V1 Volumenmessgeräte im Vergleich

Geräte und Materialien: Messzylinder (100 ml), Vollpipette (10 ml), Messpipette (10 ml), Pipettierhilfe, Becherglas (100 ml), Spritzflasche mit dest. Wasser.

Durchführung und Auswertung:

a) Gib etwa 60 ml Wasser in das Becherglas. Sauge in eine 10-ml-Vollpipette möglichst genau 10 ml Wasser ein. Lass das Wasser aus der der Vollpipette in den 100-ml-Messzylinder abfließen. Wiederhole dies noch vier Mal.

(I) Lies das Volumen im Messzylinder genau ab.

(II) Stelle Vermutungen an, worauf sich eventuell auftretende Unterschiede zurückführen lassen.

b) Gib etwa 50 ml Wasser in das Becherglas. Sauge in eine 10 ml-Messpipette genau 10 ml Wasser ein. Lass vier Mal hintereinander 2 ml Wasser in den 100 ml-Messzylinder fließen.

(I) Wie viel Wasser befindet sich noch in der Messpipette? Wie viel Wasser ist demnach abgeflossen?

(II) Bestimme das Volumen des Wassers im Messzylinder.

(III) Stelle Vermutungen an, worauf sich eventuell auftretende Unterschiede zurückführen lassen.

(IV) Mit welchem von beiden Gefäßen (Messpipette und Messzylinder) lassen sich demnach 2 ml Flüssigkeit genauer abmessen?

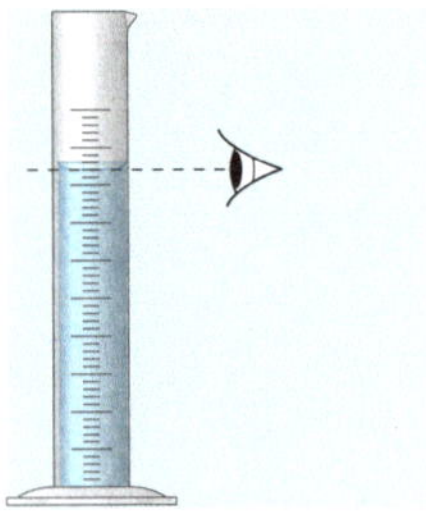

B2 Ablesen am Meniskus einer Flüssigkeit

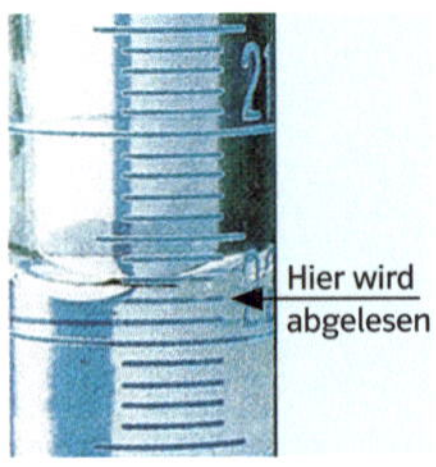

B3 Ablesen des Flüssigkeitsstands in der Bürette

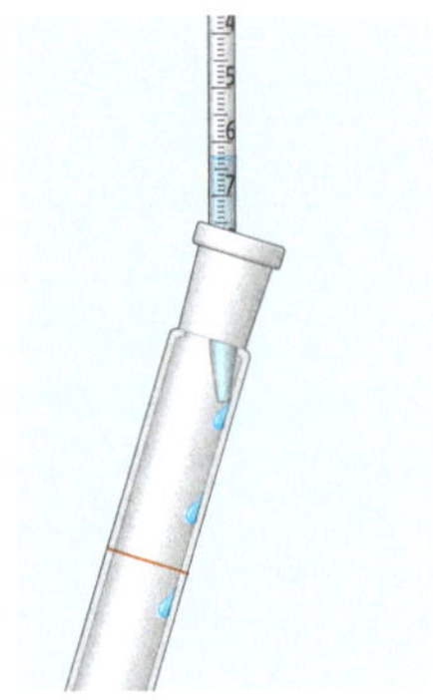

B4 Entleeren einer Pipette

Meniskus von griech. meniskos, Halbmond

Meniskus. Beim Ablesen eines Flüssigkeitsstandes muss beachtet werden, dass die Oberfläche von Wasser in einem Gefäß gewölbt ist. Diese Wölbung wird als Meniskus bezeichnet. Zum Ablesen muss sich der Meniskus in Augenhöhe befinden und das Gefäß senkrecht gehalten werden. Abgelesen wird an der tiefsten Stelle des Meniskus [B2].

Messpipetten. Bei ihrer Verwendung ist der *Verlauf der Skala* der Pipetten zu beachten. Will man z.B. mit einer 10-ml-Messpipette 4 ml Flüssigkeit aufnehmen und abmessen, muss sich der Meniskus in der Pipette bei 10 ml − 4 ml = 6 ml befinden.

Wird eine Flüssigkeit mit einer Pipette aus einer Vorratsflasche in ein anderes Gefäß gegeben, so sollte darauf geachtet werden, dass beide Gefäße relativ nahe beeinander stehen. Die Flüssigkeit lässt man ruhig aus der Pipette ausfließen und streift den letzten Tropfen an der Gefäßwand ab [B4].

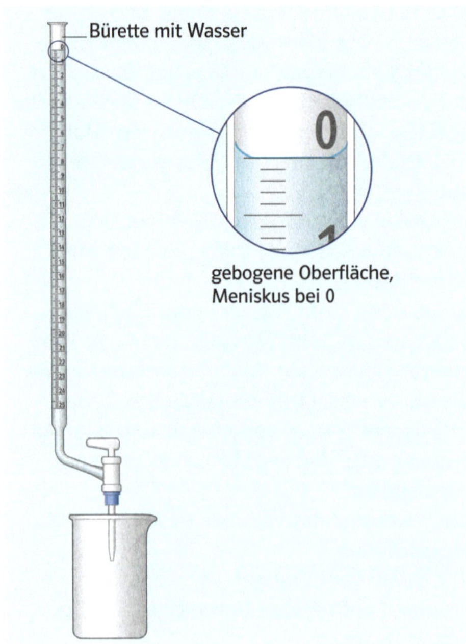

B5 Volumenmessung mit der Bürette

Büretten. Mit einer Bürette kann man kleine Flüssigkeitsportionen sehr genau abmessen, z.B. wenn es bei einer Versuchsdurchführung darauf ankommt, eine Flüssigkeit langsam und tropfenweise zu einem Reaktionsgemisch zu geben.

V2 Titration mit der Bürette

Geräte und Materialien:
Stativ, Bürettenklammer oder Doppelmuffe mit Universalklemme, Bürette, Becherglas (100 ml), Messzylinder (100 ml), Spritzflasche mit dest. Wasser.

Durchführung und Auswertung:

a) Befestige die Bürette mit der Klammer am Stativ. Vergewissere dich, dass der Bürettenhahn geschlossen ist. Gib destilliertes Wasser in das Becherglas und fülle damit die Bürette bis über die obere Markierung („0 ml“). Stelle das Becherglas unter den Bürettenhahn. Öffne den Hahn kurz, damit die Luft aus dem Hahn verdrängt wird. Stelle den Wasserstand durch vorsichtiges Öffnen des Bürettenhahns auf den Nullpunkt [B5].

b) Lass 20 Tropfen aus der Bürette ausfließen und lies das Volumen an der Bürette ab.

c) Fülle die Bürette wie in a) beschrieben. Lass genau 1 ml Wasser aus der Bürette in das Becherglas fließen. Zähle dabei die Tropfen.

d) Lies den Wasserstand in der Bürette ab und notiere das Volumen. Du sollst 15,5 ml Wasser aus der Bürette in den Messzylinder abfließen lassen. Rechne zunächst den Stand des Wasserspiegels aus, der in der Bürette nach Ablassen des Wassers vorliegen muss. Lass dann das Wasser bis zu dem errechneten Stand ab. Welches Volumen der Flüssigkeitsportion wird im Messzylinder angezeigt?

A1 Vergleiche die Messergebnisse in der Klasse.

A2 Berechne das Volumen eines Tropfens.

6.16 Praktikum Konzentrationsermittlung durch Titration

In einem Labor muss häufig die Konzentration einer sauren oder alkalischen Lösung bestimmt werden. Dabei nutzt man die Tatsache, dass sich Lösungen mit jeweils gleicher Anzahl von H_3O^+- bzw. OH^--Ionen neutralisieren, wie aus der Neutralisationsgleichung folgt:

$$H_3O^+ + OH^- \longrightarrow 2\,H_2O$$

Titration. Bei einer Titration oder **Maßanalyse** wird die Neutralisation nicht *qualitativ* sondern *quantitativ* durchgeführt. Um etwa die unbekannte Konzentration einer Natronlauge zu bestimmen, nimmt man mit der Messpipette eine genau abgemessene Portion Natronlauge auf und gibt sie zusammen mit ein paar Tropfen Indikator in einen Erlenmeyerkolben. Diese vorgelegte alkalische Lösung ist die **Probelösung**. Nun tropft man aus der Bürette eine Salzsäure bekannter Konzentration (**Maßlösung**) dazu, bis der Indikator eine neutrale Lösung anzeigt. Aus dem Verbrauch an Salzsäure-Maßlösung kann man z. B. den unbekannten Massenanteil *w* von Natriumhydroxid in einer Natronlauge-Probelösung berechnen.

Der Gehalt einer Lösung lässt sich durch Titration ermitteln. Dabei tropft man eine Maßlösung zu einer Probelösung bis ein Indikator umschlägt.

V1 Bestimmung der Konzentration einer Natronlauge

Geräte und Chemikalien [B2]: Stativmaterial, Bürette, Weithals-Erlenmeyerkolben (100 ml), kleines Becherglas, kleiner Trichter, Messpipette (10 ml), Pipettierhilfe, weißes Papier, Indikator mit Tropfpipette (Bromthymolblau- oder Phenolphthalein-Lösung (w = 0,5 %)), Salzsäure-Maßlösung (c = 0,1 mol/l), Natronlauge unbekannter Konzentration.

Durchführung:

a) Fülle die Bürette mit der Salzsäure und lass etwas davon in das Becherglas abfließen, um Hahn und Auslauf der Bürette ebenfalls zu befüllen. Es dürfen sich keine Luftblasen mehr darin befinden. Notiere den Flüssigkeitsstand.

b) Nimm mit der Messpipette 10 ml Natronlauge auf und gib diese in den Erlenmeyerkolben. Stelle ihn auf das weiße Papier.

c) Setze drei Tropfen Indikatorlösung hinzu und tropfe unter ständigem Umschwenken Salzsäure aus der Bürette zu, bis der Indikator nach Grün bzw. Farblos umschlägt.

d) Lies den Flüssigkeitsstand in der Bürette ab und ermittle aus der Differenz das Volumen der verbrauchten Salzsäure.

e) Überprüfe das ermittelte Volumen durch eine zweite Titration.

Aufgaben:

1) Berechne die Massenkonzentration β von Natriumhydroxid in der Natronlauge. 1 ml Salzsäure neutralisiert 4 mg (0,004 g) Natriumhydroxid.

2) Welcher Massenanteil *w* in % weist die unbekannte Natronlauge auf? Gehe zur Berechnung davon aus, dass 1 l Natronlauge die Masse m = 1 kg hat.

V2 Wie viel Essigsäure ist in Essig oder Essigreiniger enthalten?

Geräte: Wie in V1

Chemikalien: Essig oder Essigreiniger; Natronlauge-Maßlösung (c = 1 mol/l); Phenolphthalein-Lösung (w = 0,5 %) mit Tropfpipette.

Durchführung: Wie V1; titriere bis schwach Rosa.

Aufgaben:

1) Berechne die Masse der Essigsäure in 1 l Essig. 1 ml Natronlauge neutralisiert 60 mg (0,06 g) Essigsäure.

2) Welcher Massenanteil *w* in % weist der Essig auf? Gehe zur Berechnung davon aus, dass 1 l Essig die Masse m = 1 kg hat. Vergleiche mit der Angabe auf der Essigflasche.

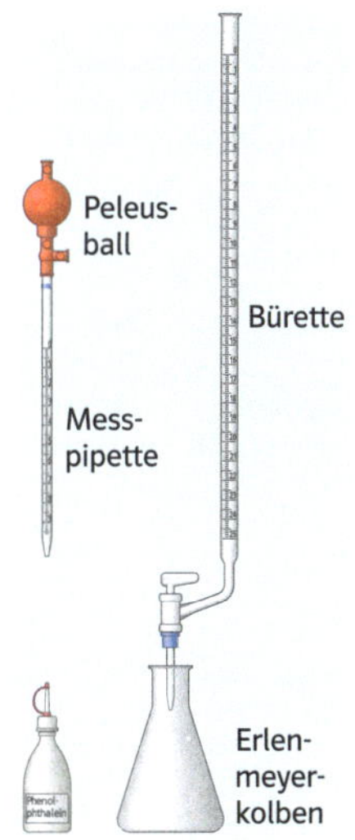

B2 Geräte für die Durchführung der Titration

c = x mol/l Weitere, in der Chemie häufig benutzte Konzentrationsangabe

qualitativ Was ist drin?

quantitativ Wie viel ist drin?

Beispielmessung: Zur Neutralisation von 10 ml Natronlauge wurden 14 ml Salzsäure-Maßlösung benötigt.

Gegeben: 1 ml Salzsäure (c = 0,1 mol/l) neutralisieren 4 mg = 0,004 g Natriumhydroxid.

Zu V1,1: 14 ml Salzsäure neutralisieren 14-mal so viel Natronlauge wie 1 ml Salzsäure: $m(\text{Natriumhydroxid}) = 14 \cdot 0{,}004\,g = 0{,}056\,g$

Somit ist die Massenkonzentration des Natriumhydroxids β(Natriumhydroxid):

$$\beta(\text{Natriumhydroxid}) = \frac{m(\text{Natriumhydroxid})}{V(\text{Natronlauge})} = \frac{0{,}056\,g}{0{,}010\,l} = 5{,}6\,\frac{g}{l}$$

Zu V1,2: Der Massenanteil des Natriumhydroxids w(Natriumhydroxid):

$$w(\text{Natriumhydroxid}) = \frac{m(\text{Natriumhydroxid})}{m(\text{Natronlauge})} = \frac{5{,}6\,g}{1000\,g} \cdot 100\,\% = 0{,}56\,\%$$

B1 Versuchsergebnis zu V1

Fotooxidantien sind starke Oxidationsmittel, die unter dem Einfluss des Sonnenlichtes entstehen

Immission von lat. immissio, das Hineinlassen

Da Kohle, Erdöl und Erdölprodukte (z. B. Benzin, Diesel- und Heizöl) unter anderem Schwefelverbindungen enthalten, entsteht bei deren Verbrennung auch Schwefeldioxid (SO_2). Laufen die Verbrennungsvorgänge bei hohen Temperaturen ab, wird zudem der Stickstoff der Luft oxidiert und es entstehen Stickstoffoxide. Sie sind z. B. in den Abgasen von Kraftfahrzeugen enthalten. Dabei werden zuerst NO-Moleküle gebildet, die in einem zweiten Schritt in der Atmosphäre zu NO_2-Molekülen oxidiert werden. Häufig wird von Stickstoffoxiden (NO_x) gesprochen, wenn es unerheblich ist, welches Oxid gemeint ist.

Entstehung des sauren Regens. Die gebildeten Oxide – SO_2 und NO_2 – reagieren mit Luftfeuchtigkeit und Wasser zu Schwefliger Säure bzw. Salpetersäure. Aus Schwefliger Säure entsteht z. T. unter der katalytischen Einwirkung von Staubpartikeln Schwefelsäure. Diese Säuren liegen dann in feinster Verteilung in der Luft vor (z. B. als winzige Tröpfchen, Aerosole).

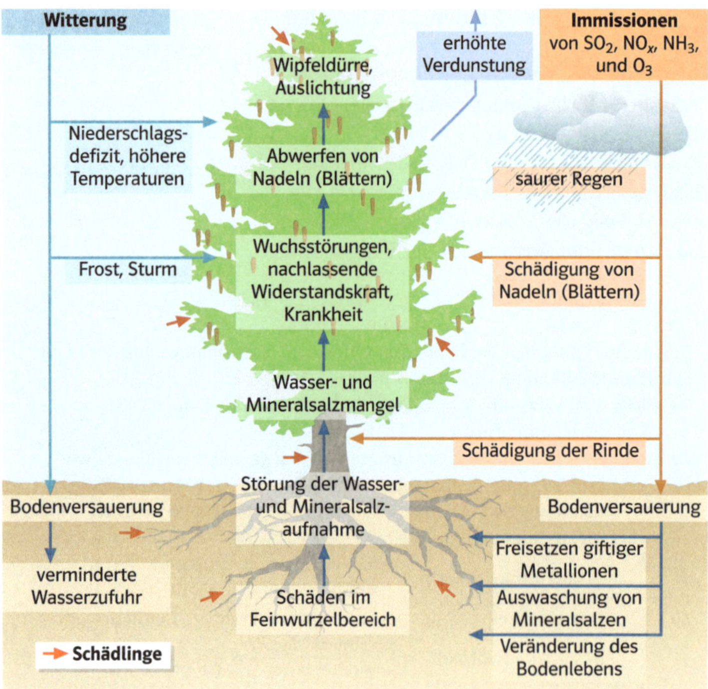

B1 Entstehung und Wirkung von saurem Regen

B2 Waldschäden als Folge des sauren Regens und anderer Luftschadstoffe

Durch den Regen werden die Säuren aus der Luft ausgewaschen, sodass eine saure Lösung, der **saure Regen**, entsteht [B1, B3].

Saurer Regen und Waldschäden. Der saure Regen gilt als ein Verursacher von Waldschäden [B2], die in den 80er-Jahren des vergangenen Jahrhunderts aufgetreten sind. Nach heutigen Erkenntnissen ist die Gesamtheit der Luftverschmutzungen dafür verantwortlich. Als mögliche Auslöser oder Verstärker werden auch Schwermetallverbindungen und Fotooxidantien (z. B. Ozon) genannt. Sie entstehen unter Einfluss des Sonnenlichtes aus Stickstoffoxiden und Kohlenwasserstoffen und schädigen durch ihre oxidierende Wirkung.
Insgesamt kennt man etwa 3000 Verbindungen, die zur Luftverschmutzung beitragen. Über die genauen Zusammenhänge von Luftverschmutzung und Waldsterben gibt es jedoch verschiedene Theorien. Ziemlich sicher ist, dass bei einer Vorbelastung durch klimatische Schwankungen mehrere Faktoren zusammenwirken, z. B. Luftschadstoffe, Übersäuerung, Mangel an Mineralsalzen, tierische Schädlinge und Mikroorganismen.

A1 Erläutere, was ist mit NO_x gemeint ist.

A2 **a)** Erstelle ein Pfeilschema, das (beginnend mit der Verbrennung von Benzin oder Kohle) die Entstehung des sauren Regens aufzeigt. **b)** Auf welche Weise werden Bäume durch sauren Regen geschädigt?

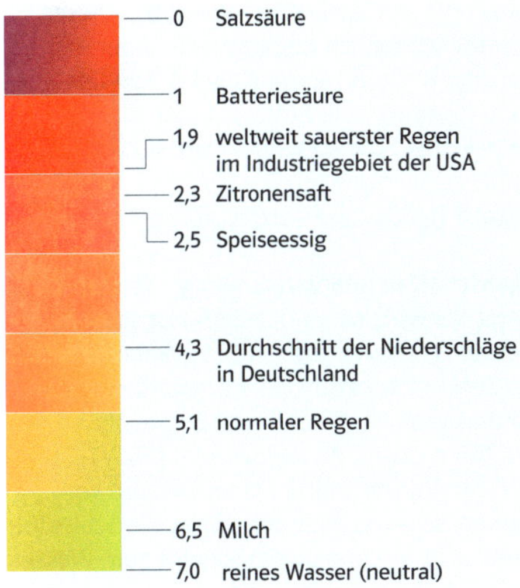

B3 pH-Werte von saurem Regen im Vergleich

Wirkung von saurem Regen. Saurer Regen verstärkt im Boden die Auswaschung bestimmter Ionen und führt so zu einer Mangelversorgung der Bäume mit wichtigen Mineralstoffen. Die zunehmende Bodenversauerung bewirkt außerdem eine Freisetzung von Aluminium- und Schwermetall-Ionen, die an Tonminerale des Bodens gebunden waren. Diese freigesetzten Ionen sind toxisch für die Wurzeln.

Gegenmaßnahmen. Mit der Rauchgasentschwefelung (Kap. 8.8) und „-entstickung" bei Großfeuerungsanlagen konnte der Ausstoß von Schwefel- und Stickstoffoxiden deutlich gesenkt werden. Auch versuchte man, durch Versprühen von Kalkstaub die Versauerung der Waldböden zu mindern.

Einwirkung auf Bauwerke. Auch Gebäude werden durch den sauren Regen geschädigt [B5]. Er bewirkt, dass aus Kalkstein oder Sandstein mit kalkhaltigen Bindemitteln Gips ($CaSO_4 \cdot 2\,H_2O$) entsteht.

$$CaCO_3 + 2\,H_3O^+ + SO_4^{2-} \longrightarrow CaSO_4 \cdot 2\,H_2O + CO_2 + H_2O$$

Bei feuchter Witterung löst sich der Gips allmählich auf.

Langzeitexperiment zum sauren Regen. Untersuche den Einfluss von Schwefliger Säure auf die Keimung und Entwicklung von Samen. Erstelle zunächst mit der Schwefligen Säure eine **Verdünnungsreihe** [V2]. Danach führst du V3 durch.

V1 Schweflige Säure erhält man, indem man eine haselnussgroße Portion Schwefel in einer Porzellanschale entzündet und das entstehende Schwefeldioxid mit einer Wasserstrahlpumpe durch eine Waschflasche mit 100 ml destilliertem Wasser saugt [B4] (Abzug!).

V2 Erstelle mit der Säurestammlösung der Schwefligen Säure aus V1 (oder aus der Sammlung) eine *Verdünnungsreihe*: Nimm 10 ml Säurestammlösung und fülle mit destilliertem Wasser auf 100 ml Lösung auf. Von dieser neuen Lösung nimmst du wieder 10 ml und füllst auf 100 ml auf. Wiederhole diese Entnahme und das Auffüllen so oft, bis du 4 verschiedene Lösungen hergestellt hast. Die pH-Werte der Einzellösungen bestimmst du mit einem pH-Meter oder Universalindikator-Papier (pH-Bereich 2 bis 5) und notierst diese auf den jeweiligen Gläsern (Abzug!).

V3 Befeuchte vier Blätter Filterpapier mit jeweils einer Lösung aus V2. Lege das getränkte Filterpapier in Petrischalen und säe Kresse darauf aus. Vergiss nicht, ein Kontrollexperiment mit destilliertem Wasser als Gießflüssigkeit anzusetzen. Können Schädigungen der Kresse durch Einstäuben der Samen mit Calciumcarbonat verhindert werden? Notiere alle Beobachtungen (Anzahl, Aussehen, Größe usw. der gekeimten Samen) und vergleiche sie mit denen aus ähnlichen Versuchen (Internet).

toxisch von griech. toxikon, das Pfeilgift

Emission von lat. emissio, die Aussendung

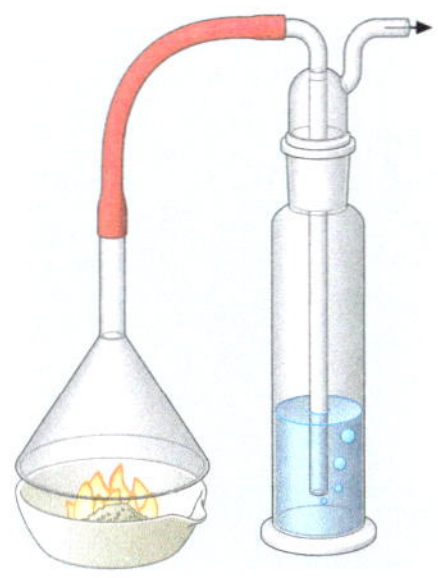

B4 Versuchsaufbau zu V1

B5 Gesteinskorrosion. Figur an einer Kirche oben 1900, unten 1985, später restauriert

6.18 Wichtige Säuren in der Technik

hygroskopisch von griech. hygros, feucht oder nass und skopein, anschauen

Sulfate, Hydrogensulfate Salze der Schwefelsäure

Schwefelsäure ist eines der wichtigsten Produkte der chemischen Industrie und zählt zu den meistproduzierten chemischen Grundstoffen.

Herstellung. Beim einfachen **Kontaktverfahren** (Kap. 8.7) wird Schwefelsäure in drei Schritten aus Schwefel hergestellt: Zunächst kann durch Verbrennen von Schwefel oder „Rösten" sulfidischer Erze Schwefeldioxid (SO_2) erzeugt werden. Im nächsten Schritt wird dann Schwefeldioxid mit Sauerstoff weiter oxidiert, dabei entsteht Schwefeltrioxid (SO_3). Dieses reagiert schließlich mit Wasser in einer exothermen Reaktion zu **rauchender Schwefelsäure (Oleum)**, eine farblose ölige Flüssigkeit, die gelöstes Schwefeltrioxid enthält.

$$SO_3(g) + H_2O(l) \longrightarrow H_2SO_4(l)$$

B1 Konz. Schwefelsäure reagiert mit Kupfer

B3 Zuckerkohle

Eigenschaften und Verwendung. Konzentrierte Schwefelsäure (w = 98 %) ist stark hygroskopisch (wasseranziehend). Sie kann sogar aus Zucker Wasser abspalten und diesen dadurch verkohlen (formal sind Zucker Hydrate des Kohlenstoffs, *Kohlenhydrate*) [B3, V1].
Will man konzentrierte Schwefelsäure verdünnen, so muss man **unbedingt die Schwefelsäure langsam und portionsweise zum Wasser gießen und nie umgekehrt!**
Andernfalls vermischt sich das Wasser aufgrund seiner geringeren Dichte nicht sofort mit der Schwefelsäure. An der Berührungsfläche zwischen Wasser und Säure bilden sich durch örtliche Überhitzung (exotherme Reaktion) Dampfblasen, sodass Säure herausspritzen kann.

Heiße, konzentrierte Schwefelsäure reagiert im Gegensatz zu vielen anderen Säuren auch mit dem Halbedelmetall Kupfer, wobei Kupfer zu schwarzem Kupferoxid oxidiert wird [B1]. Das Oxid reagiert leicht zu Kupfersulfat weiter.

B2 Erst das Wasser, dann die Säure, sonst geschieht das Ungeheure!

Der größte Teil der Schwefelsäure wird für die Herstellung von *Mineraldünger*, z.B. Ammoniumsulfat verwendet (Kap. 8.11). Ein weiterer Teil geht in die Produktion von *Pigmenten* wie Titanweiß (TiO_2) oder Permanentweiß ($BaSO_4$). Als *Batteriesäure* ist Schwefelsäure Bestandteil in Bleiakkumulatoren von Kraftfahrzeugen.

Umweltbelastung. In vielen Industrieprozessen fallen große Mengen verunreinigter Schwefelsäure an. Die Verklappung dieser *Dünnsäure* in der Nordsee wurde in Deutschland 1990 aus ökologischen Gründen verboten. Schwefelsäure ist ein Bestandteil des *sauren Regens* (Kap. 6.19) und damit eine der Ursachen für das Waldsterben.

Salzsäure. Die bekannteste Säure ist wohl die Salzsäure. Man erhält sie, wenn man gasförmigen Chlorwasserstoff in Wasser löst. Chlorwasserstoff gewann man früher aus Kochsalz (Kap. 6.6). Dieses Verfahren, das der Salzsäure ihren Namen gab, ist inzwischen weitgehend überholt, da Chlorwasserstoff bei der Reaktion von Chlor mit Alkanen (Kap. 3.18) in großen Mengen als Nebenprodukt anfällt.

Konzentrierte Salzsäure (w = 38 %) ist eine klare Flüssigkeit. An feuchter Luft „raucht" sie stark, da aus der Lösung austretender Chlorwasserstoff mit der Luftfeuchtigkeit Salzsäuretröpfchen bildet.

Salzsäure dient in der Industrie v. a. zur Herstellung ihrer Salze (Chloride) und zur Produktion von Chlor.

Salpetersäure. Die Salpetersäure hat ihren Namen vom Chilesalpeter (Natriumnitrat, $NaNO_3$), aus dem sie bis zum 1. Weltkrieg durch Erhitzen mit konzentrierter Schwefelsäure hergestellt wurde. Heute wird Salpetersäure durch die Verbrennung von Ammoniak gewonnen (**Ostwaldverfahren**). Dabei reagiert Ammoniak (NH_3) mit Luftsauerstoff zu Stickstoffmonooxid (NO) und Wasser. Stickstoffmonooxid verbindet sich mit überschüssigem Sauerstoff zu Stickstoffdioxid (NO_2), welches schließlich mit Wasser und weiterem Sauerstoff Salpetersäure bildet.

$$4\,NO_2(g) + 2\,H_2O(l) + O_2(g) \longrightarrow 4\,HNO_3(aq)$$

Reine Salpetersäure ist eine farblose Flüssigkeit, die sich bei Lichteinfall unter Bildung von braunem Stickstoffdioxid zersetzt. Konzentrierte Salpetersäure (w = 65 – 69 %) ist eine oxidierende Säure, welche Kupfer [V2, B5] und sogar Silber auflösen kann. Dabei entsteht im 1. Schritt das jeweilige Metalloxid, das weiter zum Metallnitrat reagiert (Schritt 2).

$$3\,Cu(s) + 2\,HNO_3(aq) \longrightarrow 3\,CuO(s) + 2\,NO(g) + H_2O(l) \quad (1)$$

$$CuO(s) + 2\,HNO_3(aq) \longrightarrow Cu(NO_3)_2(aq) + H_2O(l) \quad (2)$$

V1 In ein altes Reagenzglas gibt man etwa 2 cm hoch Puderzucker, den man mit wenig (!) Wasser leicht anfeuchtet. Nun gießt man konzentrierte Schwefelsäure ins Glas, bis der Zucker gut bedeckt ist. Vorsicht! Im Abzug arbeiten und rasch zurücktreten! Schutzbrille!

V2 In einen Standzylinder, der auf einer weißen Unterlage steht, gibt man Kupferspäne und anschließend ca. 5 cm hoch halbkonzentrierte Salpetersäure ($w \approx$ 30 %). Unter dem Abzug arbeiten! Zunächst entstehen braune Gase (NO_2), die aber bald verschwinden. Anschließend wird nur noch farbloses Stickstoffmonooxid (NO) gebildet.

A1 Schwefelsäure wird u. a. zur Herstellung von Dünger und Farbstoffen verwendet. Mache Vorschläge, wie Ammoniumsulfat und Permanentweiß hergestellt werden können. Erstelle die entsprechenden Reaktionsgleichungen.

A2 Formuliere die Reaktionsgleichung für die Umwandlung von Marmor in Gips durch sauren Regen.

A3 Formuliere die Reaktionsgleichung für die Herstellung von Salpetersäure aus Chilesalpeter.

A4 Bei Gewittern [B4] liefern Blitze so viel Energie, dass geringe Mengen des ansonsten recht reaktionsträgen Luftstickstoffs mit dem Luftsauerstoff reagieren. Dabei entsteht Stickstoffmonooxid, das mit Luftbestandteilen in zwei Schritten zu Salpetersäure weiterreagiert.
Erstelle die Reaktionsgleichungen für diese atmosphärischen Prozesse.

B4 Bei Gewittern bildet sich Stickstoffmonooxid

Chloride Salze der Salzsäure

Nitrate Salze der Salpetersäure

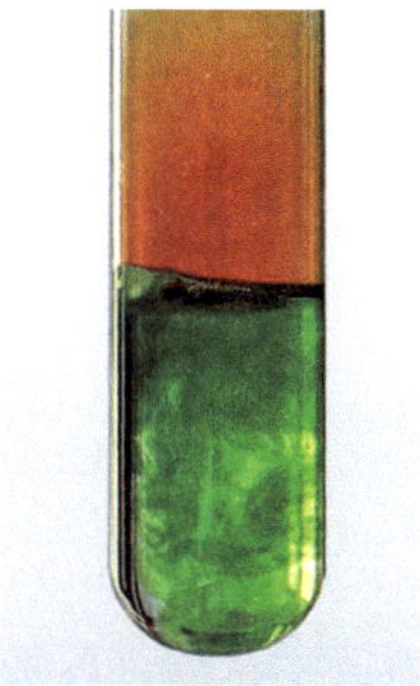

B5 Salpetersäure reagiert mit Kupfer

6.19 Säure-Base-Puzzle

1 Teilchen, die bei Reaktionen Protonen abgeben, nennt man Säuren (Protonendonatoren). Teilchen, die bei Reaktionen Protonen aufnehmen, nennt man Basen (Protonenakzeptoren). Protonen können nur abgegeben werden, wenn ein Reaktionspartner sie aufnimmt. Dieser muss ein freies Elektronenpaar zur Bindung zur Verfügung stellen.
Im Folgenden sind die Zeichen oder Strukturformeln von Ionen und Molekülen angegeben. Stelle aus ihnen vier Reaktionsgleichungen zusammen. Die Ladungen der Ionen müssen auch noch gefunden und zugeordnet werden. Streiche die Formeln, Zeichen und Ladungen durch, die du bereits verwendet hast. Benenne die Teilchen auch.

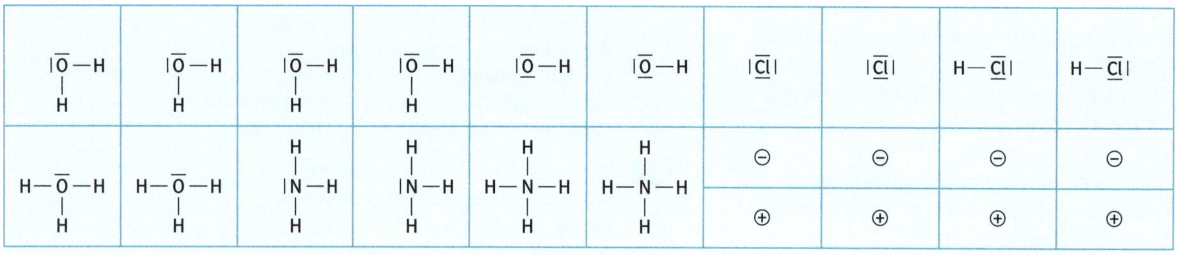

6.20 Namen, Formeln und Verwendung wichtiger Säuren

1 Die Tabelle enthält die Namen wichtiger Säuren. Ergänze in der Tabelle die Formeln der Säuren, die Formeln ihrer Säurerest-Anionen und die Namen der Säurerest-Anionen.

Name	Formel	Formel Säurerest-Anion(en)	Name Säurerest-Anion(en)
Salzsäure			
Schwefelsäure			
Phosphorsäure			
Essigsäure			
Salpetersäure			

2 Wozu werden diese Säuren in Alltag und Technik verwendet? Nenne jeweils zwei bis drei Beispiele.

Säure	Verwendungsbereich
Salzsäure	
Schwefelsäure	
Phosphorsäure	
Essigsäure	
Salpetersäure	

3 Erkläre, welche Funktion Essigsäure in einem Haushaltsreiniger hat.

6.21 Wichtige Säuren in der Natur

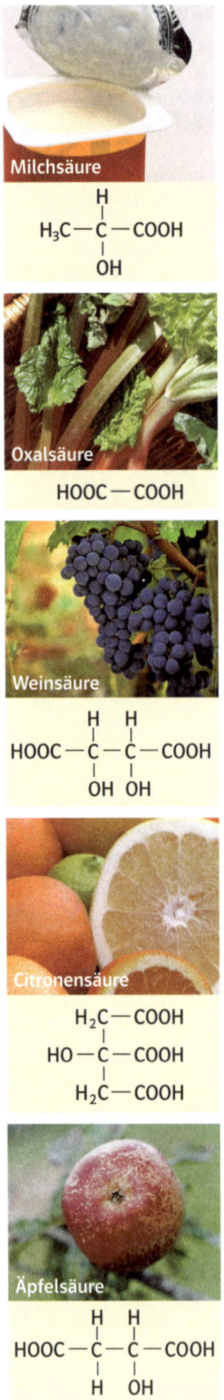

B1 Natürliche Carbonsäuren

Carbonsäuren. Die Alkansäuren, wie z. B. die Ameisen- und Essigsäure zählen zu den Carbonsäuren (Kap. 5.24). Sie alle sind gekennzeichnet durch ihre gemeinsame funktionelle Gruppe, die Carboxy-Gruppe (—COOH). Diejenigen Carbonsäuren, die wasserlöslich sind, reagieren mit Wasser unter Bildung einer sauren Lösung:

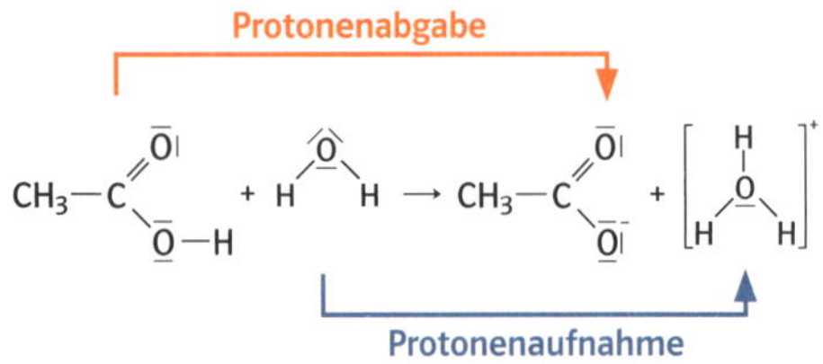

Methansäure (Ameisensäure) ist die Alkansäure mit den am einfachsten gebauten Molekülen. Sie ist im Sekret der Ameisen enthalten. Die Körpermasse mancher Ameisenarten besteht bis zu 20 % aus Ameisensäure. Auch das Gift der Bienen und das Gift in den Nesselkapseln von Quallen sowie die Brennhaare der Brennnesseln enthalten diese Säure [V1]. Ameisensäure riecht stechend und wirkt ätzend.

Außer den Alkansäuren, wie z. B. Essigsäure und Buttersäure, kommen in der Natur noch viele weitere Carbonsäuren vor. Ihre Moleküle sind meist komplizierter gebaut und dadurch gekennzeichnet, dass sie nicht nur *eine funktionelle Gruppe* tragen [B1]. Häufig sind zusätzlich weitere Carboxygruppen (*Di-* und *Tricarbonsäuren*) sowie Hydroxygruppen (*Hydroxycarbonsäuren*) vorhanden. Viele dieser Säuren findet man in Pflanzen bzw. Pflanzenteilen, z. B. Früchten (*Fruchtsäuren*). Auch im Stoffwechsel von Tieren und Menschen sind solche Säuren zu finden.

Milchsäure entsteht bei der Vergärung von Zuckern durch bestimmte Bakterien, z. B. beim Sauerwerden von Milch, und befindet sich deshalb in Produkten wie Joghurt, Kefir und Buttermilch. Auch bei der Herstellung von Sauerkraut und Silofutter bildet sich Milchsäure, ferner tritt sie beim Abbau des Kohlenhydrats Glykogen im arbeitenden Muskel auf.

Oxalsäure ist die Dicarbonsäure mit den am einfachsten gebauten Molekülen und bildet farblose Kristalle. Da jedes Oxalsäure-Molekül zwei Protonen abspalten kann, gibt es zwei Reihen von Salzen: die Hydrogenoxalate und die Oxalate. Der saure Geschmack von Sauerklee (Oxalis acetosella), Sauerampfer, Rhabarber und Stachelbeeren wird überwiegend durch Kaliumhydrogenoxalat (K^+ $^-OOC—COOH$) hervorgerufen. Oxalsäure ist giftig. 5 g davon können tödlich wirken, da sich mit Calcium-Ionen schwer lösliches Calciumoxalat bildet, das die feinen Nierenkanälchen verstopfen kann. Auch Harn- und Nierensteine enthalten häufig Calciumoxalat.

Fruchtsäuren sind Feststoffe, die in Früchten in gelöster Form vorliegen. Die meisten haben ihren Namen nach einer Frucht erhalten, in der sie überwiegend vorkommen.
Weinsäure kommt z. B. in Weintrauben vor. Als Dicarbonsäure kann auch sie zwei Reihen von Salzen bilden, die Hydrogentartrate und die Tartrate (von frz. tartre, Weinstein). Der sich beim Lagern von Wein abscheidende Weinstein ist ein Gemisch aus Kaliumhydrogentartrat und Calciumtartrat.

Citronensäure kommt nicht nur in Zitronen vor (im Saft: $w \approx 6\,\%$), sie ist als eine der häufigsten Fruchtsäuren auch in vielen anderen Früchten wie Orangen, Ananas und Preiselbeeren enthalten. Zudem ist die Citronensäure ein Zwischenprodukt im menschlichen Stoffwechsel. Die Salze der Citronensäure heißen Citrate.
Die **Äpfelsäure** ist neben der Citronensäure die verbreitetste Fruchtsäure. Sie kommt in vielen Obstarten wie Äpfeln, Quitten, Aprikosen, Kirschen und Pflaumen vor. Die Salze der Äpfelsäure sind die Malate (von lat. malum, Apfel).

V1 Zerreibe in der Reibeschale Brennnesseln in Wasser. Destilliere und prüfe das Destillat mit Universalindikator.

V2 Gib zu etwas Calciumcarbonat verdünnte Methansäure oder Citronensäure-Lösung. Beschreibe und deute die Beobachtungen.

6.22 Säuren als Lebensmittelzusatzstoffe

Carbonsäuren als Lebensmittelzusatzstoffe. Carbonsäuren sind nicht nur Bestandteile von Naturprodukten, sondern finden auch in vielen Bereichen des Alltags und der Technik Verwendung. Organische Säuren werden wegen ihrer besonderen Eigenschaften vielen Lebensmitteln zugesetzt [B1]. Auswahl und erlaubte Mengen sind durch das Lebensmittelgesetz geregelt. Die zugesetzten Stoffe müssen durch die Stoffnamen oder ihre E-Nummern auf der Verpackung angegeben werden [B2].

Organische Säuren als Konservierungsstoffe. Viele leicht verderbliche Lebensmittel können durch Zusatz von organischen Säuren länger haltbar gemacht werden. Sie verhindern, dass z. B. durch Fäulnisbakterien und Schimmelpilze Giftstoffe in diesen Lebensmitteln entstehen können. Zur Verhinderung der Schimmelbildung in Brot wird vielfach Sorbinsäure (C_5H_7COOH) zugesetzt [B3], eine ungesättigte Carbonsäure, die im Körper des Menschen vollständig abgebaut wird.

Säuerungsmittel. Sauer schmeckende Getränke wirken besonders erfrischend. Zu diesem Zweck werden Fruchtsaftgetränken, Nektaren und Limonadengetränken organische Säuren als Säuerungsmittel zugesetzt. Hierbei finden vor allem die Citronensäure, Weinsäure und Äpfelsäure Verwendung.
In Brausepulver dient der Zusatz von Citronen- bzw. Weinsäure sowohl dem Geschmack als auch der Entwicklung von Kohlenstoffdioxid durch die Reaktion mit Natriumhydrogencarbonat. Da es sich um feste Säuren handelt, erfolgt diese Reaktion erst nach Zusatz von Wasser. Dadurch ist eine lange Lagerfähigkeit in trockenem Zustand gewährleistet.

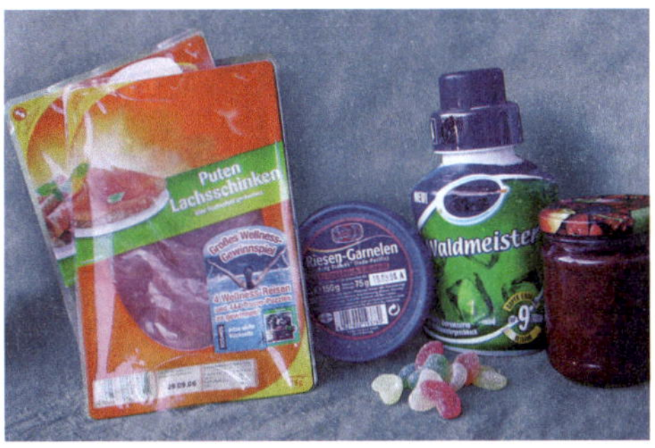

B1 Vielen Lebensmitteln werden organische Säuren zugesetzt

V1 Zerreibe Stücke verschiedener Obstsorten in der Reibschale zu einem Brei. Lege ein Universalindikator-Papier auf den Brei.

A1 Überlege, warum nach dem Lebensmittelgesetz Höchstwerte für den Zusatz von Konservierungsstoffen in Lebensmitteln festgelegt werden.

Vitamin C gegen Skorbut

Vitamin C, auch Ascorbinsäure genannt, ist eine organische Säure mit kompliziertem Molekülbau. Sie ist für den menschlichen Körper unentbehrlich, kann von ihm jedoch selbst nicht gebildet werden und muss in der Nahrung enthalten sein. Besonders Hagebutten, Sanddorn, schwarze Johannisbeeren, Kiwi, Paprika, Petersilie und Grünkohl sind reich an Vitamin C. Eine unzureichende Versorgung mit Vitamin C führt zu Mangelkrankheiten. Eine Folge extremen Vitamin-C-Mangels, der Skorbut, war in den früheren Jahrhunderten bei Seefahrern eine gefürchtete Krankheit. Sie war darauf zurückzuführen, dass vor allem wegen fehlender Konservierungsmöglichkeiten auf langen Reisen kein frisches Obst und Gemüse zur Verfügung stand. Später wurde dem Skorbut z. B. durch Verzehr von Sauerkraut oder Zitronensaft begegnet.

Schilderung von Skorbut (Scharbock) während einer Schiffsreise (1740):

Drittens hatten auch viele den Scharbock, welcher eine schmerzliche Krankheit ist und auf dem Land selten gefunden wird. Es fanget zuerst in denen Zähnen an, daß das Zahnfleisch gantz faul wird, und man den gantzen Kiefer wegnehmen kan; sie werden gantz steiff an dem gantzen Leib, daß sie sich weder wenden noch regen können; sie bekommen auch faul Fleisch an dem Leib, daß man gantze Stücker ausschneiden kan.

E 200 Sorbinsäure
E 210 Benzoesäure
E 211 Natriumbenzoat
E 220 Schwefeldioxid
E 260 Essigsäure
E 270 Milchsäure
E 296 Äpfelsäure
E 300 Vitamin C
E 330 Citronensäure
E 334 Weinsäure
E 420 Sorbit
E 422 Glycerin

B2 E-Nummern von Lebensmittelzusatzstoffen

Organische Säuren Sammelbegriff für Säuren, die in der belebten Natur vorkommen. Zum größten Teil handelt es sich um Carbonsäuren

B3 Sorbinsäure hemmt das Wachstum von Schimmelpilzen

6.23 Wichtige Laugen in Natur und Technik

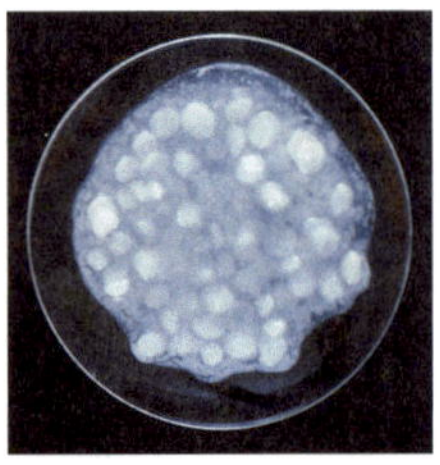

B1 Natriumhydroxid zerfließt an der Luft

Chlor-Alkali-Elektrolyse
Die Alkalichloridelektrolyse hat man früher als Chlor-Alkali-Elektrolyse bezeichnet

Natronlauge. Die Herstellung von Natronlauge geschieht fast ausschließlich durch Elektrolyse von wässriger Kochsalz-Lösung [V1]. Die gesamte Reaktionsgleichung dieser *Alkalichloridelektrolyse* lautet:

$$2\,NaCl + 2\,H_2O \longrightarrow 2\,NaOH + H_2 + Cl_2$$

Auch die Nebenprodukte Wasserstoff und Chlor sind begehrte Ausgangsstoffe für viele industrielle Prozesse.

Eindampfen der Natronlauge liefert reines Natriumhydroxid, ein hygroskopisches Salz [B1], das bei 318 °C schmilzt. Die Schmelze leitet den elektrischen Strom (Kap. 6.4, V5). Durch Elektrolyse einer Natriumhydroxid-Schmelze kann elementares Natrium gewonnen werden.

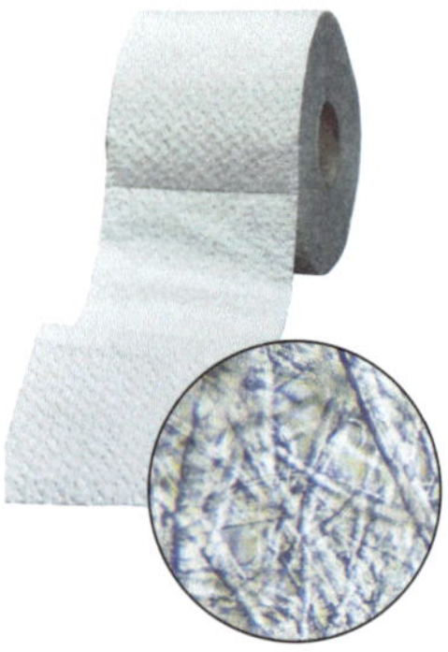

B2 Papier aus Cellulose

Natronlauge ist ein wichtiger Ausgangsstoff zur Herstellung von Farbstoffen, Seifen und Waschmitteln, auch benötigt man die Lauge bei der Gewinnung von Cellulose [B2]. Verdünnte Natronlauge (w = 3 %) wird beim Backen von Laugengebäck verwendet (Kap. 6.4).

Laugenflaschen sollten mit Kunststoff- oder Gummistopfen verschlossen werden [B3]. Laugenreste im Spalt zwischen Stopfen und Flasche reagieren mit dem Kohlenstoffdioxid der Luft zu Carbonaten, sodass Glasstopfen „festbacken".

B3 Unerwünschte Salzbildung

Ammoniakwasser. Beim Lösen von Ammoniak in Wasser entsteht Ammoniakwasser (Kap. 6.8).

Die Herstellung von Ammoniak erfolgt heute fast ausschließlich nach dem *Haber-Bosch-Verfahren* (Kap. 8.10). Man schätzt die weltweite Ammoniakproduktion auf über 50 Millionen Tonnen im Jahr. Der größte Teil geht in die Produktion von Salpetersäure und Ammoniumsalzen für Mineraldünger (Kap. 8.11).
In der Natur entsteht Ammoniak beim bakteriellen Abbau von Harnstoff. Der strenge Geruch in Viehställen [B4] wird von Ammoniak mitverursacht.

V1 Stelle in einem Becherglas etwas verdünnte Kochsalzlösung her und gib ein paar Tropfen Phenolphthalein-Lösung (w = 0,5 %) dazu. Befestige nun zwei Kohleelektroden mit Krokodilklemmen so in der Lösung, dass sie möglichst großen Abstand zueinander haben. Lege nun eine Gleichspannung von ca. 4,5 V an und beobachte die Vorgänge an den Elektroden. (Abzug!)

V2 Löse in einer Porzellanschale einen Spatel Harnstoff in wenig Wasser und gib eine Spatelspitze des Enzyms Urease dazu. Befeuchte ein Stück Indikatorpapier und klebe es an die Unterseite eines Uhrglases. Decke nun die Schale mit dem Uhrglas zu (Wölbung nach unten) und stelle sie an einen warmen Ort. Schaue alle zehn Minuten nach dem Versuchsansatz.

A1 Benenne alle Teilchen, die in verdünnter Natronlauge vorkommen.

A2 Erkläre, warum es zu einer Massenzunahme kommt, wenn Natriumhydroxid in einem offenen Gefäß aufbewahrt wird.

A3 Zur Aufbewahrung von Natronlauge wird eine Chemikalienflasche mit Glasstopfen verwendet. Dieser ist „festgebacken". Formuliere die Reaktionsgleichung für den Vorgang, die zum „Festbacken" des Stopfens führt.

A4 Ammoniumnitrat ist ein wichtiger Bestandteil von Sprengstoffen und zudem ein wichtiges Düngemittel. Man spricht in diesem Fall von einem Stoff mit „zwei Gesichtern". Wie könnte man Ammoniumnitrat herstellen? Formuliere eine Reaktionsgleichung.

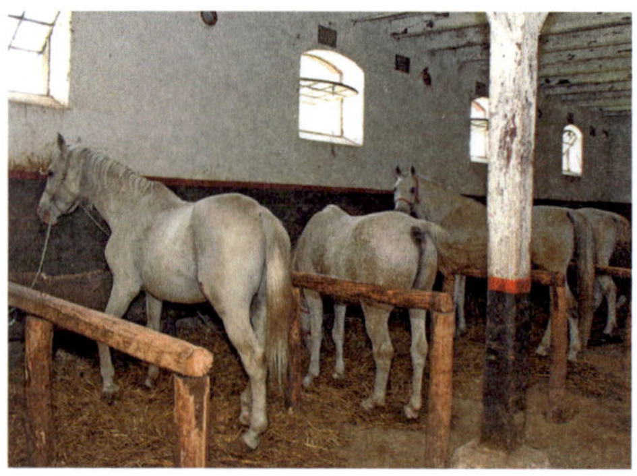

B4 Pferdestall

Charakteristische Ionen

Alkalische Lösungen: Hydroxid-Ionen (OH^-)

Saure Lösungen: Oxonium-Ionen (H_3O^+)

Säuren und saure Lösungen
Säuren bestehen aus Molekülen, die mit Wasser zu sauren Lösungen reagieren. Saure Lösungen enthalten Oxonium-Ionen.

Hydroxide, Laugen und alkalische Lösungen
Hydroxide sind Feststoffe, die in Wasser Laugen ergeben. Laugen (alkalische Lösungen) enthalten Hydroxid-Ionen.

Säuren und Basen nach Brønsted

Säuren Protonendonatoren	Basen Protonenakzeptoren
z. B. H_3O^+, HCl, H_2SO_4	z. B. OH^-, O^{2-}, $HCOO^-$

Protolyse
Eine Abspaltung von Protonen, die immer an eine sofortige Protonenaufnahme gekoppelt ist – also ein Protonenübergang.

Säure-Base-Reaktionsschema

Protonenabgabe

$HA + B^- \longrightarrow A^- + HB$

Säure 1, Base 2, Base 1, Säure 2

Protonenaufnahme

A^- und B^- stehen für Ionen wie Cl^-, Br^- oder NO_3^-.

Neutralisation
Die Oxonium-Ionen einer Säureportion reagieren mit den Hydroxid-Ionen einer Laugenportion unter Energiefreisetzung zu Wasser.

$$H_3O^+ + OH^- \longrightarrow 2\,H_2O$$

Titration
Die Konzentration von alkalischen oder sauren Lösungen kann durch eine Neutralisations-Titration ermittelt werden.

pH-Skala

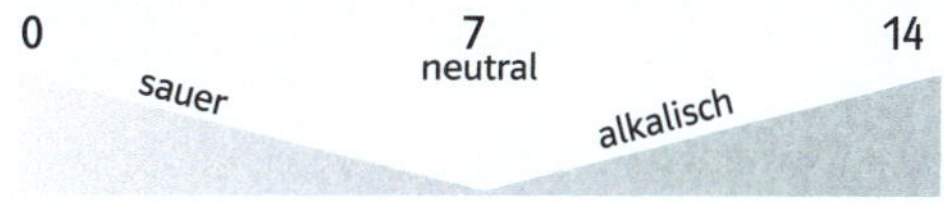

Pro pH-Wert-Stufe ändert sich die Konzentration der Teilchen (H_3O^+ bzw. OH^-) um den Faktor 10.

Indikatoren

Indikator	sauer	neutral	schwach alkalisch	stark alkalisch
Bromthymolblau	gelb	grün	blau	blau
Phenolphthalein	farblos	farblos	rotviolett	farblos

Wichtige Säuren und Laugen

Säure bzw. Lauge	Formel	Säurerest-Anion bzw. Basen-Kation	Name des Anions bzw. Kations
Salzsäure	$HCl(aq)$	Cl^-	Chlorid-Ion
Schwefelsäure	H_2SO_4	HSO_4^-	Hydrogensulfat-Ion
		SO_4^{2-}	Sulfat-Ion
Schweflige Säure	H_2SO	HSO_3^-	Hydrogensulfit-Ion
		SO_3^{2-}	Sulfit-Ion
Schwefelwasserstoffsäure	$H_2S(aq)$	HS^-	Hydrogensulfid-Ion
		S^{2-}	Sulfid-Ion
Kohlensäure	H_2CO_3	HCO_3^-	Hydrogencarbonat-Ion
		CO_3^{2-}	Carbonat-Ion
Salpetersäure	HNO_3	NO_3^-	Nitrat-Ion
Phosphorsäure	H_3PO_4	$H_2PO_4^-$	Dihydrogenphosphat-Ion
		HPO_4^{2-}	Hydrogenphosphat-Ion
		PO_4^{3-}	Phosphat-Ion
Ameisensäure	$HCOOH$	$HCOO^-$	Formiat-Ion
Essigsäure	CH_3COOH	CH_3COO^-	Acetat-Ion
Natronlauge	$NaOH(aq)$	Na^+	Natrium-Ion
Kalilauge	$KOH(aq)$	K^+	Kalium-Ion
Kalkwasser	$Ca(OH)_2(aq)$	Ca^{2+}	Calcium-Ion
Ammoniakwasser	$NH_3(aq)$	NH_4^+	Ammonium-Ion

1 Schlage zwei unterschiedliche Möglichkeiten vor, Calciumchlorid herzustellen und formuliere hierfür die Reaktionsgleichungen:

a) Möglichkeit 1: ______

Reaktionsgleichung 1: ______

______

b) Möglichkeit 2: ______

______

Reaktionsgleichung 2: ______

______

2 Ammoniumchlorid wird durch Energiezufuhr in Ammoniak und Chlorwassersstoff zerlegt. Formuliere die Reaktionsgleichung und markiere den Protonendonator rot und den Protonenakzeptor blau.

______

3 Trage die gesuchten Begriffe ein.

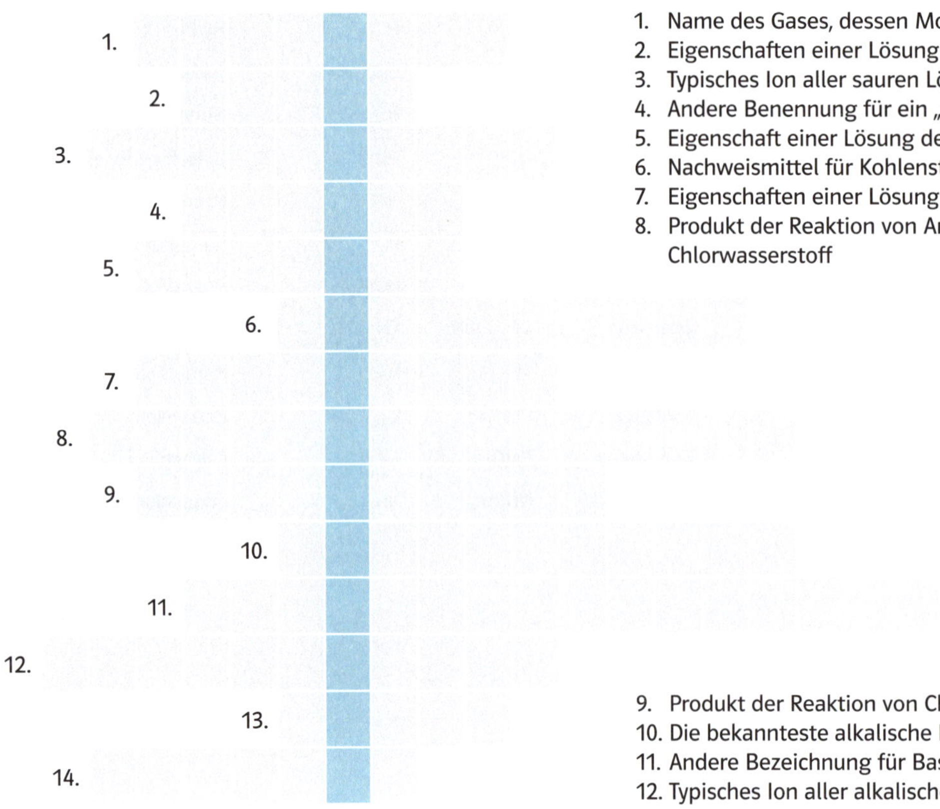

1. Name des Gases, dessen Molekülformel NH_3 ist
2. Eigenschaften einer Lösung mit pH <7
3. Typisches Ion aller sauren Lösungen
4. Andere Benennung für ein „freies H^+-Ion“
5. Eigenschaft einer Lösung deren pH = 7 ist
6. Nachweismittel für Kohlenstoffdioxid
7. Eigenschaften einer Lösung mit pH >7
8. Produkt der Reaktion von Ammoniak mit Chlorwasserstoff
9. Produkt der Reaktion von Chlorwasserstoff mit Wasser
10. Die bekannteste alkalische Lösung
11. Andere Bezeichnung für Base
12. Typisches Ion aller alkalischen Lösungen
13. Teilchen in Schmelzen und Lösungen von Salzen, die die elektrische Leitfähigkeit bewirken
14. Bedeutung des Gefahrensymbols GHS 05

7 Kunststoffe

Kunststoffe sind aus unserem Leben nicht mehr wegzudenken. Ein Kunststoffhelm ist leicht und schützt. Kleidung aus Kunststoffen, kombiniert mit Naturstoffen, ist atmungsaktiv und wasserabweisend.
Kunststoffe bestehen aus besonders großen Molekülen, Kunststoffe haben spezielle Eigenschaften.

Kinderspielzeug, wie z. B. Steckbausteine, soll sich gut anfühlen, robust, langlebig und abwaschbar sein.

Der Stabhochsprung gelingt am besten mit Stäben, die zugleich leicht, stabil und sehr biegsam sind. Glasfaserverstärkte Kunststoffstäbe haben daher die Aluminiumstäbe schon lange abgelöst und neue Rekorde ermöglicht.

Handy, Smartphone, Tablet und Laptop sind in besonders leichter, aber auch robuster Ausführung gefragt. Diesen Ansprüchen genügen verschiedene Kunststoffe.

Plastikgeschirr gibt es in verschiedenen Ausführungen. Es ist bruchsicher und leicht. Bei Großveranstaltungen, wie einem Marathonlauf oder im Fußballstadion, werden meist die dünnen „Wegwerfbecher" verwendet.
Für ein Picknick mit der Familie eignet sich stabileres Campinggeschirr aus Kunststoff, das immer wieder benutzt werden kann.

7.1 Kunststoffe überall

Spielzeug aus Kunststoff
Steckbausteine sind sehr beliebt. Aus ihnen können ganz unterschiedliche Modelle gebaut werden.

B2 Haus aus Steckbausteinen

A1 Beschreibe einige Materialeigenschaften der Steckbausteine.

Kunststoffe im Sport
Die Chemie hat den Sport enorm verändert. Glasfaserverstärkte Stäbe ermöglichen neue Rekorde im Stabhochsprung. Im Fußball werden z.B. keine Lederbälle, sondern Bälle aus Kunststoff verwendet [B1]. Der Kunststoffball saugt bei nassem Rasen keine Feuchtigkeit auf und wird nicht schwerer. Für Sportschuhe werden unterschiedliche Kunststoffe eingesetzt.

B1 Der Fußball ist ein Kunststoffball

B3 Windsurfen. Segel und Brett sind aus Kunststoffen

A2 Erläutere, welche Eigenschaften ein Segel und ein Surfbrett haben sollen.

Kunststoffe und Kleidung
In vielen Kleidungsstücken kommen Kunststoffe vor, oft in Mischgeweben mit natürlichen Fasern, wie z.B. Baumwolle. Dabei verwendet man verschiedene Kunstfasern, abhängig von den Eigenschaften, die die Kleidungsstücke haben sollen. T-Shirts bestehen meistens aus Baumwolle, aber besonders in enganliegenden T-Shirts werden oft elastische Kunstfasern verarbeitet, damit die T-Shirts gut dehnbar sind und besser in Form bleiben.

B4 T-Shirts: links mit Kunstfaseranteil und rechts aus Baumwolle

A3 Du willst joggen gehen und hast die Wahl zwischen einem T-Shirt aus Baumwolle und einem Funktionsshirt. Begründe deine Wahl mit den Eigenschaften der beiden Fasern.

Essen und Trinken und Kunststoffe
Viele Getränke werden in Kunststoffflaschen abgefüllt. Auch Gefrierdosen, Joghurtbecher und Eisverpackungen bestehen aus Kunststoffen.

B5 Trinkflasche aus Kunststoff

A4 Nenne einige Vorzüge und Nachteile von Trinkflaschen aus Kunststoffen.

Kunststoffe im Automobilbau

Von den Sitzbezügen über die Schaumstofffüllung der Polster, das Armaturenbrett, die Lichtblenden und die Radkappen bis hin zum Lack besteht vieles am Auto aus Kunststoff [B6]. Die besonderen technischen Vorzüge der Kunststoffe beruhen auf ihren vielseitigen Werkstoffeigenschaften und der wirtschaftlichen Verarbeitbarkeit. Kunststoffe machen Autos leichter und senken den Benzinverbrauch.

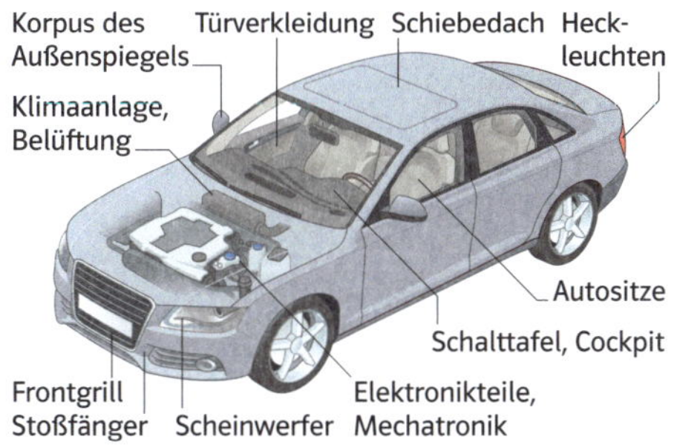

B6 Kunststoffe im Auto

A5 **a)** Nenne die Vorzüge von Kunststoffen für den Fahrzeugbau.
b) Begründe, warum der Anteil von Kunststoffen im Fahrzeugbau noch zunehmen wird.

Kunststoffe im Hausbau

Die Bauindustrie ist nach der Verpackungsindustrie der größte Verbraucher von Kunststoffen [B7].

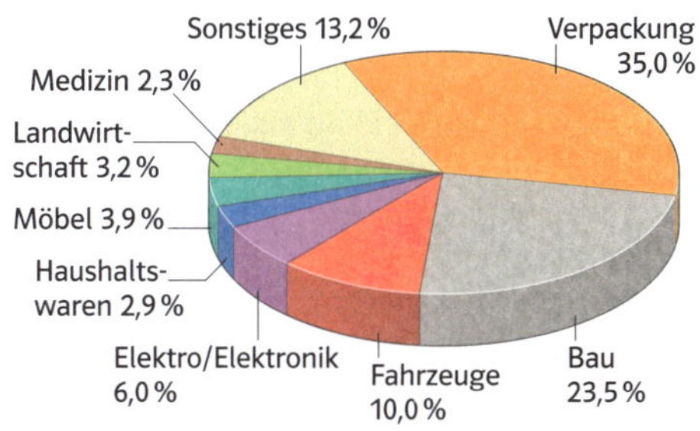

B7 Anteile der in Deutschland verarbeiteten Kunststoffe nach Branchen

A6 Nenne Materialien und Gegenstände aus Kunststoffen, die im Hausbau verwendet werden. Erläutere auch ihre Eigenschaften.

Kunststoffe und Multimedia

Ohne besondere Kunststoffe gäbe es die heutige Musik- und Filmindustrie sowie die Datenverarbeitung nicht. Filmrollen, Videobänder, CDs und DVDs speichern die Daten. Tablet [B9] und Laptop sind aus Schule und Büro nicht mehr wegzudenken.

A7 **a)** Beschreibe Stoffe und ihre Eigenschaften, die in einem Laptop zu finden sind.
b) Sammle Argumente, die für und gegen den Einsatz eines Laptops im Mathematikunterricht sprechen.

Kunststoff und Müllberge

Die Unverwüstlichkeit der Kunststoffe kann zum Anwachsen der Müllberge führen. Wenn es gelingt, das Recycling der Kunststoffe zu steigern, tritt das Müllproblem zurück und wertvolle Rohstoffe werden geschont.

B8 Kunststoffe werden extra gesammelt

A8 **a)** Nenne die Stoffe, die in die gelbe Tonne bzw. in den gelben Sack gehören.
b) Hältst du das getrennte häusliche Sammeln des Mülls für sinnvoll? Begründe deine Entscheidung.
c) Erläutere dir bekannte oder von dir recherchierte Beispiele für das Recycling von Kunststoffen.

Recycling Rückführung von Abfallstoffen in einen erneuten Produktionsprozess.
Streng genommen: Ein Stoff wird ohne großen Energieverbrauch wieder zu dem Stoff, der er früher war

B9 Tablet PC

B10 Verpackungen mit dem grünen Punkt gehören in die gelbe Tonne oder den gelben Sack

7.2 Praktikum Eigenschaften von Kunststoffen

B3 Moderne Haushaltsgegenstände aus Kunststoff

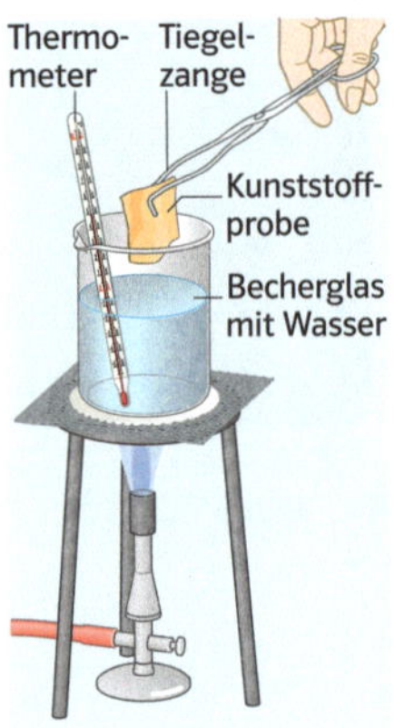

B1 Verändern sich die Kunststoffeigenschaften in heißem Wasser?

V1 Kennzeichnung von Kunststoffen

Gegenstände aus Kunststoff besitzen eine Prägung mit der Abkürzung oder der Kennziffer des betreffenden Kunststoffes, z. B. „PS" oder „06" für Polystyrol [Kap. 7.3].

Polyethen hoher Dichte	PE-HD	02
Polyethen niedriger Dichte	PE-LD	04
Polyethenterephthalat	PET	01
Polypropen	PP	05
Polystyrol	PS	06
Polyvinylchlorid	PVC	03

B4 Kürzel und Kennziffern einiger Kunststoffe

Untersuche unterschiedliche Gebrauchsgegenstände aus Kunststoff nach dieser Prägung. Notiere, aus welcher Kunststoffart diese gefertigt sind.

B2 Materialien zu Versuch 2

V2 Schwimmverhalten von Kunststoffen

Geräte und Materialien: 2 Bechergläser (250 ml, hohe Form), Glasstab, Wasser, Kochsalz, gleich große Proben verschiedener Kunststoffprodukte aus dem Alltag.

Durchführung:

a) Fülle 100 ml Wasser in ein Becherglas.

b) Stelle in einem anderen Becherglas eine gesättigte Kochsalzlösung mit 100 ml Wasser her, indem du so lange Salz in das Wasser einrührst, bis sich nichts mehr löst.

c) Zerschneide Behältnisse aus Kunststoff in gleich große Stücke und überprüfe das Schwimmverhalten in Wasser und in der Kochsalzlösung.

Auswertung:

a) Lege eine Tabelle an, in der du das Schwimmverhalten in Wasser und in der Kochsalzlösung festhältst.

b) Vergleiche die Dichten (Kunststoffe, Wasser und Kochsalzlösung). Die Dichte der Kochsalzlösung ist $\varrho = 1{,}19\,g/cm^3$.

V3 Verhalten gegenüber Säuren, Laugen und Lösungsmitteln

Geräte und Materialien: Schutzbrille; Tüpfelplatte; Wattestäbchen; Folienstift; Handtuchpapier; Kunststoffproben aus a) zerkleinerter Lebensmittelverpackung oder Plastiktüte, b) Gummistopfen oder zerkleinertem Einmachgummi, c) zerkleinertem Joghurtbecher, d) zerkleinertem Kunststoffbecher; verdünnte Natronlauge; verdünnte Salzsäure; Aceton; Essigsäureethylester.

Durchführung:

Fülle die Flüssigkeiten in je eine Vertiefung der Tüpfelplatte. Tauche ein Wattestäbchen in die erste Lösung und verreibe es auf deiner Probe. Klebt das Wattestäbchen, so hat sich der Kunststoff gelöst. Führe den Versuch mit allen Kunststoffproben und den Lösungen bzw. Lösungsmitteln durch.

Auswertung:

Notiere deine Beobachtungen in einer Tabelle.

V4 Festigkeit von Kunststoffen

Geräte und Materialien: Schutzbrille, Gasbrenner, Anzünder, Dreifuß, Keramik-Drahtnetz, Becherglas (250 ml), Thermometer, Tiegelzange, Schere, Holzbrettchen, Uhr, Wasser, Kunststoffproben.

Durchführung:

a) Schneide aus gekennzeichneten Kunststoffresten Probestücke von ca. 2 cm x 6 cm. Halte die Proben an einem Ende mit der Tiegelzange und drücke das andere Ende auf eine feste Unterlage. Notiere das Ergebnis des Biegeversuchs in einer Tabelle.

b) Halte die Kunststoffproben mit der Tiegelzange etwa eine Minute lang in heißes Wasser von ca. 80 °C [B1] und wiederhole den Biegeversuch von a). **VORSICHT! Verbrühungs- und Spritzgefahr!**

Auswertung:

Notiere die Ergebnisse in einer Tabelle.

7.3 Riesenmoleküle aus kleinen Molekülen

B1 Veranschaulichung der Bildung einer Polyethenkette aus Monomeren

Plastiktüten, Gefrierbeutel, Eimer, Wäschekörbe, Getränkekisten, Mülltonnen, Rohre und vieles mehr bestehen häufig aus *Polyethen*. Polyethen, in Alltag und Technik meist *Polyethylen* genannt, wird aus Ethen gewonnen. Warum können aus Ethen Polyethen und viele weitere Stoffe hergestellt werden?

Polyethen – ein Polymer. Ethen-Moleküle können aufgrund ihrer Doppelbindung mit vielen weiteren Ethen-Molekülen Riesenmoleküle bilden [B1]. Dieses ist ein Beispiel für eine Polyreaktion, also die Bildung von Riesenmolekülen aus sehr vielen kleinen Molekülen.

Die kleinen Moleküle heißen *Monomere*, die großen Moleküle nennt man *Makromoleküle* oder *Polymere*. Alle Kunststoffe bestehen aus Polymeren, die Monomere können aber sehr unterschiedlich sein [B2]. Reagieren Moleküle mit C=C-Doppelbindungen zu Polymeren, nennt man diese Reaktion **Polymerisation**. Bei der Herstellung von Kunststoffen werden aus vielen Monomer-Molekülen lange Polymerketten gebildet. Bei Einsatz geeigneter Monomere können aber die Ketten auch untereinander vernetzt sein. Dadurch ergeben sich die Vielfalt und die besonderen Eigenschaften der Kunststoffe.

Kunststoffe bestehen aus Makromolekülen. Makromoleküle sind Polymere. Sie können aus vielen Monomeren gebildet werden.

Die Moleküle des Polyethens sind Moleküle, deren Kettenlängen in weiten Grenzen schwanken. Es können bis zu 200 000 Kohlenstoff-Atome aneinandergereiht sein.

A1 Erläutere, welche Gemeinsamkeiten und Unterschiede die kettenförmigen Polymere von Polyethen, Polyvinylchlorid und Polypropen aufweisen.

A2 Joghurtbecher werden aus verschiedenen Kunststoffen hergestellt. Nenne einen davon.

B3 Eimer aus Polyethen

Monomere von griech. monos, eins und meros, Teil

Polymere von griech. polys, viel und meros, Teil

Polymerisation chemische Reaktion, bei der ein Polymer gebildet wird

Makro von griech. makros, groß oder weit

Name	Polyethen (PE)	Polyvinylchlorid (PVC)	Polytetrafluorethen (PTFE)	Polystyrol (PS)	Polypropen (PP)	Polyacrylnitril (PAN)	Polymethylmethacrylat (PMMA)
Monomer	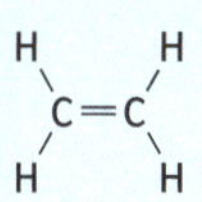 Ethen	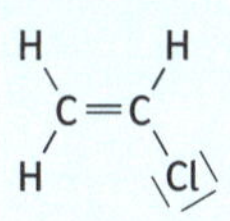 Vinylchlorid	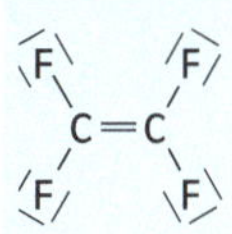 Tetrafluorethen	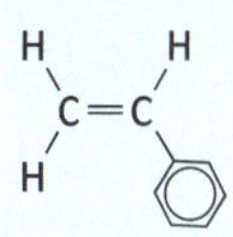 Styrol	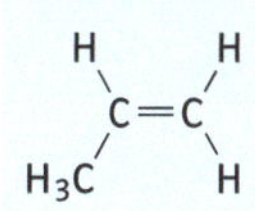 Propen	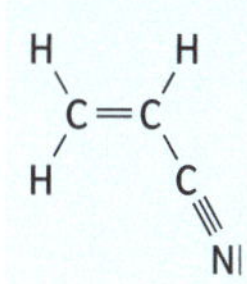 Acrylnitril	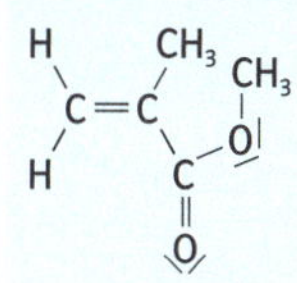 Methacrylsäuremethylester
Verwendungsbeispiele	Tragetaschen Eimer Mülltonnen	Bodenbeläge Rohre Schläuche Schallplatten	Rohre Dichtungen Pfannenauskleidungen	Verpackungen Vorratsdosen Isoliermaterial	Dichtungen Batteriekästen Schalen	Synthesefasern	Sonnenbrillen Lichtkuppeln Uhrgläser

B2 Einige wichtige Kunststoffe und ihre Verwendung. Die jeweiligen Monomere leiten sich von Ethen ab, wobei die Wasserstoff-Atome des Ethen-Moleküls ganz oder teilweise ersetzt sind

7.4 Makromoleküle durch Polymerisation

1 Aus kleinen Molekülen mit C=C-Doppelbindungen können Riesenmoleküle, Makromoleküle (Polymere) gebildet werden.

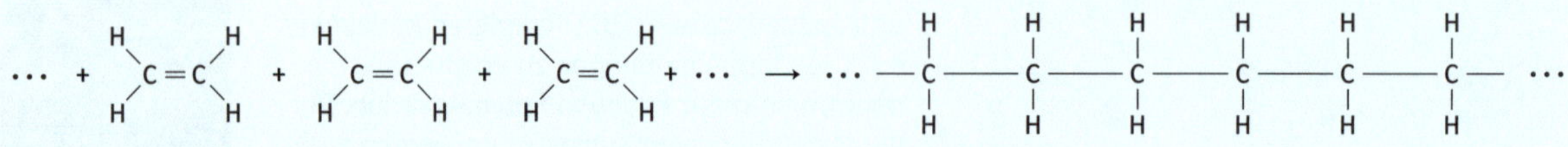

Polyvinylchlorid (PVC) ist ein Kunststoff, aus dem Fensterprofile und Fußbodenbeläge hergestellt werden. Polyvinylchlorid wird durch Polymerisation aus Vinylchlorid (Chlorethen) gewonnen. Formuliere die Reaktion für die Bildung von PVC aus Polyvinylchlorid mit Strukturformeln.

Strukturformel von Chlorethen: 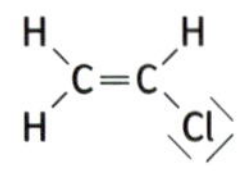

2 **a)** Stelle zu den folgenden Summenformeln die Strukturformeln auf:

C_3H_8	C_2H_4	C_2H_3Cl	C_2H_6	C_3H_6

b) Welche Moleküle aus A2a eignen sich für eine Polymerisation? Begründe.

3 Superabsorber können große Mengen an Wasser binden, wobei sie stark quellen. Superabsorber bestehen aus kettenförmigen Polymeren der Monomere Acrylsäure und Natriumacrylat, welche miteinander vernetzt sind. Kommt das Polyacrylat mit Wasser in Berührung, dringen Wasser-Moleküle in das Polymernetz ein. Die Wasser-Moleküle sind dann im Polymernetz gefangen.
Plane eine Versuchsreihe zum Flüssigkeitshaltevermögen eines Superabsorbers. Setze dazu als Flüssigkeiten destilliertes Wasser und zum Vergleich 0,9%ige Natriumchlorid-Lösung ein. Die Natriumchlorid-Lösung ähnelt dem menschlichen Urin.

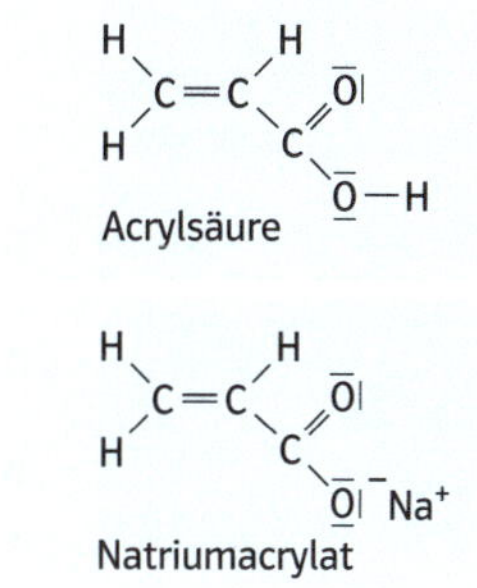

B1 Strukturformeln

Geräte und Materialien:

Durchführung:

Auswertung:

7.5 Exkurs Polyester und Polyurethane

Alkansäuren und Alkanole können Ester bilden. Dabei entsteht aus jeweils einem Molekül mit einer Carboxygruppe und einem Molekül mit einer Hydroxygruppe ein Ester-Molekül (Kap. 5.25). Wie reagieren Moleküle, die sowohl eine Carboxy- als auch eine Hydroxygruppe besitzen?

Polyester. Erwärmt man Milchsäure, eine Hydroxycarbonsäure, längere Zeit, so wird die eingesetzte Stoffportion zunehmend zähflüssiger. Am Ende erhält man ein festes, klebriges Reaktionsprodukt [V1]. Ein Milchsäure-Molekül reagiert zunächst mit einem zweiten zu einem Ester-Molekül. Dieses besitzt noch jeweils eine Carboxygruppe und eine Hydroxygruppe. So können in gleicher Weise weitere Milchsäure-Moleküle unter Abspaltung von Wasser-Molekülen zu langkettigen Makromolekülen reagieren [B4]. Bei der Bildung einer Estergruppe wird jeweils ein Wasser-Molekül abgegeben.

Kettenförmige Makromoleküle bilden sich auch, wenn Dicarbonsäuren mit Diolen [B3] reagieren. An beiden Carboxygruppen der Säure-Moleküle und an beiden Hydroxygruppen der Alkohol-Moleküle bilden sich Estergruppen unter Abspaltung von Wasser-Molekülen. Haben die Carbonsäure- oder Alkohol-Moleküle mehr als zwei funktionelle Gruppen, so entstehen durch Abspaltung von Wasser-Molekülen Produkte mit vernetzten Makromolekülen [V2 und V3].

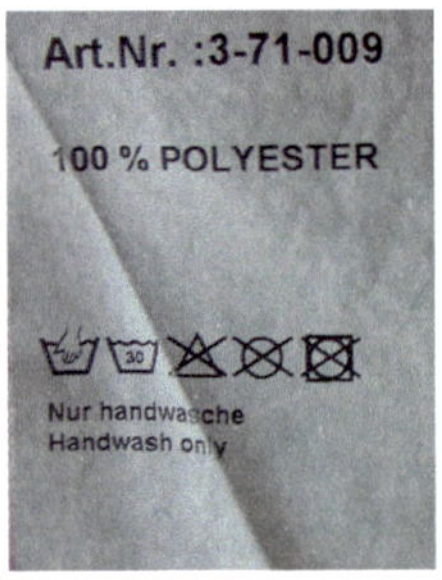

B1 Pflegehinweis für Polyestertextilien

B2 PET-Flaschen (Polyester aus Ethandiol und Terephthalsäure)

$HO-(CH_2)_n-OH$
Diol

$HOOC-(CH_2)_m-COOH$
Dicarbonsäure

B3

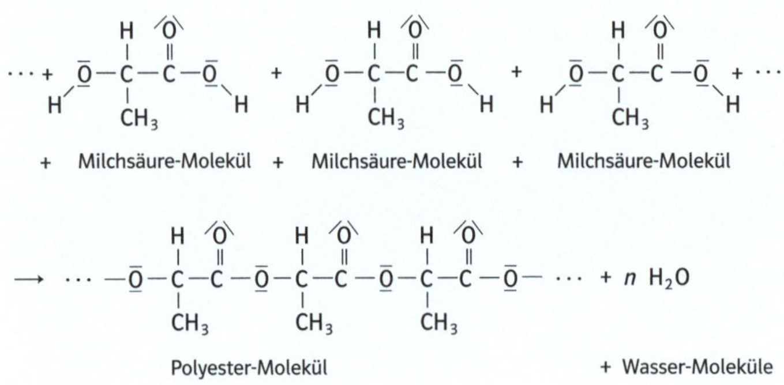

B4 Bildung eines Polyester-Moleküls

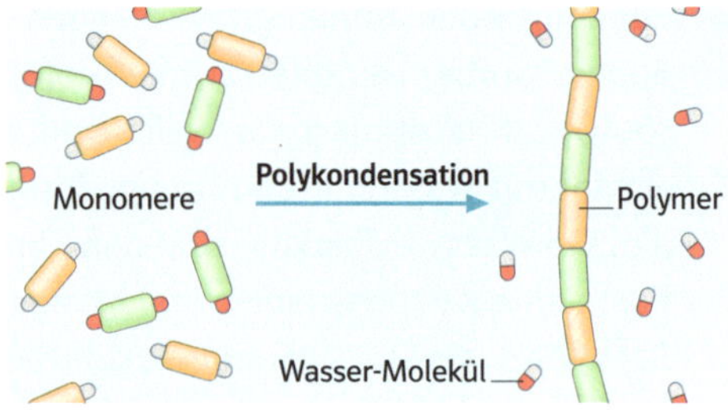

B5 Polykondensation im Modell

Polymere, die durch Esterbildung vieler Moleküle hergestellt wurden, heißen Polyester. Die Bildung von Polyester-Molekülen durch vielfache Abspaltung von Wasser-Molekülen ist eine **Polykondensation**. Polyester zählen zu den Kunststoffen.

Polyester entstehen durch eine Polykondensation aus Molekülen mit mehreren Hydroxy- und Carboxygruppen.

Verwendung von Polyestern. Zur Herstellung von Textilfasern werden Dicarbonsäuren und Diole verestert. Handelsnamen für Textilien aus Polyester sind z. B. *Trevira* und *Diolen*. Polyestertextilien sind immer mit einem Pflegehinweis versehen [B1]. Aus dem Polyester PET werden leichte und bruchsichere Flaschen hergestellt [B2]. Die Produkte aus vernetzten Polyester-Molekülen bezeichnet man nach ihren Eigenschaften als *Polyesterharze*. Sie sind wichtige Rohstoffe für Lacke und Beschichtungen.

V1 Eine Teelichthülle wird mit Milchsäure gefüllt und 24 Stunden bei einer Temperatur von ca. 200 °C in den Trockenschrank gestellt.

V2 Gib in einem Reagenzglas zu 3,5 g Bernsteinsäure 1 ml Glycerin und erhitze drei Minuten lang mit kleiner Flamme.

V3 Gib in einem Reagenzglas zu 3 g Äpfelsäure 1,4 ml Glycerin. Erhitze das Gemisch, neige dazu das Reagenzglas. Lass nach fünf Minuten abkühlen.

B6 Fußballschuh mit Sohle aus Polyurethan

B7 Polyurethanschaum füllt Lücken

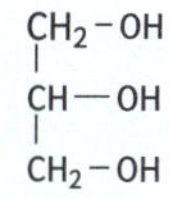

Glycerin
(Propantriol)

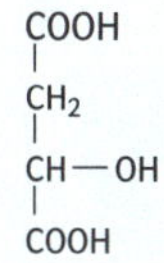

Äpfelsäure
(2-Hydroxybutan-
disäure)

B9 Formeln zu V3

Die Sohle eines Sportschuhs sollte sehr gute Dämpfungseigenschaften haben, damit die Gelenke beim Spurten und Abbremsen geschont werden. Zudem ist es wünschenswert, dass die Sohle die Füße vor zu großer Kälte und Hitze schützt.

Polyurethane. Die Sohlen in Sportschuhen sind meist aus geschäumtem Polyurethan. Polyurethane können mit sehr unterschiedlichen Eigenschaften hergestellt werden. Sie können hart und spröde, aber auch weich und elastisch sein. Als weichen Schaumstoff findet man Polyurethane in Matratzen und Polstern. Harte Schaumstoffe verarbeitet man beispielsweise zu Dämmplatten und Isoliermaterial [B7].

Polyurethane durch Polyaddition. Für die Herstellung von Polyurethanen werden zwei unterschiedliche Monomere so miteinander vermischt, dass die Monomere sich im Wechsel miteinander verbinden. Dabei entstehen durch eine *Polyaddition* langkettige Makromoleküle [B8]. Schaumstoffe stellt man aus verzweigten Monomeren her. Der schaumartige Aufbau entsteht, wenn bei einer zusätzlichen Reaktion Kohlenstoffdioxid gebildet wird, oder man Luft in das Reaktionsgemisch einbläst.

Polyurethane entstehen durch eine Polyaddition aus Monomeren, die zwei oder mehr funktionelle Gruppen aufweisen.

A1 Zeichne einen Ausschnitt aus einem Polyestermolekül, das durch Polykondensation aus Bernsteinsäure (Butandisäure) und Butan-1,4-diol [B10] gebildet wird.

A2 Was muss bei der Pflege von Polyestertextilien berücksichtigt werden? Nenne Beispiele für Textilien aus Polyester.

A3 Erläutere, warum eine Schuhsohle aus geschäumtem Polyurethan sowohl gegen Hitze als auch Kälte schützen kann.

A4 Recherchiere, wofür Polyurethane im Automobilbau eingesetzt werden. Erläutere auch, welche Eigenschaften die Polyurethane jeweils haben müssen.

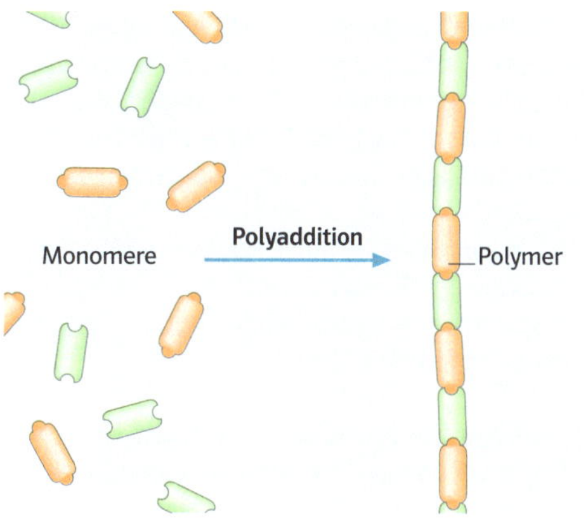

B8 Polyadditon im Modell

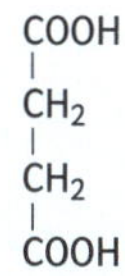

Bernsteinsäure
(Butandisäure)

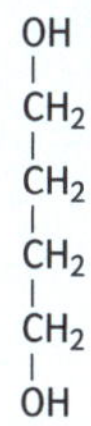

Butan-1,4-diol

B10 Formeln zu A1

7.6 Kunststoffe: Struktur und Eigenschaften

B1 Heiße Teller lassen ein Tablett nicht schmelzen

Ein Joghurtbecher schmilzt beim Erwärmen und verformt sich. Ein Steckdosengehäuse ist hart und spröde und zersetzt sich bei starkem Erwärmen. Matratzen aus Kunststoff sind elastisch. Aufgrund ihres unterschiedlichen Verhaltens gegenüber Wärme und Druck teilt man die Kunststoffe in drei Gruppen ein: **Thermoplaste**, **Elastomere** und **Duroplaste**.

Thermoplaste bestehen aus fadenförmigen oder leicht verzweigten Makromolekülen [B3]. Zwischen den Molekülen wirken Van-der-Waals-Kräfte. Beim Erwärmen können die Ketten aneinander vorbeigleiten. Dabei wird der Kunststoff verformbar oder flüssig. Beim Abkühlen wird er wieder fest. Thermoplaste kann man also durch Erhitzen neu formen und umschmelzen. Thermoplaste weisen Bereiche mit parallel angeordneten Molekülteilen auf. In diesen Abschnitten, die man als kristalline Bereiche bezeichnet, sind die Van-der-Waals-Kräfte besonders groß. Teilkristalline Kunststoffe sind trüb. Zu den am häufigsten verwendeten Thermoplasten zählen Polyethen (PE), Polypropen (PP) und Polystyrol (PS). Aufgeschäumtes Polystyrol heißt auch Styropor®. Einige Verwendungsmöglichkeiten für Thermoplaste findest du in B3.

Thermoplaste lassen sich verformen, da die kettenförmigen Makromoleküle beim Erwärmen aneinander vorbeigleiten können.

Elastomere. Wenn man Elastomere [B4] auseinanderzieht oder zusammendrückt, nehmen sie anschließend wieder ihre Ausgangsform an. Beim Erhitzen zersetzen sich die meisten Elastomere. Im Gegensatz zu den Thermoplasten sind die kettenförmigen Moleküle der Elastomere an einigen Stellen miteinander verknüpft. Im ungedehnten Zustand liegen die Moleküle ungeordnet und verknäult vor. Zieht man ein Elastomer auseinander, so werden die Knäuel entzerrt und gestreckt. Lässt die Kraftwirkung nach, so ziehen sich die Knäuel aufgrund der Verknüpfung der Ketten wieder zusammen. In der Kälte werden Elastomere hart und unelastisch.

Die Moleküle der Elastomere nehmen nach Zug oder Druck wieder ihre ursprüngliche Form ein.

Duroplaste. Fällt ein Tablett aus Kunststoff auf den harten Boden, so kann es zerbrechen. Heiße Teller bringen es jedoch nicht zum Schmelzen [B1]. Kunststoffe, die spröde sind, sich nicht verformen lassen und sich bei hohen Temperaturen zersetzen, gehören zu den Duroplasten. In Duroplasten sind die Molekülketten über Atombindungen *dreidimensional* vernetzt [B5].
Beim Erwärmen können sich die Molekülabschnitte dieses Netzes nicht bewegen, der duroplastische Kunststoff schmilzt deshalb nicht. Bei hohen Temperaturen werden die Atombindungen gespalten, der Kunststoff zersetzt sich.

Duroplaste bestehen aus langkettigen Makromolekülen, die dreidimensional vernetzt sind. Duroplaste verformen sich beim Erwärmen nicht, sie zersetzen sich.

A1 Stelle in übersichtlicher Form charakteristische Eigenschaften von Thermoplasten, Elastomeren und Duroplasten zusammen. Deute diese mithilfe von B3, B4, B5.

A2 Erläutere, warum man kleine Löcher in einem Boot aus Polyethen mit dem Lötkolben reparieren kann.

Eigenschaften und Einsatz. Der Bau von Kanus ist ein gutes Beispiel für den Einsatz unterschiedlicher Kunststoffe. Die Entscheidung, welches Material man wählt, hängt davon ab, wo man mit dem Boot überwiegend fahren möchte und was es kosten darf. Boote aus Polyethen, einem Thermoplasten, werden vor allem im Wildwasserbereich und auf überwiegend steinigen Flüssen eingesetzt. Boote aus glasfaserverstärkten Kunststoffen haben sogar ohne Pflege eine Lebensdauer von bis zu 30 Jahren. Sie sind wind- und wetterbeständig. Glasfaserverstärkte Kunststoffe sind Verbundwerkstoffe aus einem Kunststoff und Glasfasern. Als Kunststoffe kommen dabei sowohl Thermoplaste als auch Duroplaste zum Einsatz.

Carbonfasern spielen heute schon eine große Rolle. Diese Fasern bestehen aus Kohlenstoff-Atomen. Manche Carbonfasern sind fünfmal so zugfest wie Stahl und wesentlich korrosionsbeständiger. Kunststoffe werden mit Carbonfasern verstärkt. Die carbonfaserverstärkten Kunststoffe sind um gut ein Drittel leichter als Aluminium. Diese werden im Flugzeugbau und vermehrt auch im Automobilbau genutzt. Diese Automobile können auch batteriebetrieben eine größere Reichweite mit einer Aufladung erreichen. Im Hochleistungssport wird das Material ebenfalls eingesetzt [B2].

Verbundmaterialien kombinieren u. a. Eigenschaften von Thermoplasten, Elastomeren und Duroplasten. Dies führt zu gewünschten Materialeigenschaften.

B2 Carbonfaserverstärkte Kunststoffe im Sport

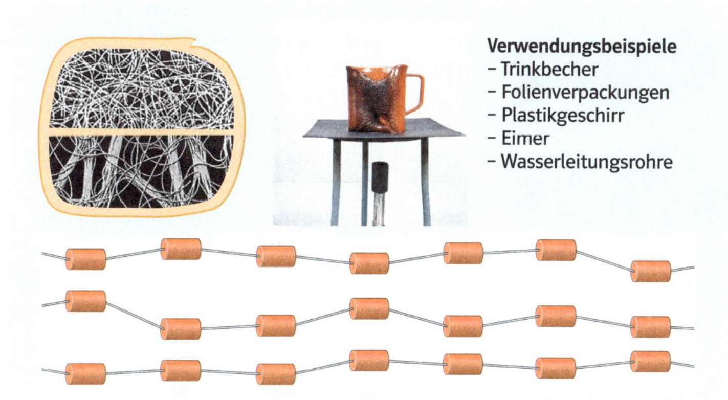

B3 Kunststoffbecher nach dem Einschmelzen, **Thermoplaste** sind beim Erwärmen verformbar

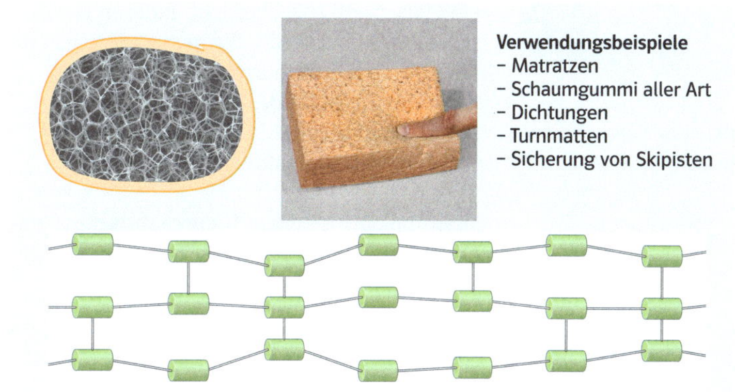

B4 Der Schwamm nimmt nach Beendigung des Zusammendrückens seine Ausgangsform wieder an, **Elastomere** sind gummielastisch

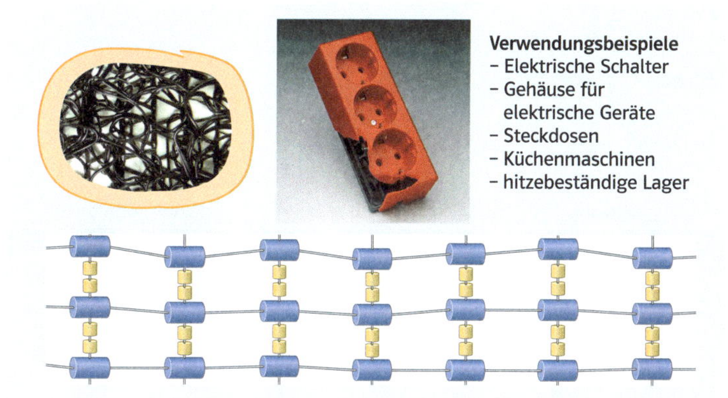

B5 **Duroplaste** sind nicht verformbar, sondern zerbrechen bei Krafteinwirkung

7.7 Exkurs Verarbeitung von Kunststoffen

B1 Kunststoffgranulate

Verarbeitung von Thermoplasten. Viele Haushaltsprodukte werden aus Thermoplasten hergestellt. Thermoplaste lassen sich beim Erwärmen verformen. Das Ausgangsmaterial für einen thermoplastischen Gegenstand ist meist ein körniges Kunststoffmaterial, das *Granulat* [B1]. Im ersten Schritt wird das Granulat mit *Farbstoffen*, *Weichmachern* und *Stabilisatoren* vermischt. Weichmacher senken die Schmelztemperatur und ermöglichen eine leichtere Verarbeitung. Stabilisatoren wirken Abnutzungserscheinungen durch Witterung oder Gebrauch entgegen.

B2 Preformer (Vorform) für eine Getränkeflasche

In einem weiteren Schritt wird das Gemisch geschmolzen und durch Extrudieren verdichtet. Ein Extruder funktioniert ähnlich wie ein Fleischwolf [B3, oben]. Im Inneren dreht sich eine Schnecke, die die geschmolzene Masse zu einer Düse transportiert. Je nach Form der Düse und des Werkzeugs können Rohre, Platten, Schläuche, Schüsseln oder Folien hergestellt werden [B3].

Thermoplaste lassen sich durch Aufschmelzen und Abkühlen verarbeiten.

Duroplaste und Elastomere. Gegenstände aus Duroplasten oder Elastomeren werden aus unvernetzten Vorprodukten hergestellt, Diesen Vorprodukten setzt man nach Bedarf Füllstoffe und Farbstoffe zu. Das Gemisch bringt man in die gewünschte Form. Unter Einfluss von z. B. Wärme bildet sich der duroplastische oder elastomere Gegenstand.

Duroplaste und Elastomere werden aus unvernetzten Vorprodukten hergestellt.

A1 Ordne die folgenden Kunststoffprodukte den in B3 dargestellten Herstellungsverfahren zu: **a)** Eimer, **b)** Getränkeflaschen, **c)** Müllbeutel.

A2 An einen Getränkeabfüller wird häufig nicht die fertige Flasche geliefert, sondern eine Vorform [B2]. Aus dieser wird erst im Betrieb die Flasche gefertigt. **a)** Erläutere die Vorzüge, die eine solche Vorform gegenüber der Anlieferung fertiger Flaschen hat. **b)** Warum muss die Vorform aus einem thermoplastischen Kunststoff bestehen. Erkläre.

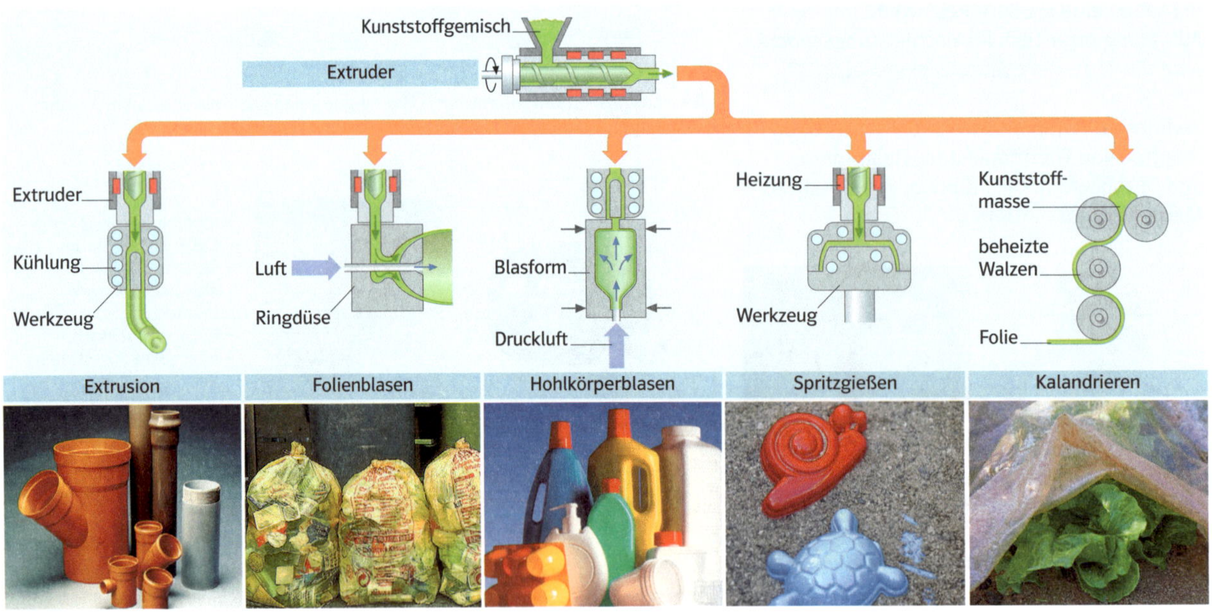

B3 Verarbeitungsverfahren für thermoplastische Kunststoffe

7.8 Mülleimer Meer

B1 Plastiki-Katamaran

Müllstrudel im Pazifik. Am 21. März 2010 brach David Mayer de Rothschild mit seiner Crew auf einem Katamaran aus Plastikflaschen und Recycling-Materialien in Sausalito, Kalifornien, zu einer Fahrt nach Sydney in Australien auf. Die Plastiki [B1], so der Name des Schiffes, erreicht Sydney am 26. Juli 2010. Rothschild wollte durch seine Aktion auf die Vermüllung der Ozeane durch Plastikabfälle (v.a. in Form von Tüten und PET-Flaschen) aufmerksam machen. Riesige Teppiche aus Plastikteilen schwimmen auf der Wasseroberfläche der Ozeane. Der Müllstrudel im Pazifischen Ozean nimmt eine Fläche ein, die doppelt so groß wie die Fläche Deutschlands ist.

Wie kommt der Müll in die Ozeane? Der Kunststoffmüll gelangt meist über Flüsse in die Meere. Auch Touristen und Tsunamis tragen zur Vermüllung bei. Seit 1988 ist es Schiffbesatzungen verboten, Kunststoffe über Bord zu kippen. Schiffsführungen müssen sogar ein Mülltagebuch anlegen.

Gefahren. Eine besondere Gefahr für Tiere wie Delphine, Seehunde und Schildkröten sind verlorengegangene Fischernetze. Die Tiere verfangen sich in den Netzen und ertrinken. Die Tiere strangulieren sich oder verenden, weil sie den Müll nicht von ihrer natürlichen Nahrung unterscheiden können. Unter dem Einfluss der UV-Strahlung und durch Wind und Wellen werden größere Kunststoffteile zerkleinert und zerrieben. Winzige Plastikteile werden so auch von den kleinsten Meeresbewohnern aufgenommen und erreichen über die Nahrungskette den Menschen.

Kunststoffe enthalten oftmals Weichmacher. Dies sind Stoffe, die die Verarbeitung von Thermoplasten erleichtern und deren Eigenschaften günstig beeinflussen. Viele Weichmacher sind aber Gifte, welche sich z.B. in der Leber von Fischen und Menschen anreichern. An die Kunststoffpartikel lagern sich außerdem weitere Schadstoffe an und gelangen so über die Nahrungskette zum Menschen.

Was kann getan werden? Umweltaktivisten versuchen, Müll aus dem Meer zu sammeln. In einigen Projekten werden Fischer bezahlt, die Müll auffischen und in den Häfen abliefern. Allerdings sollen sich ca. 150 Millionen Tonnen Kunststoffmüll in den Ozeanen befinden. Sammelaktionen benötigten Jahre, um diesen Müll aus den Ozeanen zu fischen. Es wäre schon viel gewonnen, wenn zusätzlich kein neuer Kunststoffmüll in die Ozeane kommt.

Die Kunststoffabfälle im Meer bedrohen das Leben im Meer und über die Nahrungskette auch die Gesundheit der Menschen.

A1 Die größte Müllkippe ist das Meer. Belege diese Aussage mit Beispielen.

A2 Was kannst du gegen die Vermüllung der Meere unternehmen? Erläutere.

B3 Plastikmüll am Strand

B4 Müllsammeln im Meer

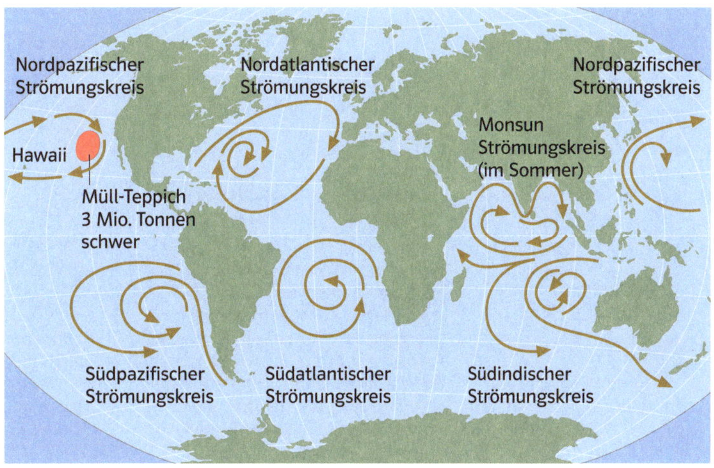

B2 Meeresströmungen, in denen sich Abfälle sammeln

7.9 Verwertung von Kunststoffen

Ziffer	Kurzbezeichnung	Kunststoffart
01	PET	Polyethenterephthalat
02	PE-HD	Polyethen hoher Dichte („high densitiy")
04	PE-LD	Polyethen niedriger Dichte („low densitiy")
03	PVC	Polyvinylchlorid
05	PP	Polypropen
06	PS	Polystyrol
07	O	Sonstige („others")

B1 Codierung von Kunststoffen

Gelbe Tonne
Gelber Sack

Nur für **leere** Verpackungen mit dem **Grünen Punkt**!

Verpackungen aus Kunststoff
- Becher von: Margarine, Milchprodukten, etc.
- Flaschen von: Körperpflegemittel, Spülmitteln, Waschmitteln
- Folien, z.B.: Beutel, Einwickelfolie, Tragetaschen

Verpackungen aus Metall
- Alufolie, Aluminiumdeckel, Aluschalen/-tuben, Konservendosen, Kronkorken, Verschlüsse von Gläsern und Flaschen

Verpackungen aus Verbundstoff
- Saft- und Milchkartons, Vakuumverpackungen (z.B. Kaffee)

Nicht in den Gelben Behälter:
Glas und Papier, Produkte aus Kunststoff, Metall und Verbundstoff, die keine Verpackungen sind (z.B. Spielzeug, Windeln, Elektrokleingeräte)

B2 Verpackungen mit dem Grünen Punkt gehören in die Gelbe Tonne oder den Gelben Sack

Die meisten Kunststoffe werden aus Erdöl hergestellt. Dieser Rohstoff steht aber nicht unbegrenzt zur Verfügung. Da Kunststoffabfälle zudem auf Deponien nur sehr langsam abgebaut werden, ist eine Verminderung der Abfallmenge und Schonung der Ressource Erdöl dringend erforderlich. Außerdem ist seit dem Jahre 2005 eine Deponierung von Kunststoffabfällen in Deutschland nicht mehr erlaubt. Durch Recycling können Kunststoffe wieder in einen Produktionsprozess zurückgeführt werden.

Werkstoffliche Verwertung. Abfälle thermoplastischer Kunststoffe werden bei diesem Verfahren zerkleinert und eingeschmolzen. Das aus der Schmelze hergestellte Granulat dient zur erneuten Herstellung von Kunststoffprodukten [B3]. Aus sortenreinen Kunststoffen, z. B. aus industriellen Abfällen, können Produkte vergleichbarer Qualität hergestellt werden. Kunststoffabfälle aus dem Haushalt sind dagegen oft vermischt und verunreinigt. Daraus können dann oft nur minderwertige Produkte hergestellt werden (Schallschutzwände, Parkbänke). Zur Identifizierung von Kunststoffen gibt es ein internationales Codierungssystem [B1], das es erleichtert, gesammelte Kunststoffartikel zu sortieren. Die verschiedenen Kunststoffarten sind durch ein dreieckiges Symbol zusammen mit einer Kennziffer und der Kurzbezeichnung des Kunststoffes markiert.

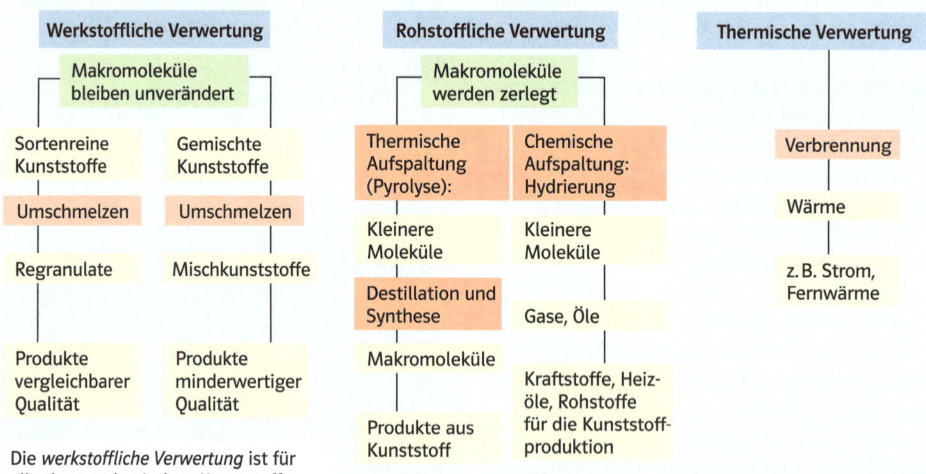

Die *werkstoffliche Verwertung* ist für alle thermoplastischen Kunststoffe (ca. 80 % der Kunststoffabfälle) geeignet. Vor allem das Recycling von Polyethen ist vergleichsweise rentabel. Das Verfahren entspricht am ehesten dem Recycling der traditionellen Werkstoffe wie Glas oder Metall.

Die *thermische Aufspaltung* ist vor allem für Polyester, Polyamide, Polyurethane und Polycarbonate geeignet, *die chemische Aufspaltung* für alle Kunststoffe.

B3 Verwertung von Kunststoffen

Rohstoffliche Verwertung. Eine Möglichkeit der Verwertung besteht darin, Makromoleküle durch Erhitzen (Pyrolyse) unter Luftabschluss in kleinere Moleküle aufzuspalten. Die dabei entstehenden Stoffe werden durch Destillation getrennt und können wieder zur Herstellung von Kunststoffen eingesetzt werden. Dieses Verfahren wird dann genutzt, wenn es sich um kleine, verschmutze und aus verschiedenen Kunststoffen bestehende Gegenstände handelt und eine werkstoffliche Verwertung ungeeignet ist.

Thermische Verwertung. Ein weiteres Verfahren, die Abfallmenge an Kunststoffen zu reduzieren, ist die thermische (energetische) Verwertung. Darunter versteht man die Verbrennung von Kunststoffen und Nutzung der Wärme, die dabei freigesetzt wird. Es findet kein Recycling statt, die Kunststoffe gehen verloren.

Abfälle aus Kunststoffen können als Werkstoff oder als Rohstoff wiederverwertet werden. Bei der thermischen Verwertung geht der Rohstoff verloren, dafür wird aber die freigesetzte Energie genutzt.

Etwa 98 % der Kunststoffabfälle werden in Deutschland werkstofflich oder thermisch verwertet, rohstofflich bisher etwa nur 1 %.

Verpackungen. Die meisten Kunststoffe werden in der Verpackungsindustrie eingesetzt. Hier findet man vor allem die Massenkunststoffe Polyethen (PE), Polypropen (PP) und Polystyrol (PS).

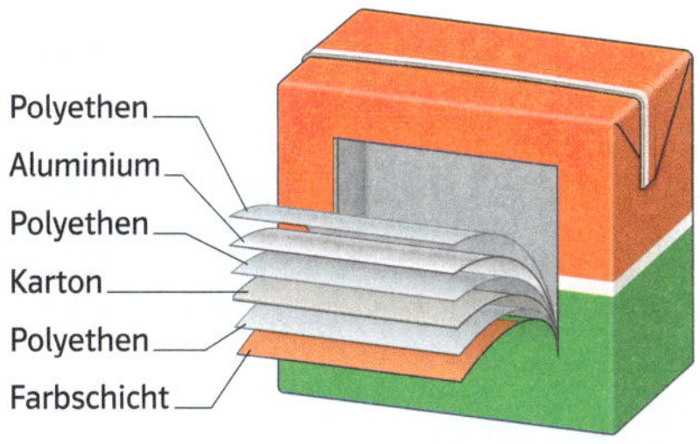

B4 Getränkeverpackungen bestehen aus Verbundwerkstoffen

Getränkekartons für Milch, Fruchtsäfte, Wasser oder Wein bestehen aus *Verbundwerkstoffen*. Für länger haltbare Produkte verwendet man Getränkeverpackungen aus sieben Schichten [B4]. Die Masse einer Verpackung für 1 Liter Getränk beträgt etwa 25 bis 30 g. Papier (Karton) stellt mit 75 % den Löwenanteil und verleiht der Verpackung Stabilität. Außerdem hält es Licht vom Inhalt fern. Damit das Getränk nicht auslaufen kann, wird das Papier mit Polyethen beschichtet und dadurch abgedichtet. Polyethen lässt das polare Wasser nicht durch, wohl aber den unpolaren Sauerstoff aus der Luft. Die hauchdünne Aluminiumschicht lässt weder Licht noch Sauerstoff durch. Dadurch wird z. B. der Abbau von Vitaminen im Getränk verlangsamt. Die äußere Polyethenschicht wird bedruckt (Farbschicht in B4) und trägt die Informationen. Die einzelnen Schichten sind miteinander verklebt (kaschiert). Getränkeverpackungen aus Verbundwerkstoffen werden nach Gebrauch meist verbrannt. Die Reaktionsprodukte sind im Wesentlichen Wasser und Kohlenstoffdioxid. Aluminium reagiert zu Aluminiumoxid und wird zusammen mit der Schlacke deponiert.

Kleidung aus Flaschen. PET-Flaschen [B5] lassen sich zu Polyestergarn verarbeiten. Es handelt sich damit um Sekundärrohstoffe für Fasern. Zunächst werden die Flaschen zu Flocken (Flakes) verarbeitet und gereinigt, um daraus Polymere herzustellen. Bei der Herstellung von Garnen aus recycelten PET-Flaschen benötigt man im Vergleich zu herkömmlichen Produktionsverfahren weniger Energie. Auch der Wasserverbrauch und der Verbrauch des Primärrohstoffs Erdöl können durch das Recycling reduziert werden.

A1 Erläutere Vor- und Nachteile der in B3 dargestellten Verwertungsarten.

A2 Kleidung aus recyceltem PET wird häufig in China hergestellt. Diskutiere diese Form des Recyclings.

A3 Schneide einen Getränkekarton auf. Wie viele Stoffe erkennst du? Vergleiche mit B4.

B5 Einweg-Flasche aus PET

B6 Fleece-Jacke aus recyceltem PET

7.10 Kunststoffe: Eigenschaften und Verwertung

1 Anhand ihres Verhaltens gegenüber Wärme und Druck lassen sich Kunststoffe in drei Gruppen einteilen. Benenne diese Kunststoffgruppen.

____

2 Gib in der Tabelle stichpunktartig die Eigenschaften dieser Kunststoffgruppen an. Erkläre die Eigenschaften dieser Kunststoffgruppen mithilfe der Lückentexte.

Kunststoff	Eigenschaften	Erklärung
Thermoplast 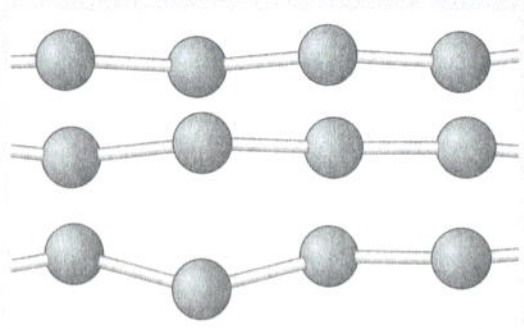		Die Moleküle der Thermoplaste bestehen aus langen, nebeneinander liegenden ____________________, die in ____________________ Zustand aneinander vorbeigleiten können.
Elastomer 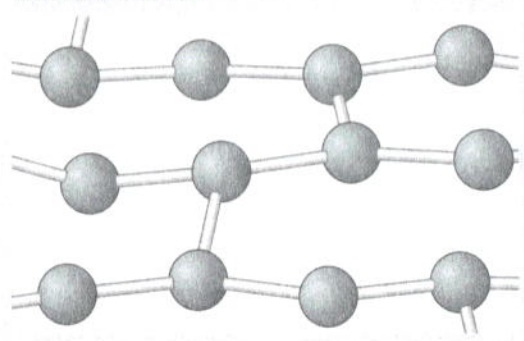		Die Moleküle der Elastomere sind schwach ____________________ und kehren nach Druck oder Zug wieder in ihre ursprüngliche __________ zurück.
Duroplast 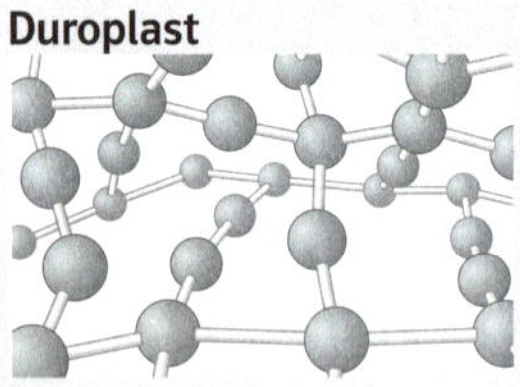		Die Moleküle der Duroplaste sind ____________ vernetzt, sodass keine nachträgliche ______________ ______________ mehr möglich ist.

3 Ergänze den Lückentext.

Werkstoffliche Verwertung: Diese Verwertung gelingt nur mit ____________________. Die Gegenstände aus dem Kunststoff werden ____________________ und ____________________. Das aus der Schmelze hergestellte ______________ dient zur erneuten Herstellung von Kunststoffprodukten.

______________________________: Hierbei werden die ____________________ durch ______________ (Pyrolyse) unter Sauerstoffabschluss in ____________________ aufgespalten. Die dabei entstehenden Stoffe werden durch ____________________ getrennt und können wieder zur Herstellung von Kunststoffen eingesetzt werden. **Thermische Verwertung:** Ein weiteres Verfahren, die Abfallmenge an ____________________ zu reduzieren, ist die thermische (energetische) Verwertung; also die ____________________ von Kunststoffen und Nutzung der ______________, die dabei abgegeben wird. Es findet kein ______________ statt, die Kunststoffe gehen verloren.

4 Ordne die unterschiedlichen Gruppen von Kunststoffen den abgebildeten Gegenständen zu.

Behälter	Getränketanks	Fahrzeugreifen	Schläuche

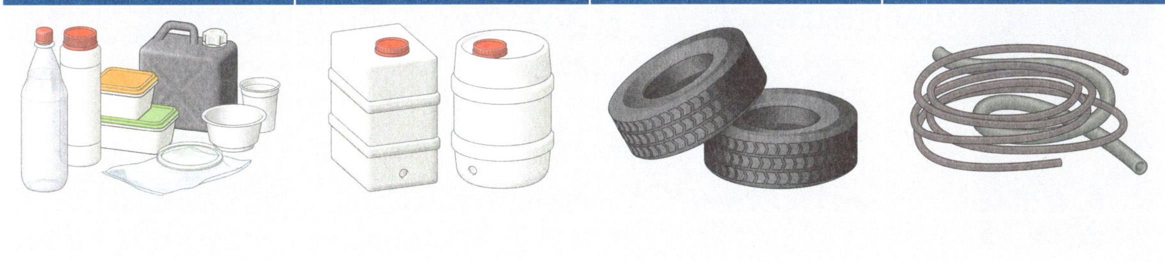

5 **a)** Zeichne den Weg vom Neumaterial zum Sekundärrohstoff in Rot in die Abbildung ein.
b) Erläutere den Unterschied zwischen einem Primärrohstoff und einem Sekundärrohstoff.

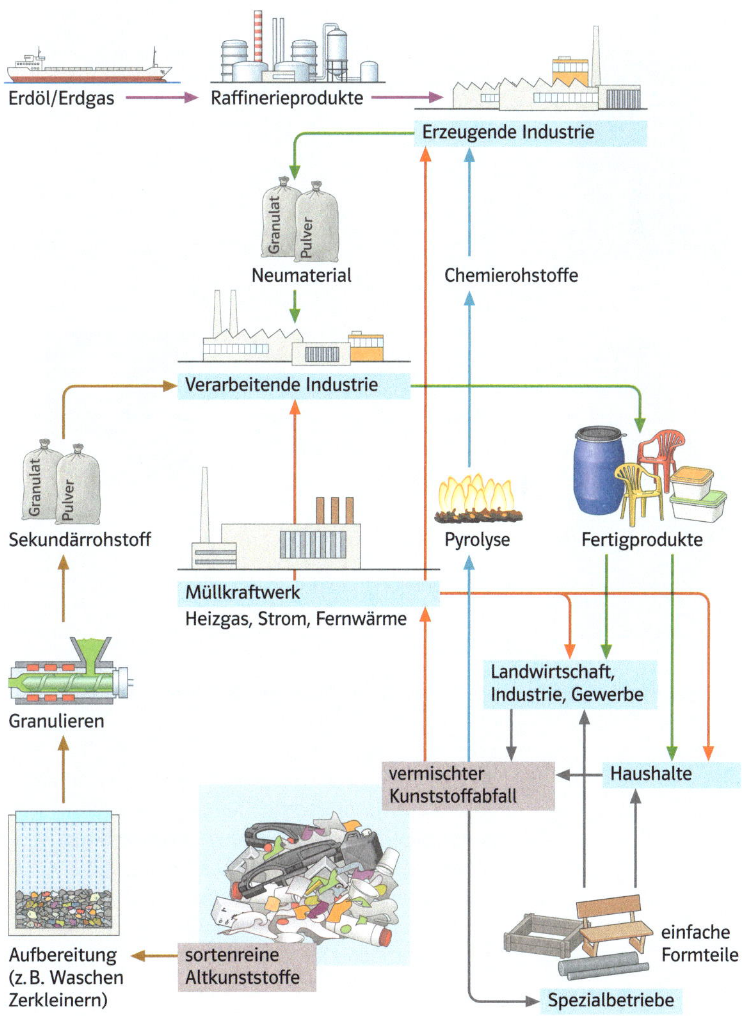

7.11 Exkurs Kleidung aus Naturfasern und Chemiefasern

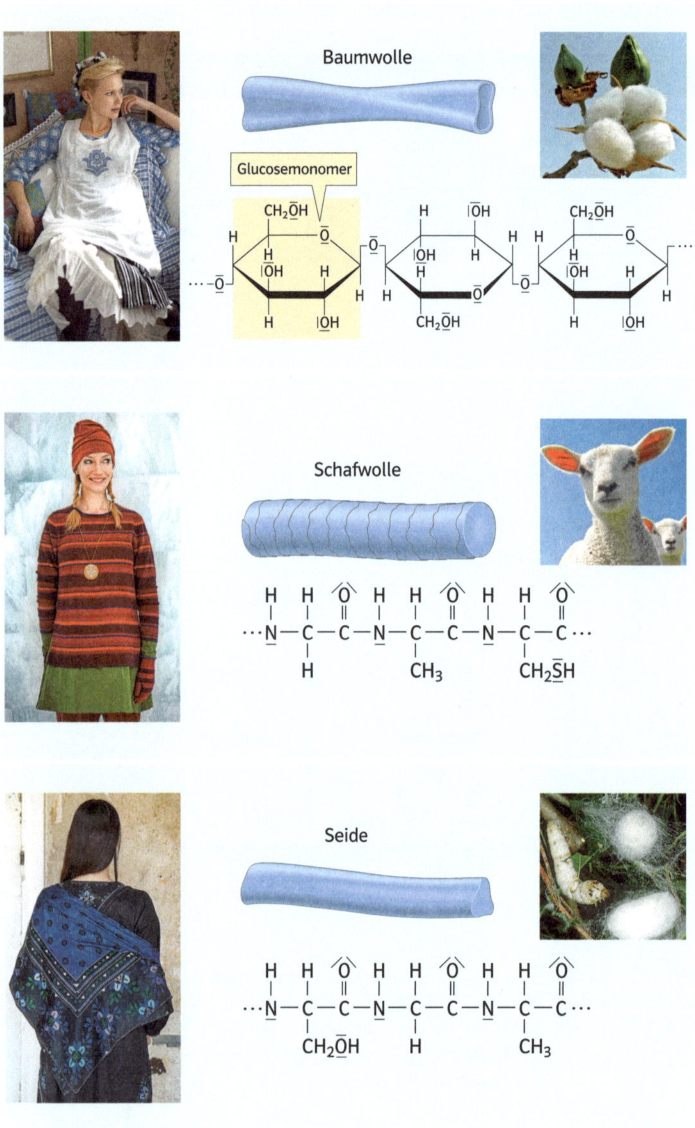

B1 Naturfasern: Die Fasern von Baumwolle (oben), Wolle (Mitte) und Seide (unten) unterscheiden sich im Aufbau und Aussehen

Stoffe aus Naturfasern, Chemiefasern oder Mischgeweben ermöglichen die Herstellung einer Vielfalt an Wäsche und Kleidung mit ganz unterschiedlichen Eigenschaften. Diese sind vom chemischen Aufbau der Fasern und ihrer Oberflächenbeschaffenheit abhängig.

Gemeinsam ist aber allen Fasern, dass sie aus kettenförmigen Makromolekülen aufgebaut sind. Baumwolle, Wolle und Seide sind aus natürlichen Makromolekülen aufgebaut. Chemiefasern werden aus thermoplastischen Kunststoffen in speziellen Spinnverfahren zu Fasern verarbeitet.

Baumwolle ist eine pflanzliche Faser, die aus den Samenfäden der Baumwollkapseln gewonnen wird. Dies erklärt ihren chemischen Aufbau. Baumwolle besteht aus fast reiner Cellulose. In den Makromolekülen der Cellulose sind Glucose-Monomere miteinander verknüpft [B1, oben]. Die Glucose-Moleküle und auch die Cellulose-Moleküle sind polar. Mit diesem Aufbau hängt die gute Aufnahmefähigkeit für Feuchtigkeit und Schweiß zusammen. Baumwolle trocknet langsam. Deshalb wird für moderne Sportunterwäsche als Innenschicht eine Chemiefaser gewählt, die den Schweiß von der Haut wegtransportiert. Über der Innenschicht aus der Chemiefaser liegt eine saugfähige Baumwollschicht. Baumwolle ist wenig elastisch und wenig formbeständig, deshalb knittern Textilien aus reiner Baumwolle und beulen aus. Baumwolle ist kochfest und kann heiß gebügelt werden.

Baumwolle besteht aus Cellulose. Das Makromolekül Cellulose ist aus verknüpften Glucose-Molekülen aufgebaut.

Wolle und Seide sind tierische Fasern. Wolle erhält man aus den Haaren verschiedener Tiere. Diese Haare bestehen aus langkettigen Eiweiß-Molekülen. Grundbausteine der Eiweiß-Moleküle sind Aminosäure-Moleküle. Die verschiedenen Aminosäure-Moleküle sind immer über die gleiche funktionelle Gruppe miteinander verbunden. Diese funktionelle Gruppe ähnelt einer Estergruppe. Ein Sauerstoff-Atom der Estergruppe ist hier durch ein Stickstoff-Atom ersetzt [B1, Mitte]. Die Wollfaser ist elastisch und knitterarm, deshalb hängen sich Falten von selbst wieder aus. Im Warmhaltevermögen ist Wolle fast unübertroffen, da sie aufgrund der Kräuselung der Fasern und der schuppenförmigen Oberfläche Luft sehr gut einschließt.

(Luft ist ein guter Wärmeisolator!) Wolle kann bis zu 40 % ihrer Masse an Feuchtigkeit aufnehmen, ohne sich feucht anzufühlen.

Seide wird sehr aufwendig aus dem Kokon der Seidenraupe gewonnen. Als tierische Faser besteht sie wie die Wolle aus langkettigen Eiweiß-Molekülen. Diese sind wiederum aus Aminosäure-Molekülen aufgebaut. Da der Faden aus den Spinndrüsen der Seidenraupe gepresst wird, ist die Oberfläche sehr glatt. Deshalb besitzt Seide ihren charakteristischen Glanz [B1, unten]. Seide hat von allen Naturfasern die größte Reiß- und Scheuerfestigkeit.

Wolle und Seide bestehen aus Eiweiß-Molekülen, in denen Aminosäure-Moleküle miteinander verknüpft sind.

Polyamidfasern. Vergleicht man den chemischen Aufbau einer Perlonfaser und einer Nylonfaser mit Wolle oder Seide, so fällt die Verknüpfung der Monomere durch die gleiche funktionelle Gruppe auf [B2, oben]. Perlon und Nylon sind reiß- und scheuerfester als fast jede Naturfaser, die Fäden können dünner als Naturfasern ausgezogen werden. Durch den Spinnvorgang ist die Oberfläche der Chemiefasern glatt, sie glänzen deshalb seidenähnlich. Um ein ähnliches Warmhaltevermögen wie bei Wolle zu erhalten, werden die Fasern künstlich gekräuselt.

Polyacrylnitril (PAN) ist eine Chemiefaser, die wegen ihres angenehmen, seidenartigen Griffs viel in Strickwaren verwendet wird. Polyacrylfasern sind knitterfrei, leicht waschbar und schnelltrocknend [B2, Mitte].

Polyesterfasern sind aufgrund ihres chemischen Aufbaus hydrophob, sie trocknen schnell und quellen nicht. Polyestergewebe zeichnet sich durch hohe Formbeständigkeit und Knitterfestigkeit aus. Kleiderstoffe und vor allem auch Gardinen müssen nach der Wäsche weder gespannt noch gebügelt werden [B2, unten].

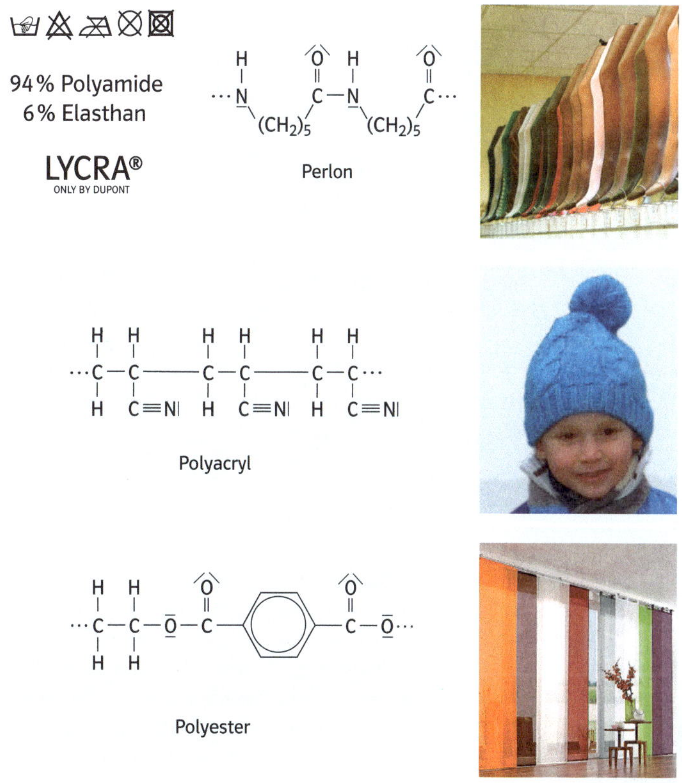

B2 Chemiefasern: Strumpfhose aus Perlonfaser – ein Polyamid (oben), Strickware aus Polyacrylfaser (Mitte), Gardine aus Polyesterfaser (unten)

Vielfalt der Chemiefasern. Durch die Möglichkeit, verschiedene Polymere zu Fasern zu verarbeiten, können auch Fasern für besondere Anforderungen hergestellt werden. Sicherheitsgurte, Kletterseile und Fallschirme aus hochreißfesten Polyamidfasern, Schwimmwesten und Segel aus leichten, unverrottbaren PE-Fasern oder atmungsaktives, wasserdichtes Material sind nur einige Beispiele.

A1 Vergleiche die funktionelle Gruppe der Polyester mit der funktionellen Gruppe der Polyamide. Beschreibe Gemeinsamkeiten und Unterschiede.

A2 Aus welchen Fasern bestehen deine Kleidungsstücke? Stelle deine Recherche übersichtlich in einer Tabelle dar.

7.12 Biologisch abbaubare Kunststoffe

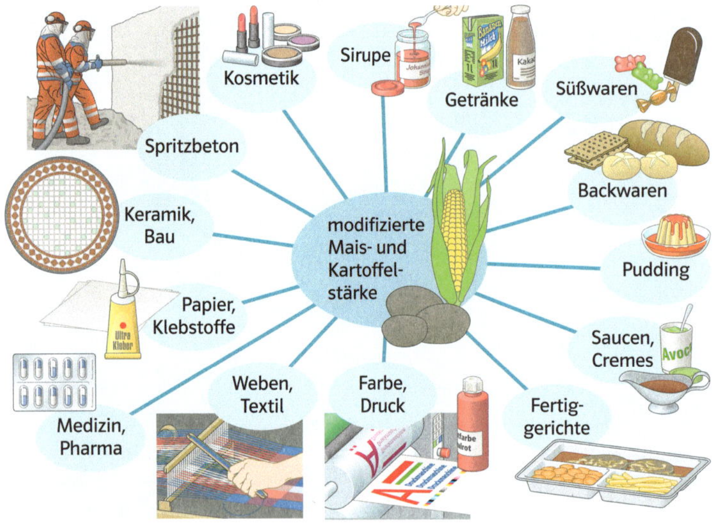

B1 Stärke wird vielfältig genutzt

B2 Kennzeichnung für kompostierbare Abfälle

Viele Gegenstände aus Kunststoffen sind Wegwerfprodukte. Sie landen nach dem Gebrauch im Abfall, werden aber auch vom Wind weggetragen oder von Flüssen ins Meer gespült. Die meisten Kunststoffe werden biologisch allerdings nicht oder nur sehr langsam abgebaut und stellen somit ein großes Umweltproblem dar (Kap. 7.9). Für Materialien, die nur für kurze Zeit benutzt werden, wie z. B. Joghurtbecher [B3] oder Lebensmittelfolien, sind biologisch abbaubare Kunststoffe eine sinnvolle Alternative.

Praktikum Herstellung von Stärkefolien

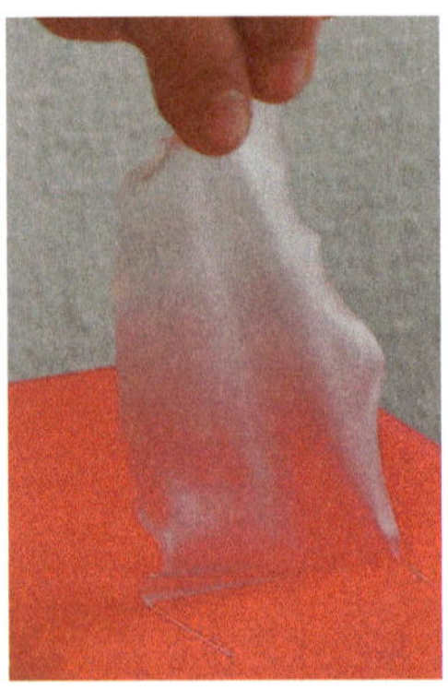

Geräte, Materialien, Chemikalien: Becherglas (250 ml), Uhrglas, Wasserbad (400 ml), Waage, Messzylinder (10 ml), Brenner, Dreifuß, Glasstab, Kartoffelstärke, Glycerin (50 %).
Durchführung: Trockne im Trockenschrank 2,5 g Stärke. Gib diese in ein Becherglas und mische sie mit 20 ml Wasser und 2 ml Glycerin. Decke das Becherglas mit dem Uhrglas ab und koche das Gemisch mindestens 15 min im Wasserbad. Rühre mit dem Glasstab ab und zu um. Gieße das Gel anschließend auf eine Kunststoffunterlage (umgedrehte Backschüssel, Backunterlage) und lass die Folie trocknen. Am nächsten Tag kannst du sie von der Unterlage abziehen.

Natürliche Polyester. Viele Bakterien bauen Polyester als Reservestoffe auf. Dazu gehört Polymilchsäure (PLA, Polylactic Acid). Aus den Zellen der Bakterien kann PLA als thermoplastischer Kunststoff gewonnen werden, der nicht aus Erdöl hergestellt wird. Gegenstände aus Polymilchsäure sind kompostierbar. Dabei findet zuerst eine Esterspaltung und dann der weitere Abbau der Milchsäure-Moleküle statt, wobei ebenso wie bei einer Verbrennung nur Kohlenstoffdioxid und Wasser entstehen.

Stärketechnologie. Bereits 46 % der verfügbaren Stärke werden in der technischen Anwendung eingesetzt. In Deutschland wird Verpackungsmaterial wie Pappe und Papier auch aus Stärke hergestellt. Weitere wichtige Anwendungen sind in B1 dargestellt.

Rohstoff Stärke. Pflanzen speichern Zucker in Form von Stärke in verschiedenen Pflanzenteilen, wie z. B. Samen. Zur industriellen Nutzung muss der Zugang zum Speicherort leicht möglich sein. Daher eignen sich Mais, Kartoffeln, Reis, Weizen und Maniok gut dafür.

Kunststoffe aus Stärke und Milchsäure sind biologisch abbaubar.

A1 Beschreibe einige Vorzüge biologisch abbaubarer Kunststoffe.

A2 Findest du den Einsatz von Kartoffeln für die Gewinnung von Kunststoffen aus Stärke vertretbar? Recherchiere die Inhaltsstoffe der Kartoffel und diskutiere.

B3 Joghurtbecher aus Polymilchsäure

	Thermoplaste	Elastomere	Duroplaste
Beschreibung	– werden beim Erwärmen weich und verformbar – bestehen aus langen linearen oder verzweigten Polymeren	– verändern bei mechanischer Belastung ihre Form, kehren anschließend aber wieder in ihre Ausgangsform zurück – bestehen aus weitmaschig vernetzten Polymeren	– lassen sich durch Erwärmen nicht verformen – bestehen aus engmaschig vernetzten Makromolekülen
Räumliche Verknüpfung	lineare oder wenig verzweigte Moleküle 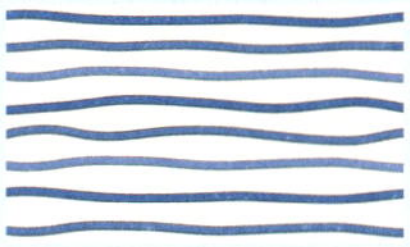	weitmaschig, zweidimensional vernetzte Moleküle 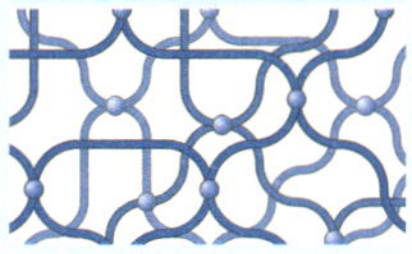	dreidimensional vernetzte Moleküle 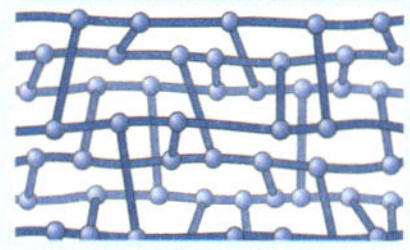
Beispiele	Polyvinylchlorid (PVC), Polyethen (PE), Polytetrafluorethen (PTFE), Polypropen (PP), Acrynitril-Butadien-Styrol (ABS), Polyethylenterephthalat (PET), Polycarbonate, Polyamide	Kautschuke, z. B. Silikonkautschuke	Polyurethane (PU), Epoxidharze

B1 Strukturen und Eigenschaften der Kunststoffe

Monomer und Polymer
Kunststoffe bestehen aus Polymeren. Polymere sind Makromoleküle, die aus kleinen Molekülen (Monomeren) gebildet werden.

Polyreaktion
Viele kleine Moleküle, die Monomere, reagieren in einer Polyreaktion zu Riesenmolekülen oder Polymeren.

B2

Polymerisation
Aus Molekülen, die eine C=C-Doppelbindung aufweisen, lassen sich in einer Polymerisationsreaktion Polymere herstellen.

Kunststoffmüll
Kunststoffabfälle werden nur sehr langsam abgebaut und würden auf Deponien einen großen Raum einnehmen. Seit dem Jahre 2005 ist eine Deponierung von Kunststoffabfällen in Deutschland nicht mehr erlaubt. Durch Recycling können Kunststoffe wieder in einen Produktionsprozess zurückgeführt werden.

Werkstoffliche, rohstoffliche und thermische Verwertung
Sortenreine oder nur gering verschmutzte Kunststoffabfälle werden bei der werkstofflichen Verwertung wieder aufgeschmolzen.

Bei der rohstofflichen Verwertung werden Polymere in Monomere aufgespalten, die wieder für Synthesen eingesetzt werden. Kunststoffe haben einen ähnlich hohen Heizwert wie Heizöl oder Kohle. Daher können Kunststoffe bei der energetischen Verwertung zur Energiegewinnung verbrannt werden.

Biologisch abbaubare Kunststoffe
Auch aus Stärke und anderen nachwachsenden Rohstoffen können Kunststoffe hergestellt werden. Ein großer Vorteil ist, dass Erdölvorräte geschont werden und diese Kunststoffe biologisch abbaubar sind.

1 Beim Einkauf und im Haushalt werden viele Gegenstände aus Kunststoff verwendet. Hier lassen sich Kunststoffe leicht ersetzen. Schreibe alternative Möglichkeiten in die Tabelle.

Gegenstand aus Kunststoff	Alternative
Joghurtbecher	
Kunststoffbeutel	
Getränkeflasche	
Aufbewahrungsdose	
Verpackung für Kartoffeln	
Verpackung für Obst und Gemüse	

2 Ergänze die folgende Tabelle.

Ausschnitt Polymer-Molekül	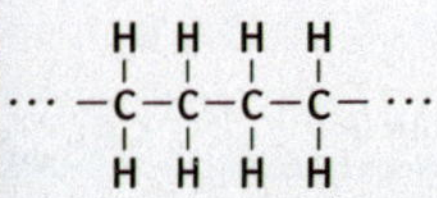	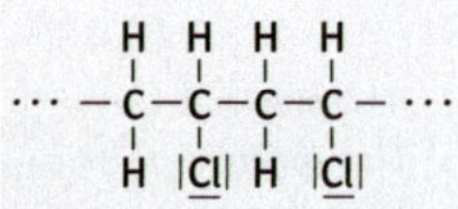	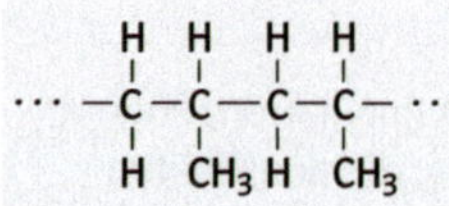	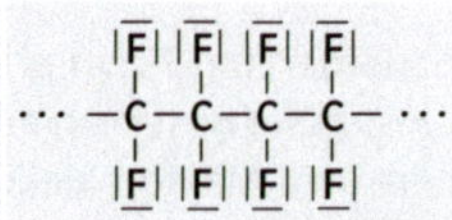
Name Polymer				
Kurzzeichen Polymer				
Name Monomer				

3 Fülle das Kammrätsel aus.

1. Ausgangsmolekül mit drei C-Atomen für ein Makromolekül
2. Rohstoff für Kunststoffe
3. Kleine Körner aus Thermoplasten
4. Das Kurzzeichen ist PS
5. Lassen sich durch Erwärmen verformen
6. Ausgangsstoff für viele Kunststoffe
7. Großes Molekül
8. Trennverfahren
9. Reaktionsbeschleuniger
10. Duroplaste sind es
11. Synonym für „dehnbar"
12. Eigenschaft, die Kunststoffe leicht machen
13. Chemische Verbindung aus Kettenmolekülen oder verzweigten Molekülen
14. Baustein für Makromolekül

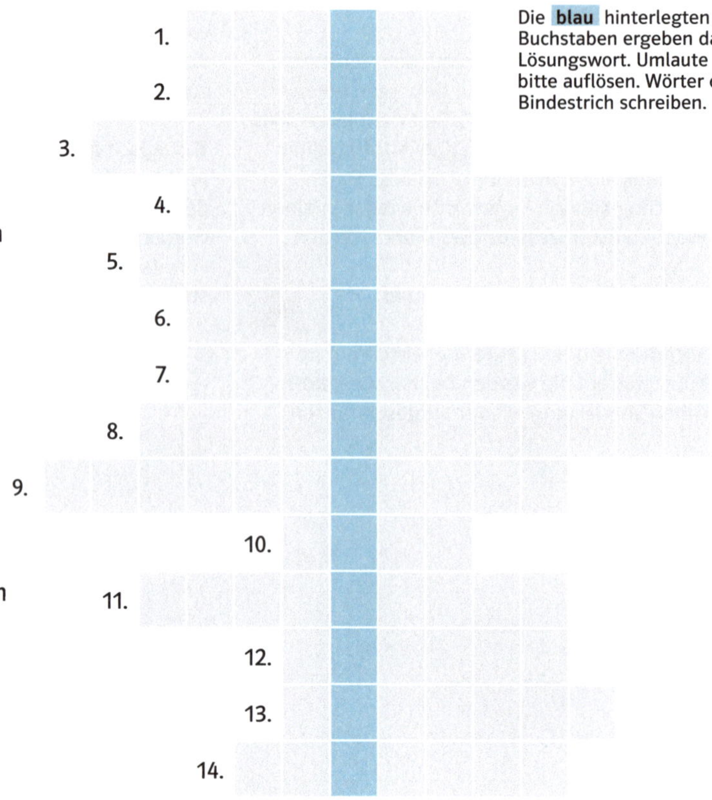

Die **blau** hinterlegten Buchstaben ergeben das Lösungswort. Umlaute bitte auflösen. Wörter ohne Bindestrich schreiben.

8 Vom Reagenzglas zum Reaktor

Viele im Alltag verwendeten Stoffe und Produkte wie Arzneimittel, Farbstoffe oder Kunststoffartikel sind Erzeugnisse der chemischen Industrie oder basieren auf Produkten der chemischen Industrie. Auch besteht ein großer Bedarf an chemischen Grunderzeugnissen wie Schwefelsäure oder Ammoniak. Um den Bedarf zu decken, ist eine industrielle Produktion im großen Maßstab erforderlich.

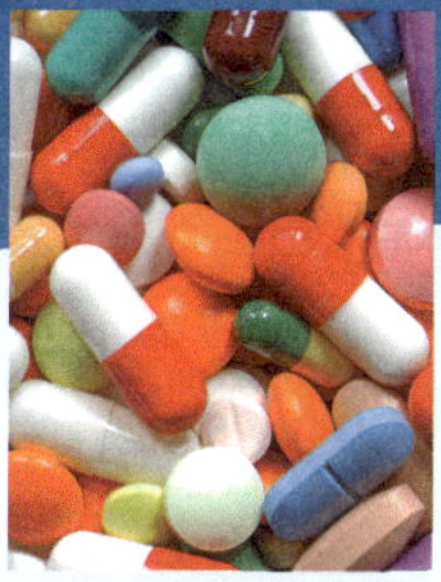

Wird eine chemische Reaktion in einem Schulexperiment durchgeführt, geht es darum, den Reaktionsablauf zu verstehen. Dabei ist es vollkommen ausreichend, wenn kleine Stoffportionen von wenigen Gramm oder Millilitern eingesetzt werden.

In der chemischen Industrie dient der Ablauf einer Reaktion dazu, große Mengen eines Stoffes zu produzieren. Oft beträgt die Tagesproduktion mehrere tausend Tonnen. Daher spielen der optimale Einsatz von Energie und Rohstoffen sowie die Umweltverträglichkeit des Produktionsprozesses eine wichtige Rolle.

Die chemische Industrie ist der wirtschaftlich bedeutendste Industriezweig in Rheinland-Pfalz. 2013 haben mehr als 67000 Menschen bei der Herstellung von chemischen Erzeugnissen mitgewirkt. Das entspricht fast jedem fünften Arbeitsplatz in Rheinland-Pfalz in der produzierenden Industrie.

Surftipp
6di5xr

8.1 Chemische Industrie in und um Rheinland-Pfalz

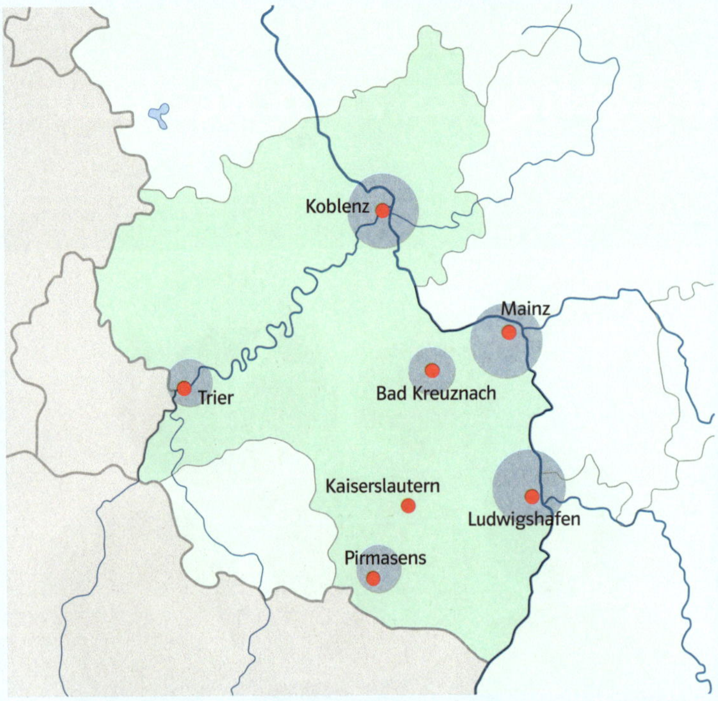

B1 Regionale Schwerpunkte der in Verbänden organisierten chemischen Industrie in Rheinland-Pfalz

A1 Ein Großteil der chemischen Industrie in Rheinland-Pfalz ist entlang des Rheins angesiedelt [B1]. Begründe.

Chemie in Rheinland-Pfalz: Von Global Playern und Kleinunternehmen
In Rheinland-Pfalz sind neben vielen kleinen und mittelständischen Unternehmen die beiden Weltkonzerne BASF SE und Boehringer Ingelheim von Bedeutung.

B2 Völklinger Hütte

Die **BASF SE** (ehemals: **B**adische **A**nilin- & **S**oda-**F**abrik) wurde 1865 in Mannheim gegründet, zog aber bereits eine Woche nach der Gründung ins rheinland-pfälzische Ludwigshafen. Dort befindet sich heute der größte Chemiestandort eines Unternehmens weltweit. **Boehringer Ingelheim** wurde 1885 in Ingelheim am Rhein gegründet und ist heute das größte forschende Pharmaunternehmen Deutschlands.

A2 Informiere dich über folgende Unternehmen bzw. Produktionsstätten (Produkte, Anzahl der Beschäftigten, jährlicher Umsatz):
- BASF SE, Ludwigshafen [B3]
- Boehringer Ingelheim [B4]
- Weltkulturerbe Völklinger Hütte [B2]
- Schott-AG, Mainz

B3 BASF SE, Ludwigshafen

B4 Boehringer Ingelheim

A3 In vielen Regionen von Rheinland-Pfalz befinden sich mehrere kleinere und mittelständische Unternehmen der chemischen Industrie. Recherchiere, welche Produkte in den Regionen Koblenz, Bad Kreuznach und Pirmasens hergestellt werden.

A4 Recherchiere, **a)** ob es in der Nähe deines Wohnortes Unternehmen der chemischen Industrie gibt, **b)** welche Produkte diese Unternehmen herstellen und **c)** ob Ausbildungsplätze angeboten werden.

A5 Nenne die Hauptprodukte der chemischen Industrie in Rheinland-Pfalz [B5] und deren mögliche Verwendungszwecke.

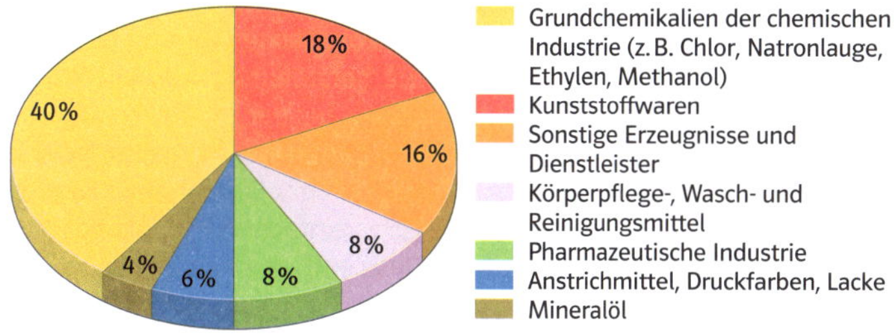

B5 Produktpalette der chemischen Industrie in Rheinland-Pfalz

Chemische Industrie – Produktion im großen Maßstab

Viele Stoffe kann man auch im Schullabor herstellen. Folgende Aspekte sind aber bei Synthesen der chemischen Industrie wesentlich wichtiger als beim Arbeiten im Schullabor:

- Verfügbarkeit großer Mengen preiswerter Ausgangsstoffe (evtl. aus nachwachsenden Rohstoffen),
- geringer Energieaufwand,
- möglichst vollständiger Umsatz der Ausgangsstoffe zu den Produkten,
- möglichst geringe Umweltbelastung durch Produktionsprozesse und eventuell anfallende Nebenprodukte

A6 Begründe, warum diese Aspekte in der chemischen Industrie wichtiger als im Schullabor sind.

Ursprünge der Industrie

Als es noch keine Industrie gab, wurden Stoffe schon mit chemischen Methoden produziert. Bier wurde im Mittelalter zunächst in Klöstern [B7] und später von kleinen Brauereien handwerklich hergestellt. Die Bitburger Brauerei wurde z. B. 1817 als kleine Landbrauerei gegründet und ist heute eine der größten Brauereien in Deutschland.
Seifensieden war früher eine hohe Handwerkskunst [B6] und die Rezepte wurden geheim gehalten. Entsprechend war Seife sehr teuer.

A7 Nenne Gründe, warum ausgerechnet Bier und Seife zu den ersten Produkten gehörten, bei denen sich die handwerkliche Produktion zur industriellen Produktion entwickelt hat.

V1 Seife selbst gemacht

Materialien: Schutzbrille, 2 Bechergläser (100 ml, 250 ml), Messzylinder (100 ml), Glasstab, Spatellöffel, Gasbrenner, Anzünder, Dreifuß, Keramik-Drahtnetz, Waage, Keksförmchen oder Streichholzschachtel, Natronlauge (w = 25 %), gesättigte Kochsalzlösung, Kokosfett (z. B. Palmin), verschiedene Duftöle (z. B. Lavendelöl), dest. Wasser
Versuchsanleitung: Erhitze vorsichtig (Achtung! Spritzgefahr! Schutzbrille!) und unter ständigem Rühren 10 g Kokosfett im 250 ml-Becherglas. Gib nach und nach unter ständigem Rühren 10 ml der Natronlauge zu. Rühre die Mischung dabei ständig mit dem Glasstab um. Achte darauf, dass verdampftes Wasser durch destilliertes Wasser ersetzt wird. Lass die Mischung abkühlen.
Gieße dann den Inhalt des Becherglases in das 100 ml-Becherglas mit der gesättigten Kochsalzlösung. Schöpfe die entstandene Seife mit dem Spatellöffel ab. Gib jetzt das Duftöl zu. Presse die Seifenmasse in ein Förmchen oder in eine Streichholzschachtel und lass die Seife trocknen.

B7 Bierbrauender Mönch (1379)

B6 Seifensieden um 1840

8.2 Praktikum Alkoholische Gärung

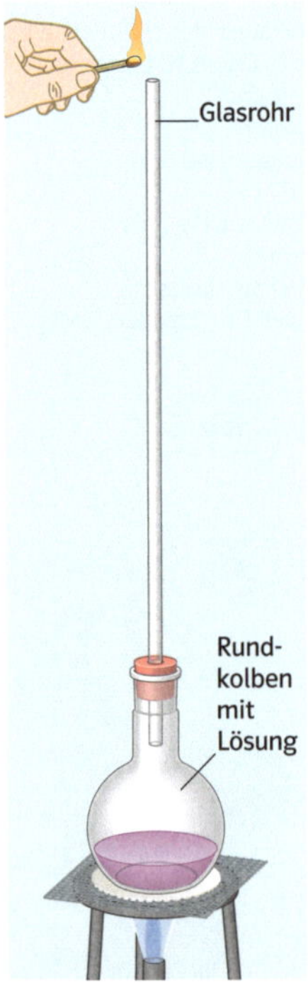

B1 Brennprobe (zu V3)

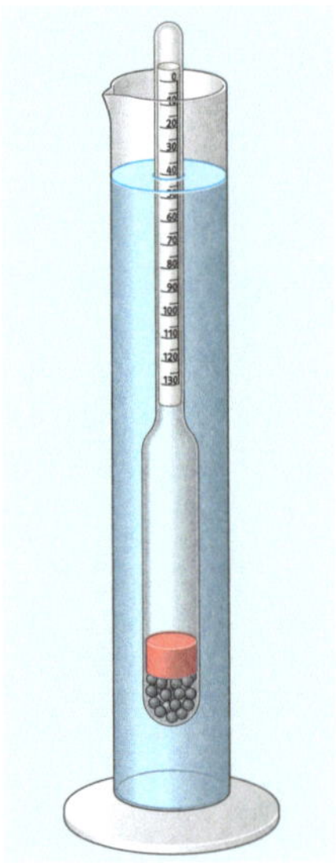
B2 Dichtebestimmung (zu V4)

Die Herstellung alkoholhaltiger Getränke beruht auf der alkoholischen Gärung (s. Kap. 5.14). Bei der Bierherstellung wird Malzzucker vergoren, der zuvor aus der im Malz enthaltenen Stärke gewonnen werden muss. Möchte man nur das Prinzip der alkoholischen Gärung untersuchen, ist es einfacher, Fruchtsäfte zu vergären. Diese enthalten bereits Zucker.

V1 Vergärung von Fruchtsäften

Geräte und Materialien: Weintrauben oder Äpfel (jeweils ungewaschen), Kalkwasser, Erlenmeyerkolben (Enghals, 250 ml), passender Stopfen (einfach durchbohrt), Glasrohr (doppelt gewinkelt, U-Form), Becherglas (100 ml, hohe Form), Reibschale mit Pistill, Reibe mit Teller für Äpfel.
Durchführung: Drücke in einer Reibschale Weintrauben oder geriebenen Apfel mit einem Pistill aus und fülle den Fruchtsaft in den Erlenmeyerkolben. Verschließe ihn mit einem durchbohrten Gummistopfen mit doppelt gewinkeltem Glasrohr, das in das Becherglas mit Kalkwasser eintaucht. Lass die Lösung für Versuch 3 mindestens eine Woche stehen.
Aufgabe: Beschreibe und deute deine Beobachtungen.

V2 Bedeutung der Hefe

Geräte und Materialien: 2 Erlenmeyerkolben (Enghals, 250 ml), 2 Stopfen (einfach durchbohrt), 2 Gärröhrchen, Waage, Kalkwasser, Wasser, Hefe, Traubenzucker.
Durchführung: Gib jeweils 15 g Traubenzucker und 150 ml Wasser in die Erlenmeyerkolben. Füge einer der Lösungen noch 2 g Hefe zu, schwenke gut um und markiere diesen Kolben. Verschließe die Kolben mit Stopfen und Gärröhrchen mit Kalkwasser. Stelle die Kolben für etwa eine Woche an einen warmen Ort.
Aufgabe: Beschreibe und deute deine Beobachtungen.

V3 Brennprobe auf Alkohol

Geräte und Materialien: Schutzbrille, Stativ, Doppelmuffe, Universalklemme, Dreifuß mit Keramik-Drahtnetz, Gasbrenner, Holzspan, Siedesteinchen, Rundkolben (100 ml), Glasrohr (ca. 80 cm), Stopfen (einfach durchbohrt), Ansätze von Versuch 1 und 2.
Durchführung: Baue die Apparatur nach B1 zusammen und befülle den Rundkolben etwa zur Hälfte mit dem Ansatz von V1. Setze einige Siedesteinchen zu und erhitze die Lösung langsam bis zum Sieden. Versuche, die Dämpfe mit einem brennenden Holzspan am Ende des Steigrohres zu entzünden. Führe die Probe ebenso mit den Ansätzen von V2 durch.
Aufgabe: Beschreibe und deute deine Beobachtungen.

V4 Bestimmung des Zuckergehalts von Fruchtsäften

Das Ausmaß der Alkoholbildung bei der Gärung hängt ab vom Zuckergehalt der eingesetzten Lösung. So ist es z. B. im Weinbau sehr wichtig, den Zuckergehalt des Traubensafts zu kennen. Die Bestimmung erfolgt mithilfe eines Aräometers (Senkwaage). Durch Zucker und einige andere Inhaltsstoffe besitzen die Lösungen höhere Dichten als reines Wasser (ϱ = 1000 g/l). Als Maß für den Zuckergehalt, v. a. von vergärbarem Fruchtsaft (Most), wird häufig das „Mostgewicht" in der Einheit Oechslegrad (Zeichen: °Oe) angegeben:

$$\text{Mostgewicht} = \left(\frac{\varrho(\text{Lösung})}{\text{g/l}} - 1000\right) °\text{Oe}$$

Aus dem Mostgewicht lässt sich die Zuckerkonzentration β(Zucker) und die maximal bei vollständiger Vergärung erreichbare Alkoholkonzentration σ(Alkohol) nach folgenden Beziehungen grob abschätzen:

$$\beta(\text{Zucker}) \approx \frac{\text{Mostgewicht}}{°\text{Oe}} \cdot 2\,\frac{\text{g}}{\text{l}}$$

$$\sigma(\text{Alkohol}) \approx \frac{\text{Mostgewicht}}{8\,°\text{Oe}}\,\%$$

Geräte und Materialien:
Aräometer mit Standzylinder („Oechslewaage"), verschiedene klare Mostsorten.
Durchführung: Fülle den Standzylinder mit Most und tauche das Aräometer langsam ein [B2]. Lies die Skala des Aräometers an der Flüssigkeitsoberfläche ab. (Das Aräometer muss frei schwimmen.)
Aufgabe: Schätze aus den Messwerten die Zuckerkonzentration der Moste sowie die erreichbare Alkoholkonzentration ab.

8.3 Die Herstellung von Bier

Aufgabe: Lies den Informationstext zur Bierherstellung. Ergänze dann das Fließschema.

Nach dem deutschen Reinheitsgebot dürfen zur Bereitung von Bier nur Hopfen, Malz, Hefe und Wasser verwendet werden.

1. Mälzen
Zur Malzherstellung werden Gerstenkörner mit Wasser zum Keimen gebracht. Dabei entsteht Grünmalz, das auf einem gitterartigen Boden, der Darre, getrocknet wird. In der Schrotmühle wird das Malz geschrotet und in Kupferkesseln, den Maischkesseln, mit Wasser auf ca. 50 °C bis 75 °C erwärmt. Dabei entsteht mithilfe von Enzymen aus Stärke Malzzucker (Maltose). Der Rückstand (Treber) wird im Läuterbottich abgetrennt und kann als Futtermittel verwendet werden. Das bisherige Zwischenprodukt der Bierherstellung wird Würze genannt.

2. Sieden
Nach Zugabe von Hopfen wird die Würze in der Siedepfanne gekocht. Aroma- und Bitterstoffe des Hopfens gehen in Lösung und verleihen dieser einen herben Geschmack. Die Gerbstoffe machen das Bier haltbar. Nach Abtrennen der Hopfenrückstände im Hopfensieb wird die Würze auf etwa 5 °C bis 10 °C gekühlt.

3. Gären
Die Würze wird in Gärbottichen mit Reinzuchthefe versetzt und bei einer Temperatur von 5 °C bis 10 °C etwa 8 bis 10 Tage vergoren. Dabei entstehen Alkohol und Kohlenstoffdioxid. Weil bei der Gärung Wärme abgegeben wird, ist eine Kühlung erforderlich. Die Abwärme kann in der Brauerei zum Mälzen, Heizen oder zur Warmwasserbereitung genutzt werden. Die Hefe setzt sich beim Gärvorgang am Boden ab, es entsteht untergäriges Bier. In Lagertanks kommt es bei 0 °C bis 2 °C zu einer Nachgärung. Dabei reichert sich Kohlenstoffdioxid an.

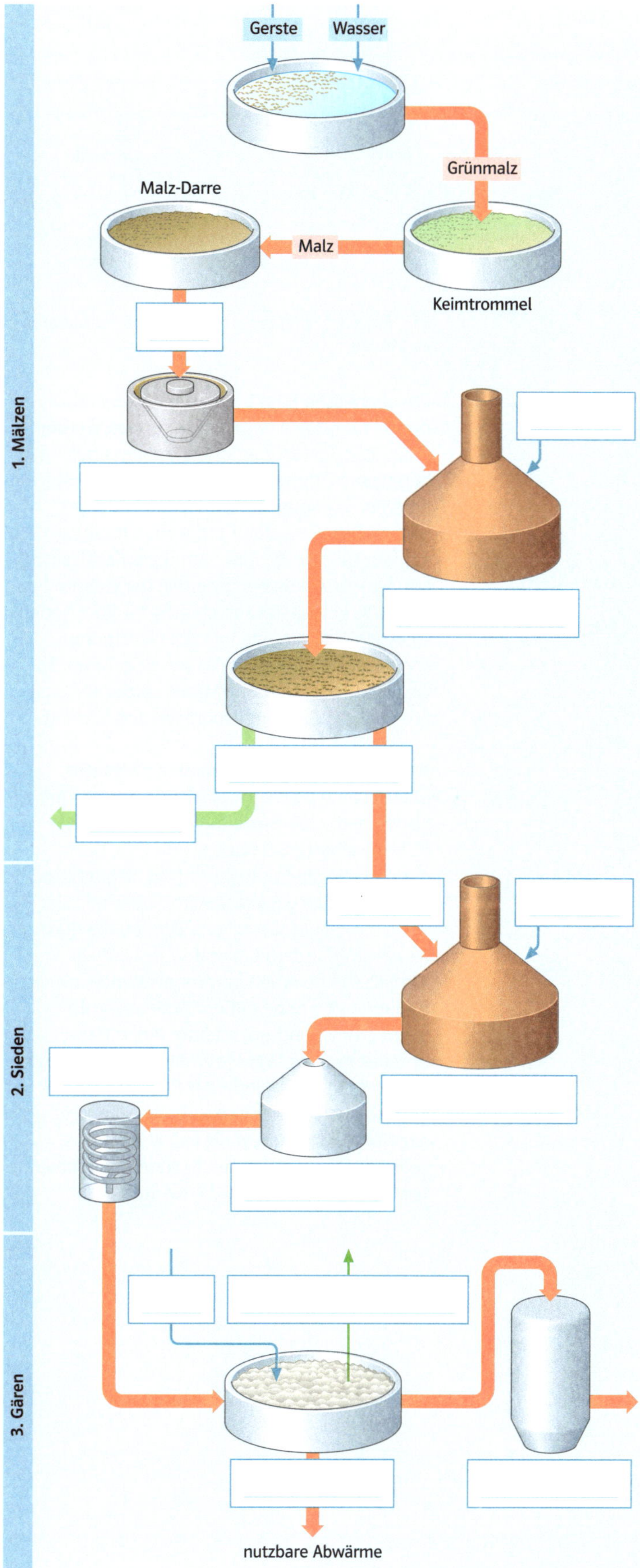

8.4 Katalysatoren: Helfer bei chemischen Reaktionen

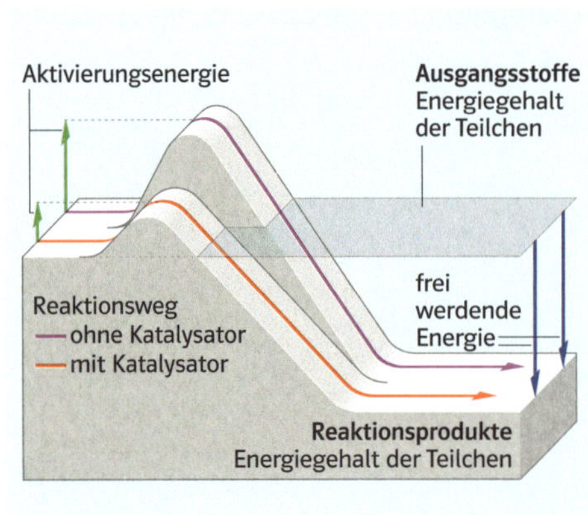

B1 Aktivierungsenergie mit und ohne Katalysator im Modell

Um chemische Reaktionen zu starten, muss die Aktivierungsenergie überwunden werden (Kap. 3.12). Viele Reaktionen können aber bereits bei Zimmertemperatur und ohne Starthilfe durch Energiezufuhr von außen sehr schnell ablaufen. Dafür nutzt man häufig geeignete Hilfsstoffe. Man nennt sie **Katalysatoren**. Sie werden insbesondere in der chemischen Industrie eingesetzt, um chemische Reaktionen zu beschleunigen oder sie bei niedrigeren Temperaturen ablaufen lassen zu können. So werden Produktionsverfahren effizienter, weil Energie und Zeit eingespart werden können.

Wasserbildung mit Platin als Katalysator. Lässt man Wasserstoff über eine Keramikperle strömen, die fein verteiltes Platin enthält, so beobachtet man nach kurzer Zeit, dass die Perle zu glühen beginnt [B2]. Schließlich entzündet sich der Wasserstoff oberhalb der Perle ohne eine zusätzliche Zündquelle und verbrennt mit dem Sauerstoff der Luft zu Wasser. Die Reaktion kommt also unter diesen Bedingungen ohne äußere Energiezufuhr durch einen Zündfunken oder einen Gasbrenner in Gang. Mit Platin als Katalysator ist die Aktivierungsenergie der Reaktion kleiner als ohne [B1]. Daher muss weniger Energie zugeführt werden, um die Reaktion auszulösen. Die Reaktion setzt schon bei Zimmertemperatur in merklichem Ausmaß ein.

Den Vorgang erklärt man sich so: Die Wasserstoff- und Sauerstoff-Moleküle haften an der Platinoberfläche. Zwischen den Platin-Atomen und den Wasserstoff- und Sauerstoff-Molekülen wirken Anziehungskräfte [B4]. Dies führt dazu, dass die Atome in den Wasserstoff- und Sauerstoff-Molekülen weniger fest zusammenhalten. Die Bindungen in den Edukt-Molekülen werden leichter gespalten. Nach der Bildung der Wasser-Moleküle und ihrer Ablösung von der Platinoberfläche liegt das Platin unverändert vor. Es kann wieder eingesetzt werden. Die bei der Bildung des Wassers abgegebene Energie erwärmt die Perle bis zur Rotglut. Die Temperatur reicht aus, dass sich der ausströmende Wasserstoff entzündet.

V1 Man leitet mit einer Lötrohrspitze oder einem Glasröhrchen Wasserstoff auf mit Platin belegte Keramikperlen, die auf einem Drahtnetz liegen. Der Gasstrom darf nicht zu schwach, aber auch nicht zu stark eingestellt sein. Er wird so geregelt, dass die Perlen zu glühen beginnen.

V2 Versuche, einen Zuckerwürfel mit einem Stabfeuerzeug anzuzünden. Zerreibe dann Pflanzen- oder Holzasche. Gib nun auf einen weiteren Zuckerwürfel etwas der gut zerriebenen Asche und wiederhole den Versuch.

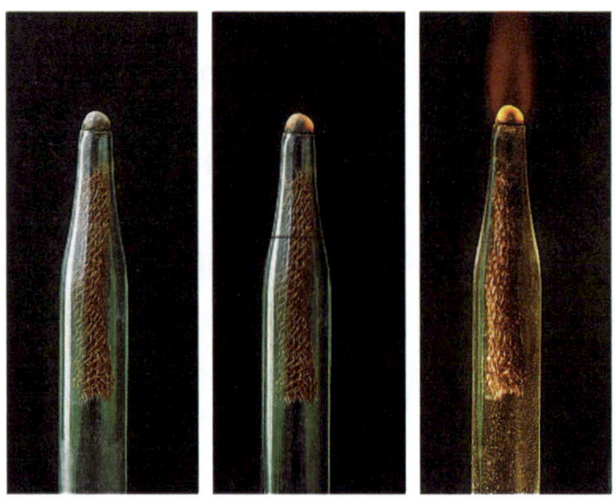

B2 Entzündung von Wasserstoff an einem Platinkatalysator

Einen Stoff, der durch Herabsetzung der Aktivierungsenergie eine chemische Reaktion beschleunigt oder bei einer niedrigeren Temperatur ermöglicht, nennt man Katalysator. Er nimmt an der Reaktion teil, liegt aber nach der Reaktion wieder unverändert vor.

Weitere Einsatzgebiete von Katalysatoren. Katalysatoren werden in der chemischen Industrie eingesetzt, z. B. bei der Synthese von Schwefelsäure (Kap. 8.7) und Ammoniak (Kap. 8.10). Aber auch im Körper von Lebewesen spielen sie eine große Rolle. So läuft z. B. die Verdauung der Nahrung im menschlichen Körper unter dem Einfluss von Biokatalysatoren (Enzymen) bei Körpertemperatur, also ca. 37 °C, ab. Die bei der alkoholischen Gärung (Kap. 5.14) verwendete Hefe produziert ebenfalls Enzyme. Diese katalysieren die Reaktion von Zucker zu Alkohol und Kohlenstoffdioxid.

A1 Erkläre, worauf die katalytische Wirkung von Platin bei der Bildung von Wasser aus Wasserstoff und Sauerstoff beruht.

A2 Viele Stoffwechselvorgänge im Körper des Menschen würden bei zum Teil deutlich höherer Temperatur auch ohne Enzyme ablaufen. Wieso sind Enzyme dennoch lebenswichtig? Erkläre.

A3 Bewerte folgende Aussage: „Ein Abgaskatalysator filtert die Autoabgase".

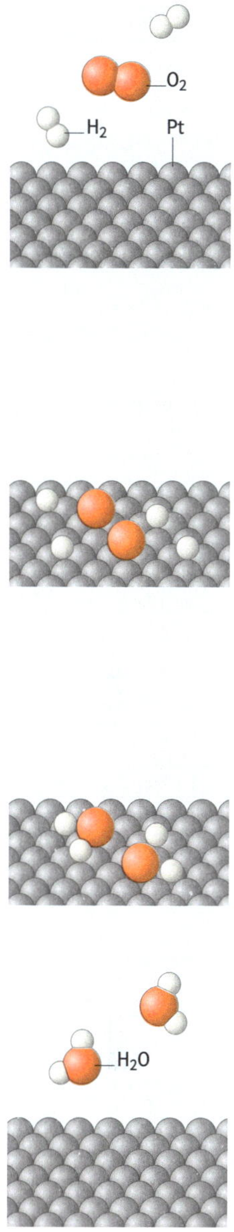

B4 Platin als Katalysator. Der Katalysator erleichtert die Spaltung der Wasserstoff- und Sauerstoff-Moleküle

Exkurs Autoabgase und Abgaskatalysator

Benzin und Dieselkraftstoff sind Gemische von Kohlenwasserstoffen, Verbindungen von Kohlenstoff und Wasserstoff. Beim Verbrennen reagieren sie aber nicht nur zu Kohlenstoffdioxid und Wasser. Durch unvollständige Verbrennung entsteht auch das giftige Kohlenstoffmonooxid. Ein geringer Teil des Benzins wird nicht oxidiert, sondern zu neuen Kohlenwasserstoffen umgewandelt. Bei den hohen Temperaturen im Zylinder des Motors reagiert ein Teil des Stickstoffs mit der eingesaugten Luft zu Stickstoffoxiden. Die Aufgabe des Abgaskatalysators ist es, die entstandenen Schadstoffe zu unschädlichen Stoffen reagieren zu lassen. Er besteht aus einem Keramikblock, der von wabenförmigen Röhren durchzogen ist, dem Keramikwabenkörper [B3]. Auf der rauen Oberfläche der dünnen Kanäle ist Platin oder ein anderes Edelmetall, wie z. B. Rhodium oder Palladium, in fein verteilter Form aufgetragen. Man braucht für einen ganzen Katalysatorblock etwa zwei Gramm Edelmetallpulver. An der großen Oberfläche des Katalysators reagieren die vom Motor kommenden heißen Gase miteinander. Aus Kohlenwasserstoffen, Kohlenstoffmonooxid, Stickstoffoxiden und restlichem Sauerstoff entstehen so unter idealen Bedingungen nur Kohlenstoffdioxid, Wasser und Stickstoff.

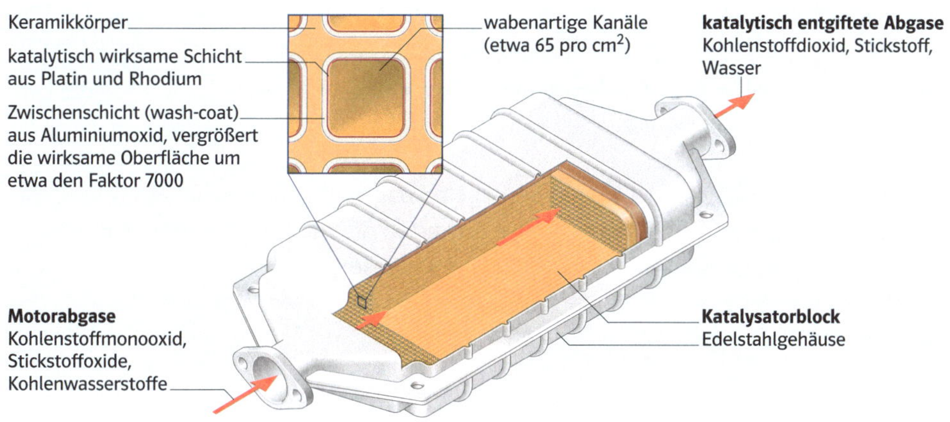

B3 Schemabild eines Abgaskatalysators mit vergrößerter Darstellung des platinbeschichteten Keramikkörpers

8.5 Chemische Reaktion und Katalysator

V1 Reaktion von Wasserstoff ohne Flamme
Geräte, Materialien: verschlossenes – mit Wasserstoff gefülltes – Reagenzglas, Katalysatorperlen mit Platin, Watesmopapier, Pinzette.

Durchführung:
Drehe das Reagenzglas auf den Kopf. Öffne es, gib rasch ca. 6 Katalysatorperlen dazu und verschließe es sofort wieder. Lass die Perlen langsam im Reagenzglas hin- und herrollen. Befühle das Glas außen entlang des Weges der Perlen. Ziehe den Stopfen ab und wische das Reagenzglas mit Watesmopapier aus.

a) Beschreibe und deute deine Beobachtungen.

b) Verändern sich die Katalysatorperlen?

V2 Biokatalysator in Kartoffeln
Geräte, Materialien, Chemikalien: Wasserstoffperoxid-Lösung ($w \approx 5\,\%$), rohe Kartoffel, gekochte Kartoffel, Reibschale mit Pistill, Reagenzglas, Reagenzglasgestell, Holzspan.

Hinweis: Die Formel von Wasserstoffperoxid ist H_2O_2

Durchführung:
a) Zerquetsche ein kleines Stück rohe Kartoffel. Gib den Brei in ein Reagenzglas, das zu einem Drittel mit der Wasserstoffperoxid-Lösung gefüllt ist. Führe nach kurzem Abwarten die Glimmspanprobe durch.
b) Wiederhole den Versuch mit einem Stückchen einer gekochten Kartoffel.
Achtung: Die Wasserstoffperoxid-Lösung darf nicht auf die Haut oder in die Augen gelangen! Wenn es doch passiert sein sollte, wird mit viel Wasser gespült.
Beschreibe und deute deine Beobachtungen.

8.6 Herstellung von Schwefelsäure im Labor

Schwefelsäure (Kap. 6.18) ist aufgrund ihrer vielen Einsatz- und Verwendungsmöglichkeiten eine der wichtigsten Säuren. Auch im Chemieunterricht wird sie häufig verwendet.

Herstellen von Schwefelsäure im Schulexperiment. Im Schullabor kann Schwefelsäure wie in B1, V1 beschrieben hergestellt werden. Beim Verbrennen von Schwefel entsteht Schwefeldioxid, welches mithilfe eines Platinkatalysators zu Schwefeltrioxid oxidiert wird. Dieses leitet man in Wasser ein und es entsteht Schwefelsäure. Da Schwefelsäure-Lösung Sulfat-Ionen enthält, kann sie mithilfe von Bariumchlorid-Lösung nachgewiesen werden [B2].

Probleme beim Schulexperiment. Die Herstellung von Schwefelsäure im Laborversuch gelingt zwar, das Verfahren ist bei näherer Betrachtung aber nicht sehr effizient. Durch das Erhitzen mit Gasbrennern geht viel Wärme an die Umgebung verloren. Zudem verbrennt fester Schwefel an der Luft nur langsam. Beim Durchströmen des Quarzrohrs reagiert nur ein Teil des Schwefeldioxids zu Schwefeltrioxid und nur ein Teil des Schwefeltrioxids zu Schwefelsäure. Man sagt, die Ausbeute des Verfahrens ist nicht groß. Dies bedeutet auch, dass ein großer Teil der giftigen Gase Schwefeldioxid und Schwefeltrioxid über den Abzug in die Umwelt gelangen. Ein industrielles Verfahren zur Schwefelsäure-Herstellung muss hinsichtlich all dieser Aspekte optimiert werden, um wirtschaftlich und zugleich umweltverträglich zu sein.

Bei Schulversuchen muss im Gegensatz zu großtechnischen Verfahren nicht so sehr auf eine hohe Ausbeute, eine effiziente Nutzung von Energie bzw. Rohstoffressourcen und eine größtmögliche Umweltverträglichkeit geachtet werden.

V1 Entsprechend B1 wird Schwefelpulver im Luftstrom verbrannt. Das an den Katalysatorperlen entstehende Schwefeltrioxid wird durch einen Rundkolben und dann durch eine Waschflasche mit Wasser gesaugt.

V2 Lass dir eine Probe der in V1 hergestellten Lösung geben. Untersuche die Probe mit Universalindikator und Bariumchlorid-Lösung (w = 5 %).

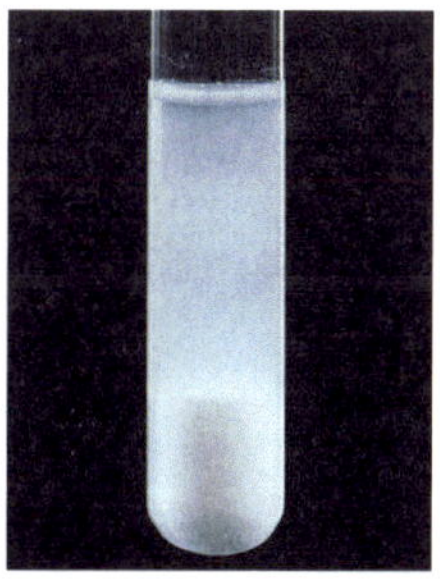

B2 Nachweis von Sulfat-Ionen mit Bariumchlorid-Lösung

Ausbeute Der Begriff wird vor allem dann wichtig, wenn man ein bestimmtes Produkt herstellen möchte. Die Synthese läuft oft in mehreren Schritten ab. Bei allen Schritten können Verluste auftreten, sodass die Ausbeute meist nicht bei 100 % liegt.

$$\text{Ausbeute} = \frac{\text{Tatsächliche Stoffmenge Produkt}}{\text{Maximal mögliche Stoffmenge Produkt}} \cdot 100$$

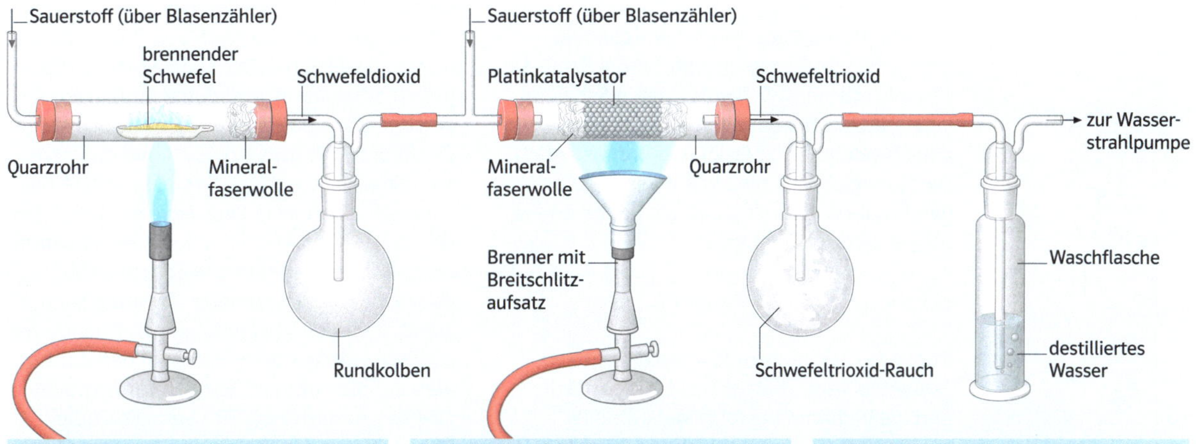

1. Gewinnung von Schwefeldioxid
Bei der Verbrennung von Schwefel entsteht Schwefeldioxid.
$S + O_2 \longrightarrow SO_2$

2. Katalytische Oxidation von Schwefeldioxid
Am Katalysator reagiert Schwefeldioxid mit Sauerstoff zu Schwefeltrioxid. Dieses wird als weißer Rauch sichtbar.
$2\,SO_2 + O_2 \longrightarrow 2\,SO_3$

3. Absorption von Schwefeltrioxid
Schwefeltrioxid wird durch Wasser geleitet und reagiert mit diesem zu Schwefelsäure.
$SO_3 + H_2O \longrightarrow H_2SO_4$

B1 Herstellung von Schwefelsäure im Schullabor

8.7 Industrielle Herstellung von Schwefelsäure

B1 Absorbertürme einer großtechnischen Anlage

Energiebilanz Menge der aufgewendeten Energie im Verhältnis zum Ertrag. Bei Produktionsprozessen mit einer guten Energiebilanz geht wenig Energie, etwa in Form von ungenutzter Abwärme, verloren

Schwefelsäure ist eine der wichtigsten Grundchemikalien. Jährlich werden weltweit etwa 200 Millionen Tonnen produziert. Früher wurde das Bleikammerverfahren angewendet (Kap. 8.16). Heute wird die Schwefelsäure nach dem **Kontaktverfahren** [B3] in drei Stufen gewonnen. „Kontakt" ist die ältere Bezeichnung für Katalysator. Dieser bewirkt, dass die Reaktion gleichzeitig schnell und mit einer guten Ausbeute ablaufen kann.

1. Stufe: Herstellung von Schwefeldioxid. Der wichtigste Ausgangsstoff für die Schwefelsäure-Synthese ist Schwefel, der in Schwefellagerstätten abgebaut wird oder bei der Entschwefelung von Erdöl und Erdgas anfällt. Der Schwefel wird zunächst in einem *Ofen* geschmolzen, dann mit Luft zerstäubt, und zu Schwefeldioxid verbrannt:

$$S + O_2 \longrightarrow SO_2 \mid \text{exotherm}$$

Durch das Zerstäuben des geschmolzenen Schwefels vergrößert sich seine Oberfläche und die Verbrennung läuft viel schneller ab. Die Verbrennung von Schwefel ist stark exotherm. Deshalb wird das Gemisch aus Schwefeldioxid und Luft nach der Verbrennung gekühlt. Anschließend erfolgt eine gründliche Reinigung, um Fremdstoffe zu entfernen, die mit dem Katalysator reagieren und ihn so unwirksam machen können (*Katalysatorgifte*).

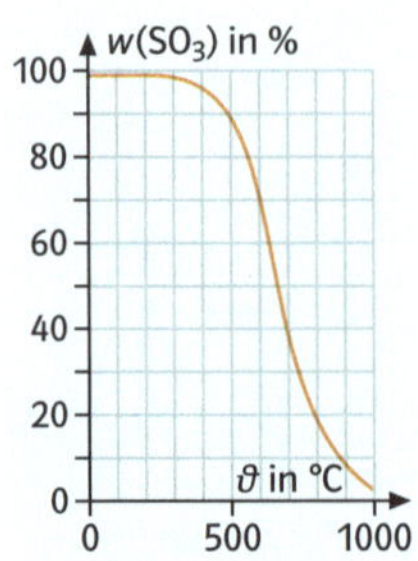

B2 Massenanteil an SO_3 in Abhängigkeit von der Temperatur

Das getrocknete Schwefeldioxid-Luft-Gemisch wird in einen *Kontaktofen* geleitet, in dem der entscheidende Verfahrensschritt erfolgt.

2. Stufe: Katalytische Oxidation von Schwefeldioxid. Die Oxidation von Schwefeldioxid ist eine exotherme Reaktion:

$$2\,SO_2 + O_2 \longrightarrow 2\,SO_3 \mid \text{exotherm}$$

Die Reaktion läuft aber in der Regel nicht vollständig ab. Ab 400 °C beginnen Schwefeltrioxid-Moleküle wieder in Schwefeldioxid- und Sauerstoff-Moleküle zu zerfallen. Für eine hohe Schwefeltrioxid-Ausbeute müsste man also niedrige Temperaturen (< 400 °C) einhalten [B2]. So würde die Reaktion zwar fast vollständig ablaufen, dies würde jedoch viel zu langsam geschehen. Mithilfe eines Katalysators lässt sich die Reaktionsgeschwindigkeit aber auch in diesem Temperaturbereich ausreichend erhöhen.

Im Kontaktofen läuft die Oxidation von Schwefeldioxid bei ca. 450 °C ab. Als Katalysator verwendet man Vanadium(V)-oxid (V_2O_5). Unter diesen Bedingungen verläuft die Oxidation schnell genug, allerdings nicht ganz vollständig. Da die Reaktion exotherm ist, heizt sich das Reaktionsgemisch auf. Ohne Kühlung würde zu viel Schwefeltrioxid wieder zerfallen [B2]. Die Oxidation wird daher stufenweise durchgeführt: Das Gasgemisch aus Schwefeldioxid und Luft wird bei 450 °C auf die erste Kontaktschicht geleitet. Das aufgeheizte Gasgemisch (exotherme Reaktion!) wird nach Verlassen der Kontaktschicht durch einen *Wärmeaustauscher* geleitet und wieder auf 450 °C abgekühlt. Die gewonnene Abwärme kann genutzt werden: Das entgegenströmende Gasgemisch wird vor dem Eintritt in den Kontaktofen auf die optimale Temperatur gebracht (**Gegenstromprinzip**). Dies verbessert die **Energiebilanz** des Verfahrens. Vor dem Durchgang durch die letzte Kontaktschicht leitet man die Gase in einen *Zwischenabsorber*. In diesem wird das bis dahin entstandene Schwefeltrioxid aus dem Gemisch entfernt. Anschließend werden die Restgase wieder auf die Reaktionstemperatur gebracht und in den

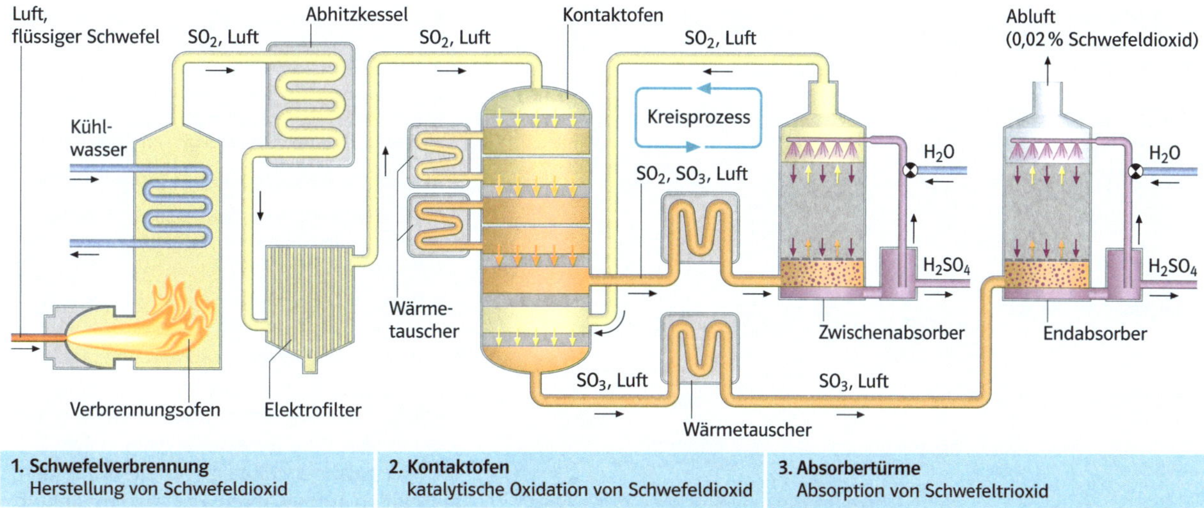

B3 Fließschema der industriellen Schwefelsäure-Herstellung nach dem Doppelkontaktverfahren

Ofen zurückgeführt. So werden ca. 99,7 % des Schwefeldioxids zu Schwefeltrioxid umgesetzt. Dadurch ist die Umweltbelastung durch nicht umgesetztes Schwefeldioxid niedrig.

Die Herstellung des Schwefeltrioxids erfolgt in einer **kontinuierlichen Produktionsweise**. In den Kontaktofen werden permanent Edukte eingebracht und gleichzeitig Edukte aus dem Ofen entnommen. Der Vorgang im Kontaktofen ist sogar ein **Kreisprozess**, weil nicht umgesetztes Schwefeldioxid wieder in den Ofen zurückgeleitet wird. Ein Beispiel für eine **diskontinuierliche Produktionsweise** ist dagegen die Herstellung von Bier (Kap. 8.3).

A1 Im Kontaktofen muss das Gasgemisch nach dem Durchströmen einer Kontaktschicht immer über Wärmeaustauscher geleitet werden. Begründe.

A2 Worauf bezieht sich der Begriff Doppelkontaktverfahren? Welche Vorteile besitzt es? Erkläre.

A3 Beschreibe die Verbesserungen in der Herstellung der Schwefelsäure durch das Kontaktverfahren im Vergleich zum Laborversuch (Kap. 8.6).

3. Stufe: Absorption von Schwefeltrioxid. In den **Absorbertürmen** [B1] wird das Schwefeltrioxid in konzentrierte Schwefelsäure eingeleitet, da es von der Schwefelsäure unter Bildung von Dischwefelsäure ($H_2S_2O_7$) besser aufgenommen wird als von Wasser:

$$SO_3 + H_2SO_4 \longrightarrow H_2S_2O_7$$

Durch ständige Wasserzufuhr reagiert die Dischwefelsäure wieder zu Schwefelsäure:

$$H_2S_2O_7 + H_2O \longrightarrow 2\,H_2SO_4$$

Der Massenanteil der Schwefelsäure wird so auf $w = 98\,\%$ gehalten.

Recycling von Schwefelsäure. Bei vielen großtechnischen Prozessen wird Schwefelsäure nur als Hilfsstoff eingesetzt. Die am Ende anfallende verunreinigte Schwefelsäure wird aufgearbeitet und erneut verwendet. Das Recycling stark verunreinigter Schwefelsäure erfolgt durch *thermische Spaltung*. Der endotherme Vorgang läuft bei Temperaturen von ca. 1200 °C in Spaltöfen ab, die mit säurefester Keramik ausgekleidet sind. Dabei entstehen Wasserdampf, Sauerstoff und Schwefeldioxid, das nach Abkühlen und Reinigung erneut der Schwefelsäure-Synthese zugeführt wird.

8.8 Umweltschutz im Betrieb

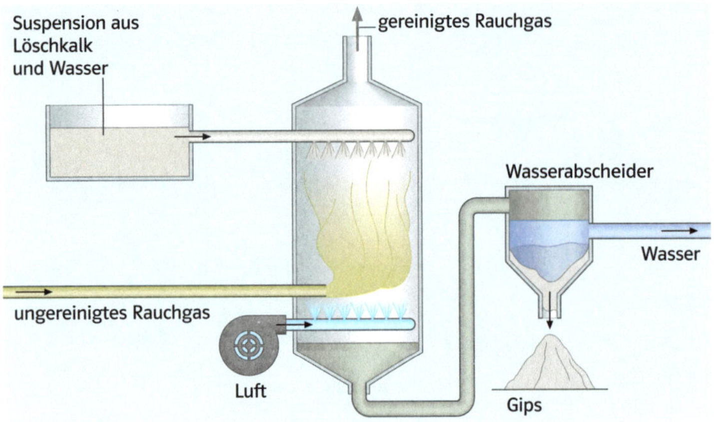

B1 Rauchgasentschwefelungsanlage nach dem Kalkverfahren

Branntkalk und Wasser reagieren zu Löschkalk:

$CaO + H_2O \longrightarrow Ca(OH)_2$

Eine Suspension aus Löschkalk ($Ca(OH)_2$) und Wasser rieselt den ungereinigten Abgasen entgegen, es entstehen Wasser und Calciumsulfit:

$2\,Ca(OH)_2 + 2\,SO_2 \longrightarrow H_2O + 2\,CaSO_3 \cdot \frac{1}{2}\,H_2O$

Das Calciumsulfit reagiert am Boden der Anlage mit Wasser und dem Sauerstoff aus eingeblasener Luft zu Gips ($CaSO_4 \cdot 2\,H_2O$):

$2\,CaSO_3 \cdot \frac{1}{2}\,H_2O + 3\,H_2O + O_2 \longrightarrow 2\,CaSO_4 \cdot 2\,H_2O$

B3 Reaktionen, die beim Kalkverfahren ablaufen

B2 Destillationsanlage zur Rückgewinnung von Lösungsmitteln

Beim Umweltschutz im Betrieb gibt es zwei wichtige Aspekte: Energie und Abfälle.

Das Einsparen von Energie ist ein wichtiger Beitrag zum Umweltschutz. Vielfach kann die bei Produktionsprozessen entstehende Wärme mittels Wärmetauschern im Produktionsprozess selbst genutzt oder an ein Fernwärmenetz abgegeben werden.

Abfälle. Von den in der Industrie anfallenden Abfallstoffen gehen unter Umständen Gefahren für die Umwelt aus. Hier muss zuerst auf eine Abfallverminderung geachtet werden. Unvermeidbare Abfälle werden einer Entsorgung zugeführt.

Abfallverminderung. Wann immer möglich, sollten nicht umgesetzte Edukte in den Reaktor zurückgeleitet und nicht als Abfall entsorgt werden. Eventuell gibt es auch Produktionsverfahren mit einer höheren Ausbeute, wobei entsprechend weniger Abfälle entstehen. Vielfach werden Chemikalien in der Industrie auch nicht als Ausgangsstoffe sondern als Lösungsmittel verwendet. Diese können durch Destillation zurückgewonnen und erneut verwendet werden [B2].

Emission von lat. emittere, aussenden. Ausstoß oder Abgabe von Stoffen oder Einwirkungen auf die Umwelt (Wasser, Luft, Boden). Von einer Anlage können folgende Emissionen ausgehen: Licht, Wärme, Strahlen, Lärm usw.

Abfallentsorgung. Bei einer sachgerechten Entsorgung wird oft versucht, den Abfall durch chemische Reaktionen in weniger umweltgefährliche Stoffe zu überführen. Um eine Entsorgung zu ermöglichen, muss zunächst sichergestellt sein, dass die Abfälle nicht in die Umwelt gelangen. Flüssige Abfälle kann man in Gefäßen aufbewahren. Bei gasförmigen Abfallstoffen ist der Aufwand bedeutend größer.

Rauchgasentschwefelung. Beim Verbrennen von Schwefel oder Verbindungen des Schwefels entsteht Schwefeldioxid, das u.a. für den sauren Regen verantwortlich ist (Kap. 6.17). Schwefeldioxid fällt vor allem in der Energiewirtschaft, aber auch in manchen Sparten der chemischen Industrie, wie der Metallgewinnung, an.

Die häufigste Methode zur Entfernung des Schwefeldioxids aus den Abgasen ist das **Kalkverfahren.** Aus Branntkalk (CaO), Wasser, Sauerstoff und Schwefeldioxid entsteht letztendlich *Gips* [B3]. Der anfallende Gips wird abgetrennt und zum Teil als Baustoff verwendet. Die aus der Anlage austretenden Gase enthalten kein Schwefeldioxid mehr. Auch durch die Rauchgasentschwefelung ist die Menge der Schwefeldioxidemissionen in Deutschland in den letzten 20 Jahren von jährlich 5,3 Millionen Tonnen auf 0,4 Millionen Tonnen drastisch zurückgegangen.

A1 Erkläre, warum das Einsparen von Energie dem Umweltschutz dient.

A2 Nenne mögliche finanzielle Vorteile, die sich für Betriebe aus ihren Umweltschutzmaßnahmen ergeben.

8.9 Exkurs Silicum – Von Kieseln zum Computerchip

B1 Quarzkiesel werden für die Siliciumproduktion verwendet

Der Fortschritt der heutigen Computertechnik ist eng mit der Entwicklung immer leistungsfähigerer Mikrochips verbunden. Der Grundstoff der Mikrochips, das Silicium, wird aus faustgroßen Quarzkieseln [B1] gewonnen. Für die Siliciumproduktion ist sehr viel Energie notwendig.

Herstellung von Rohsilicium. Kiesel bestehen – wie Sand – überwiegend aus Siliciumdioxid (SiO_2). Zur Gewinnung des Siliciums muss Siliciumdioxid reduziert werden. Die Reaktion findet bei Temperaturen von ca. 1800 °C in einem *Lichtbogenofen* mit Graphitelektroden statt. Siliciumdioxid reagiert dabei mit Kohlenstoff zu Silicium, wobei Kohlenstoffmonooxid frei wird:

$$SiO_2(s) + 2\,C(s) \longrightarrow Si(s) + 2\,CO(g)$$

Das entstandene Rohsilicium hat eine *Reinheit* von ca. 98 %.

Vom Rohsilicium zum Reinstsilicium. Für die Chipindustrie wird Reinstsilicium mit einer Reinheit von 99,9999999 % benötigt. Dies bedeutet, dass auf 1 Milliarde Silicium-Atome höchstens 1 Fremd-Atom kommen darf.
Das Rohsilicium wird in mehreren Schritten in Reinstsilicium überführt. Zunächst reagiert das Rohsilicium bei ca. 300 °C mit Chlorwasserstoff zu der Silicium-Verbindung Trichlorsilan ($HSiCl_3$, ϑ_{Sd} = 31,8 °C) und Wasserstoff (*Siemens-Verfahren*):

$$Si(s) + 3\,HCl(g) \longrightarrow HSiCl_3(g) + H_2(g)$$

Dies geschieht in einem Reaktor, in welchem gemahlenes Silicium auf einen Düsenboden gebracht wird, von welchem Chlorwasserstoff ausströmt.
Das zunächst gasförmige Trichlorsilan wird durch Abkühlen verflüssigt, dann in großen Destillationsanlagen von Verunreinigungen befreit. Um *polykristallines* Silicium zu erhalten, wird das gereinigte, zu diesem Zeitpunkt gasförmige Trichlorsilan, mit Wasserstoff versetzt und über heiße Siliciumstäbe geleitet:

$$4\,HSiCl_3(g) + 2\,H_2(g) \longrightarrow 3\,Si(s) + SiCl_4(g) + 8\,HCl(g)$$

An mehreren Stellen des Stabes wachsen Siliciumkristalle, daher spricht man von *polykristallinem* Silicium. Ein Nachteil dieses Verfahrens ist, dass es nicht kontinuierlich betrieben werden kann. Denn die Siliciumblöcke müssen nach ca. einer Woche entnommen werden.
Das nun sehr reine Silicium wird geschmolzen und dabei die *Dotierung* eingeleitet. Durch Dotierung können die elektrischen Eigenschaften des Halbleiters Silicium eingestellt werden.
Aus der Schmelze gewinnt man in einem weiteren Produktionsschritt Stäbe (Einkristalle) von *monokristallinem* Silicium. Ein Stab ist also *ein* Kristall. Dieser kann eine Länge von über 2 m und einen Durchmesser von 30 cm besitzen und über 150 kg wiegen [B2].

Vom Reinstsilicium zum Computerchip. Die Einkristalle werden im folgenden Schritt in dünne Scheiben zersägt.
Diese Siliciumscheiben nennt man *Wafer*. Aus einem Wafer können dann bis zu 1000 Chips zum Einsatz in der Computerindustrie gefertigt werden [B3].

A1 Notiere die Reaktionsgleichung für die Reaktion von Siliciumdioxid mit Kohlenstoff. Kennzeichne Oxidation und Reduktion.

A2 Erstelle ein Fließschema mit der Überschrift „Vom Quarzkiesel zum Computerchip".

Reinheit = Anteil Si-Atome/Gesamtzahl der Atome

Wafer von engl. Scheibe

Graphit elementarer Stoff, der aus Kohlenstoff-Atomen besteht

Poly von griech. polys, viele

Mono von griech. monos, allein oder einzig

$SiCl_4$ Siliciumtetrachlorid

Dotierung Winzige Zugabe von Fremd-Atomen

Halbleiter Feststoff, der je nach Temperatur ein elektrischer Leiter oder Nichtleiter ist

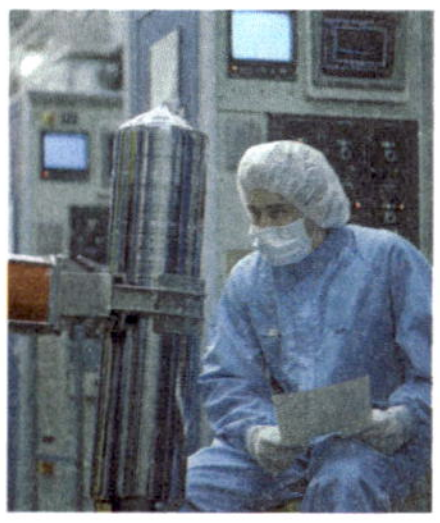

B2 Siliciumstab aus der Schmelze (Einkristall)

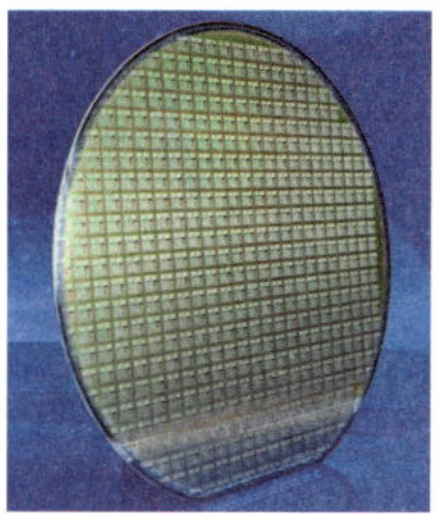

B3 Chips auf einem Wafer

8.10 Exkurs Industrielle Herstellung von Ammoniak

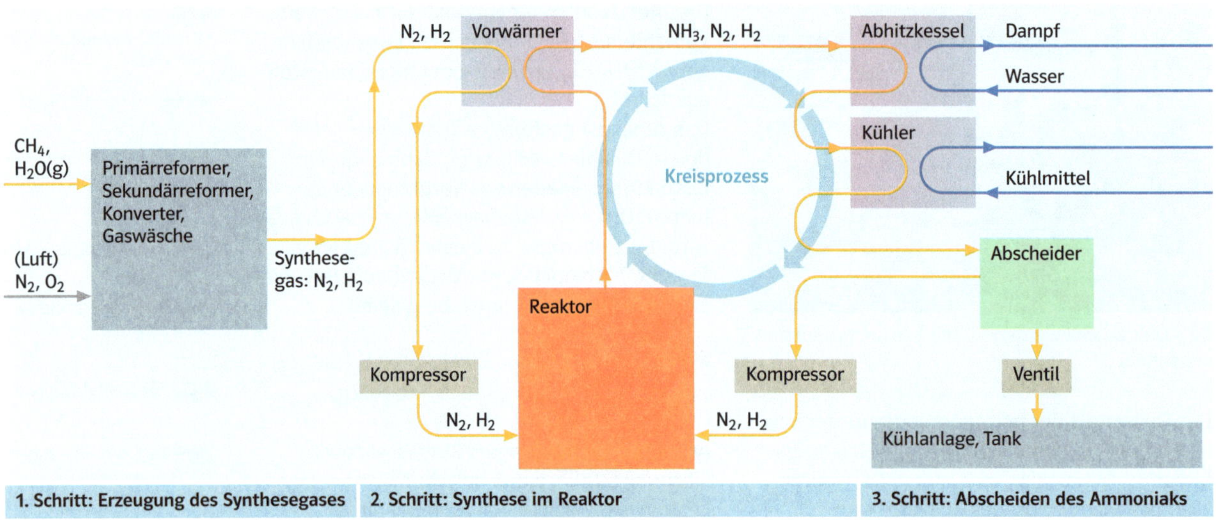

B1 Fließschema der Ammoniak-Herstellung nach dem Haber-Bosch-Verfahren

a) Primärreformer:

$$\underset{\text{Methan}}{CH_4} + \underset{\text{Wasser}}{H_2O} \xrightarrow{\text{Kat.}} \underset{\text{Kohlenstoffmonooxid}}{CO} + \underset{\text{Wasserstoff}}{3\,H_2}$$

Methan reagiert im Primärreformer nicht vollständig mit dem Wasserdampf. Daher erfolgt der nächste Schritt im Sekundärreformer.

b) Sekundärreformer:

$$\underset{\text{Methan}}{2\,CH_4} + \underset{\text{Sauerstoff}}{O_2} \xrightarrow{\text{Kat.}} \underset{\text{Kohlenstoffmonooxid}}{2\,CO} + \underset{\text{Wasserstoff}}{4\,H_2}$$

Kohlenstoffmonooxid ist giftig. Zudem erhält man durch Konvertierung weiteren Wasserstoff.

c) Konverter:

$$\underset{\text{Kohlenstoffmonooxid}}{CO} + \underset{\text{Wasser}}{H_2O} \xrightarrow{\text{Kat.}} \underset{\text{Kohlenstoffdioxid}}{CO_2} + \underset{\text{Wasserstoff}}{H_2}$$

B2 Erzeugung des Wasserstoffs, einem Bestandteil des Synthesegases

Ammoniak ist neben Schwefelsäure eine der bedeutendsten Grundchemikalien. Die jährliche Produktion von Ammoniak beträgt weltweit etwa 120 Millionen Tonnen. Das heute angewendete großtechnische Syntheseverfahren geht auf die Chemiker Fritz Haber [B4] und Carl Bosch [B5] zurück und wird deshalb als **Haber-Bosch-Verfahren** bezeichnet. Moderne Anlagen produzieren teilweise über 2000 Tonnen Ammoniak am Tag.

Dem Haber-Bosch-Verfahren liegt folgende Reaktion zu Grunde:

$$3\,H_2 + N_2 \longrightarrow 2\,NH_3 \quad |\ \text{exotherm}$$

Ein Gemisch aus Wasserstoff und Stickstoff wird daher auch als **Synthesegas** bezeichnet.

1. Schritt: Erzeugung des Synthesegases. Für die Synthese steht Stickstoff aus der Luft in praktisch unbegrenzter Menge zur Verfügung. Wasserstoff muss zunächst hergestellt werden. Dies geschieht heute überwiegend durch „Dampfspaltung" von Erdgas (Methan) in einem *Primärreformer*. Im *Sekundärreformer* und *Konverter* wird weiterer Wasserstoff erzeugt [B2].
Das für den folgenden Verfahrensschritt nicht notwendige und störende Kohlenstoffdioxid wird aus dem Gasgemisch ausgewaschen.
Der durch die Luft zugeführte Stickstoff bleibt während all dieser Schritte unverändert.

2. Schritt: Synthese im Reaktor. Das kalte Synthesegasgemisch wird in einem Wärmeaustauscher erhitzt, dabei kühlt es gleichzeitig das aus dem Reaktor austretende Gasgemisch. Dann wird es durch einen Kompressor auf den Reaktionsdruck gebracht und strömt in den Reaktor.

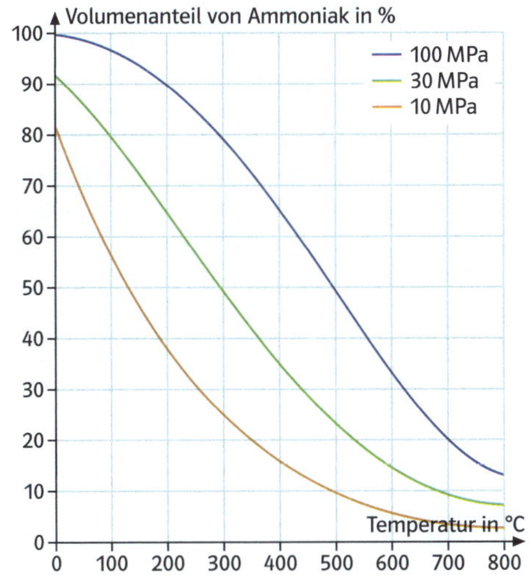

B3 Die Ammoniak-Ausbeute ist von Druck und Temperatur abhängig

Es läuft folgende Reaktion ab:

$$3\,H_2 + N_2 \xrightarrow{\text{Kat.}} 2\,NH_3 \qquad |\ \text{exotherm}$$

Moderne Reaktoren haben eine Höhe von 30 m und eine Masse von 400 Tonnen. Als Katalysator dienen 6 bis 20 mm dicke, poröse Eisenkörner, denen Metalloxide beigemischt sind. Ein Reaktor enthält bis zu 100 Tonnen Katalysator.

Je höher der Druck im Reaktor ist, desto höher ist die Ausbeute an Ammoniak [B3]. Aufgrund der Belastung des Reaktormaterials kann der Druck jedoch nicht beliebig erhöht werden.
Je höher die Temperatur ist, desto geringer ist die Ausbeute an Ammoniak [B3], da Ammoniak bei hohen Temperaturen wieder zerfällt. Bei niedrigen Temperaturen verläuft die Ammoniakbildung aber nur langsam und die Produktion würde zu lange dauern. Als Kompromiss verläuft die Ammoniak-Synthese im Reaktor daher bei einem Druck von ca. 30 MPa und einer Temperatur von ca. 450 °C.

Weil die Reaktion exotherm ist, entwickelt sich im Reaktor Wärme. Diese muss durch Kühlung abgeführt werden, um die Temperatur des Synthesegases bei 450 °C zu halten.

B4 Fritz Haber (1868 – 1934)

B5 Carl Bosch (1874 – 1940)

Beschreibung des Reaktorprozesses. Bei der Synthese im Reaktor handelt es sich um einen *kontinuierlichen Prozess.* Permanent strömt Synthesegas ein und Ammoniak wird entnommen. Außerdem handelt es sich um einen *Kreisprozess*, da nicht umgesetztes Synthesegas wieder in den Reaktor zurückgeleitet wird. Dies steigert die Ausbeute.

3. Schritt: Abscheiden des Ammoniaks. Nach dem Austritt des Gasgemischs (Ammoniak sowie nicht umgesetzter Stickstoff und Wasserstoff) aus dem Reaktor wird dieses stark gekühlt.
Im ersten Kühlschritt wird die Wärme des Gasgemischs dazu genutzt, entgegenströmendes Synthesegas im Vorwärmer vor dem Eintritt in den Reaktor vorzuwärmen (*Gegenstromprinzip*) [B1]. Weil Ammoniak eine deutlich höhere Siedetemperatur als Wasserstoff und Stickstoff hat, kann er verflüssigt und abgetrennt werden.

A1 Warum ist es bei der Ammoniak-Synthese von besonderer Bedeutung, geeignete Katalysatoren zu verwenden? Erkläre.

A2 Die Ammoniak-Ausbeute ist bei einem Druck von 100 MPa sehr hoch [B3]. Begründe, warum das Verfahren bei nur 30 MPa durchgeführt wird.

A3 Nenne Gründe, weshalb bei der Erzeugung des Synthesegases die Konvertierung durchgeführt wird.

8.11 Exkurs Verwendung von Schwefelsäure und Ammoniak

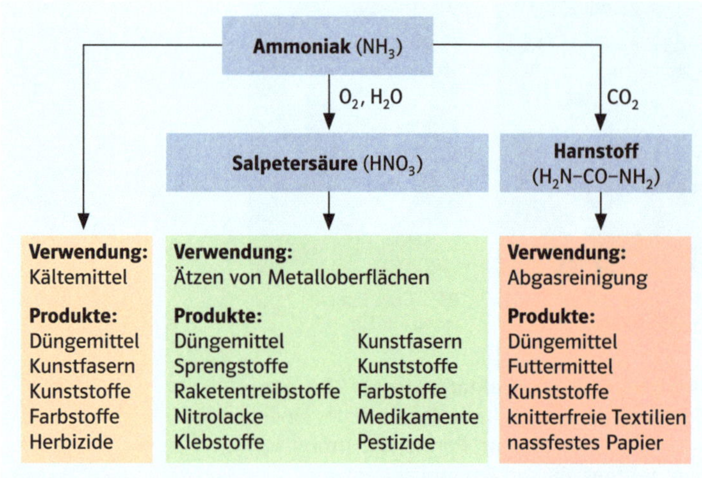

B1 Verwendung von Ammoniak, einem der wichtigsten Ausgangsstoffe der chemischen Industrie

Ammoniak (NH_3)
Summenformel: NH_3
Eigenschaften:
stechend riechendes, giftiges Gas
702 l Ammoniak lösen sich bei 20 °C und 1013 hPa in 1 l Wasser
ϑ_{sm} = −77,7 °C (p = 1013 hPa)
ϑ_{sd} = −33,4 °C (p = 1013 hPa)
ρ = 0,771 g/l
(p = 1013 hPa und ϑ = 0 °C)

Schwefelsäure (H_2SO_4) als wässrige Lösung (w = 98 %)
Eigenschaften:
farblose, ölige Flüssigkeit
wirkt verkohlend auf Zucker, Holz oder Papier
ϑ_{sm} = 3 °C (p = 1013 hPa)
ϑ_{sd} = 338 °C (p = 1013 hPa)
ρ = 1,84 g/ml
(p = 1013 hPa und ϑ = 20 °C)

Schwefelsäure und Ammoniak sind die bedeutendsten anorganischen Grundchemikalien. Sie werden vielfach als Ausgangsstoffe für weitere Produkte der chemischen Industrie verwendet.

Verwendung von Schwefelsäure. Im Labor wird Schwefelsäure häufig als Katalysator eingesetzt, z. B. bei der Veresterung (Kap. 5.25). Aufgrund ihrer hygroskopischen (wasseranziehenden) Wirkung kann sie auch als Trocknungsmittel verwendet werden. Weiterhin findet Schwefelsäure in der Industrie Anwendung, z. B.:
- als Batteriesäure im Bleiakkumulator,
- zur Herstellung von Ammoniumsulfat $[(NH_4)_2SO_4]$ durch Reaktion mit Ammoniak (Verwendung in Mineraldüngern als Stickstoff- und Schwefellieferant),
- zur Herstellung von Waschmittelbestandteilen,
- zur Verarbeitung des Titanerzes Ilmenit bei der Gewinnung von Titandioxid (Verwendung als Weißpigment in Farbe, enthalten in Zahnpasta und Sonnencreme),
- zusammen mit Salpetersäure zur Herstellung von Sprengstoffen und Medikamenten,
- als Hilfsstoff beim Verchromen von Metallteilen.

Verwendung von Ammoniak. Etwa 80 % der Ammoniak-Produktion werden für die Herstellung von Düngemitteln verwendet. Pflanzen nehmen das Element Stickstoff z. B. in Form von Ammonium-Ionen (NH_4^+), Nitrat-Ionen (NO_3^-) oder aus Harnstoff [B1] auf. Aus Ammoniak kann man diese Verbindungen gewinnen. Auch die Grundchemikalie Salpetersäure kann durch Oxidation von Ammoniak gewonnen werden [B1], (Kap. 8.16). Daneben stellt man aus Ammoniak viele weitere Stickstoffverbindungen her, z. B. Kunststoffe und -fasern, Farb- und Sprengstoffe, Pflanzenschutzmittel und Medikamente.

Ammoniak wird auch als Kältemittel eingesetzt. Gasförmiges Ammoniak wird mit einem Kompressor verdichtet und wird dadurch flüssig. Dabei entsteht Wärme, die durch Kühlung abgeführt wird. Das flüssige Ammoniak wird anschließend in einen Verdampfer geleitet. Dort geht es unter Aufnahme von Wärme, die der Umgebung entzogen wird, wieder in den gasförmigen Zustand über. Der Verdampfer und die Umgebung kühlen sich ab.
Haushaltskühlschränke haben dasselbe Funktionsprinzip. Wegen der Giftigkeit von Ammoniak werden aber andere Gase als Kältemittel verwendet. Ammoniak wird vorwiegend in Kühlhäusern, Brauereien und Eislaufhallen eingesetzt, außerdem in der Raumfahrt [B2]. Dort muss stärker gekühlt werden als in Haushaltskühlschränken. Dies ist mit Ammoniak besser möglich als mit anderen Kältemitteln.

B2 Montage eines Ammoniak-Tanks an der International Space Station (ISS)

8.12 Mineraldünger

Durch landwirtschaftliche Nutzung werden den Böden wichtige, essenzielle Elemente entzogen. Durch Mineraldünger können dem Boden die Nährstoffe zugeführt werden, die für einen optimalen Ertrag notwendig sind. Vor dem Einsatz von Mineraldünger wird häufig eine Bodenuntersuchung durchgeführt. Danach wird der richtige Dünger ausgewählt.
Aber nicht nur die richtige Zusammensetzung des Düngers, sondern auch die Wahl des Zeitpunktes der Düngung ist von großer Wichtigkeit. Pflanzen haben nicht in allen Entwicklungsstadien den gleichen Bedarf. Dünger, der zum falschen Zeitpunkt eingesetzt wird, kann durch Auswaschung zu einer Belastung der Umwelt führen.

1 Das Diagramm zeigt den Stickstoffbedarf einiger Pflanzen während des Wachstums. Ermittle daraus den richtigen Zeitpunkt für die Düngung von Winterweizen, Mais und Sommergerste.

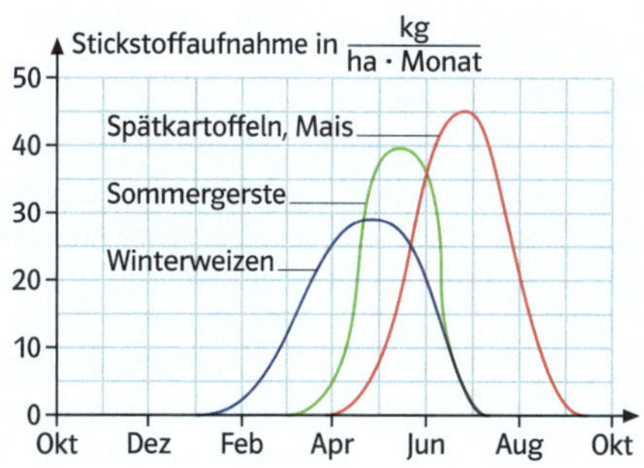

Winterweizen: ______________________

Mais: ______________________

Sommergerste: ______________________

2 Der Chemiker Justus von Liebig (1803–1873) erforschte angesichts von Hungersnöten in Europa Möglichkeiten, durch gezielte Düngung die Ernteerträge zu steigern. Seine Forschungen und die von Carl Sprengel (1787–1859) ergaben, dass Pflanzen bestimmte Elemente in einem zueinander ausgewogenen Verhältnis benötigen. Er veranschaulichte dies mit einem **Fassmodell**:

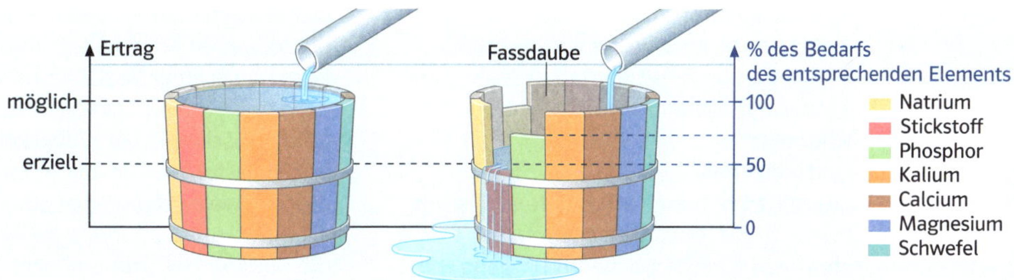

Beschreibe den Bezug des Fassmodells zur Realität. Fülle dazu folgende Tabelle aus.

Fassmodell	Realität
Fassdaube	
Wasserstand	
Länge der Fassdaube	Verhältnis der vorhandenen Menge des Elements im Boden zum Bedarf des Elements.
Länge der Fassdaube im intakten Fass	
Die kürzeste Fassdaube begrenzt die Höhe des Wasserstands im Fass.	
Eine andere, höhere Fassdaube als die kürzeste ermöglicht nicht, dass der Wasserstand im Fass höher wird.	

8.13 Chemie im Beruf

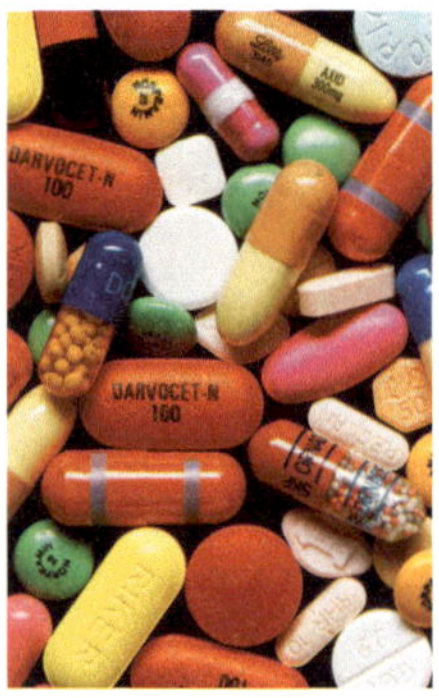

B1 Arzneimittel-Produkte der chemischen Industrie

B2 Chemieprodukte unterliegen ständiger Kontrolle

B3 Entwicklung eines Produkts im Labor

Die chemische Industrie bietet vielfältige Möglichkeiten für eine Berufsausbildung auf ganz unterschiedlichen Ausbildungswegen. So ist eine Ausbildung im dualen System in Schule und Betrieb ebenso möglich wie eine kooperative Ausbildung in Zusammenarbeit eines Betriebs mit einer Hochschule. Zudem bieten Universitäten und Fachhochschulen verschiedene Studiengänge an. Käme für dich ein Chemieberuf infrage?

Berufe mit Chemie. Es gibt viele Berufe, die sich hautpsächlich mit Chemie beschäftigen. Man erkennt sie häufig bereits an der Berufsbezeichnung, dies ist aber nicht immer der Fall:
- Chemikant/in
- Chemielaborant/in
- Chemisch-technische/r Assistent/in
- Pharmazeutisch-technische/r Assistent/in
- Lebensmittelchemiker/in
- Chemiker/in
- und viele mehr

Andere Berufe haben am Rande etwas mit Chemie zu tun, etwa weil bestimmte Kenntnisse über den sicheren Umgang mit Chemikalien notwendig sind.

Chemische Produktion. Viele der im Bereich Chemie Beschäftigten arbeiten in der Produktion. Produziert werden unter anderem chemische Grundstoffe, Kunststoffe, Düngemittel, Klebstoffe, Farbstoffe, Körperpflegeprodukte, Arzneimittel oder auch Lebensmittel.

DNA Desoxyribonucleinsäure ist der Träger der genetischen Information

Chemische Kontrolle. Nicht nur die Produkte der chemischen Industrie müssen permanent auf ihre Qualität untersucht werden. Um die Sicherheit und Gesundheit der Bevölkerung zu garantieren, wird auch die Qualität von Lebensmitteln, die Qualität von Trinkwasser und Badegewässern oder die Erfüllung von Umweltschutzrichtlinien regelmäßig überprüft. Dazu nutzt man meist chemische Methoden.

Chemische Forschung. Produkte der chemischen Industrie sind heute aus unserem Alltag nicht mehr wegzudenken. Eine Kernaufgabe der Chemie ist es, neue Stoffe zu entwickeln, die unseren Bedürfnissen noch besser gerecht werden. Neuartige Kunstfasern in Funktionsbekleidung leiten die Körperfeuchtigkeit besser nach außen, neue Medikamente wirken besser gegen Krankheiten und eine neue Gummimischung lässt Autoreifen besser auf der Straße haften. Diese Stoffe müssen im chemischen Labor entwickelt, produziert und getestet werden. In der Biochemie werden die Stoffwechselvorgänge von Lebewesen erforscht, unter anderem haben Biochemiker die Struktur der DNA entdeckt.

A1 Recherchiere, durch welche Arbeitsmittel, Materialien oder Verfahren man in folgenden Berufen mit Chemie in Kontakt kommt: Friseur/in, Maler/in und Kriminalbeamter/Kriminalbeamtin, Lackierer/in, Zahnarzt/Zahnärztin, Ingenieur/in.

8.14 Berufe in der chemischen Industrie

Es gibt viele Berufe im Bereich der chemischen Industrie. Informationen im Internet bieten z. B. der Verband der chemischen Industrie, der Arbeitgeberverband Chemie sowie die großen Chemiefirmen.

1 Informiere dich über folgende Berufe und fülle die Tabelle aus.

Beruf	Schwerpunkte	Dauer	Voraussetzungen
Chemikant/in			
Chemie-Laborant/-in			
Chemisch-technischer Assistent/-in (CTA)			
Pharmazeutisch-technischer Assistent/-in (PTA)			
Bachelor of Engineering (Chemieingenieurwesen)		4 Jahre (Kooperation Betrieb – Hochschule)	
Bachelor of Science (Chemie und Biotechnologie)		4 Jahre (Kooperation Betrieb – Hochschule)	
Master of Science			

8.15 Betriebserkundung

Betriebserkundungen bieten die Chance, einen chemischen Produktionsprozess direkt vor Ort kennenzulernen. Die einzelnen Teile einer Produktionsanlage können besichtigt und Informationen zum Prozess aus erster Hand gewonnen werden.

Außerdem könnt ihr bei einer Betriebserkundung den besten Einblick in ein bestimmtes Berufsfeld erhalten. Dort könnt ihr den Leuten, die diesen Beruf ausüben, über die Schulter schauen und Fragen stellen. Damit ihr möglichst viel von der Betriebserkundung habt, solltet ihr gut vorbereitet sein und die Ergebnisse eures Besuchs sorgfältig auswerten. Dabei können nötige Arbeitsschritte auf mehrere Schülergruppen verteilt werden.

Der Prozess der Betriebserkundung verläuft in drei Phasen.

1 Notiere zu den einzelnen Phasen konkrete Arbeitsschritte.

Vorbereitungsphase	
Durchführungsphase	
Auswertungsphase	

2 Notiere dir Fragen, die dich bei der Betriebserkundung besonders interessieren.

8.16 Durchblick Zusammenfassung und Übung

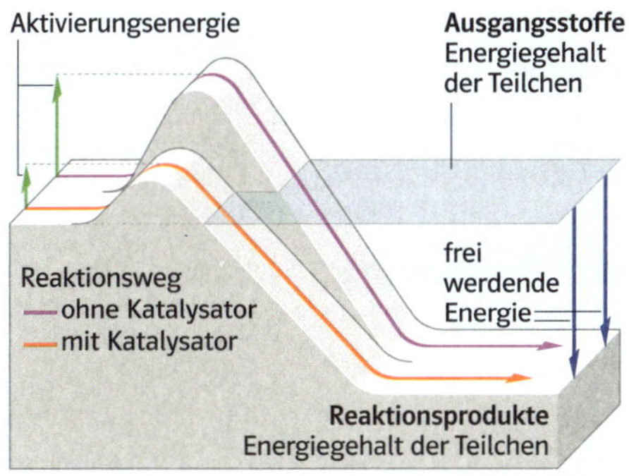

B1 Aktivierungsenergie mit und ohne Katalysator im Modell

Katalysatoren
Katalysatoren sind Stoffe, die eine chemische Reaktion beschleunigen oder bei einer niedrigen Temperatur ermöglichen. Dabei setzen sie die Aktivierungsenergie der Reaktion herab [B1]. Sie nehmen an der Reaktion teil, liegen nach der Reaktion aber wieder unverändert vor.

Reaktionsbedingungen
Temperatur (und Druck) gehören zu den Reaktionsbedingungen. Sie beeinflussen, wie schnell eine chemische Reaktion abläuft und inwieweit sie vollständig abläuft.

Alkoholische Gärung
Bei der alkoholischen Gärung reagiert Zucker mithilfe von Hefe [B2] zu Ethanol und Kohlenstoffdioxid. Die Hefeenzyme wirken als Biokatalysatoren.
Der Zucker kann aus Fruchtsäften oder im Fall der Bierherstellung aus Malz stammen.

Schwefelsäuresynthese nach dem Kontaktverfahren
1. Stufe: *Gewinnung von Schwefeldioxid*

$S + O_2 \longrightarrow SO_2$

2. Stufe: *Oxidation von Schwefeldioxid*

$2\,SO_2 + O_2 \xrightarrow{\text{Kat.}} 2\,SO_3$

3. Stufe: *Absorption von Schwefeltrioxid*

$SO_3 + H_2SO_4 \longrightarrow H_2S_2O_7$

$H_2S_2O_7 + H_2O \longrightarrow 2\,H_2SO_4$

Industrielle Produktion
Beim Übertragen eines chemischen Verfahrens in den industriellen Großmaßstab muss auf folgende Aspekte geachtet werden:
- effiziente Nutzung von Energie (z. B. Vorwärmen von Edukten im Gegenstromprinzip durch Einsatz von Wärmetauschern)
- größtmögliche Ausbeute und Produktionsgeschwindigkeit (Einsatz von Katalysatoren, optimale Reaktionsbedingungen)
- bestmögliche Umweltverträglichkeit

Einteilung von Produktionsprozessen
Kontinuierliche Produktionsweise: Es werden permanent Edukte in den Reaktor eingebracht und gleichzeitig Produkte entnommen.
Diskontinuierliche Produktionsweise: Es werden erst dann wieder Edukte in den Reaktor eingebracht, nachdem die fertigen Produkte entnommen wurden.

Umweltschutz in der chemischen Industrie
Zwei wichtige Aspekte, die beim Thema Umweltschutz eine Rolle spielen, sind Energie und Abfall.
Energie: z. B. Nutzung der Abwärme eines Produktionsprozesses, indem sie ins Fernwärmenetz eingespeist wird.
Abfall:
- Abfallverminderung, z. B. durch Kreisprozesse
- Sachgerechte Entsorgung
- Entfernung gasförmiger Abfallstoffe, z. B. Schwefeldioxid durch Rauchgasentschwefelung

Rauchgasentschwefelung
Das häufigste Verfahren zur Entfernung von Schwefeldioxid aus Verbrennungsgasen ist das Kalkverfahren. Dabei entsteht aus Schwefeldioxid (SO_2), Branntkalk (CaO), Wasser und Sauerstoff letztendlich Gips ($CaSO_4 \cdot 2\,H_2O$). Gips kann als Baustoff verwendet werden.

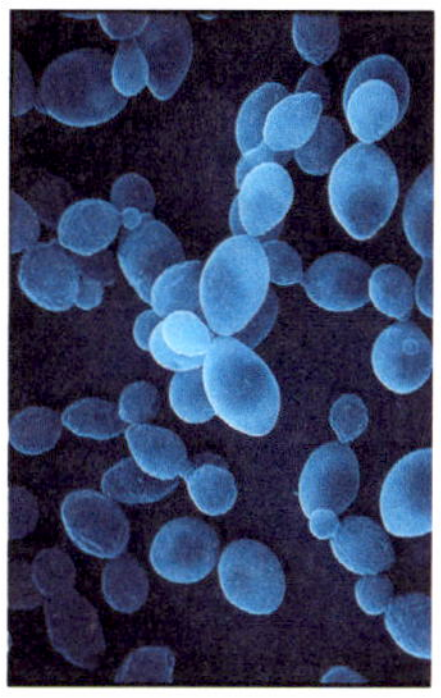

B2 Hefezellen

1 Das Kreislaufprinzip und der Wärmetauscher spielen bei technischen Prozessen in der Chemie eine große Rolle. Ergänze den Lückentext zu diesen beiden Verfahren.

Kreislaufprinzip: Bei vielen chemisch-technischen Prozessen werden beim ersten Durchlauf nicht alle ______________________ umgewandelt. Um eine möglichst __________ Ausbeute an __________________________ zu erhalten, führt man die nicht umgesetzten Stoffe wieder dem Verarbeitungsprozess zu [**B3**].

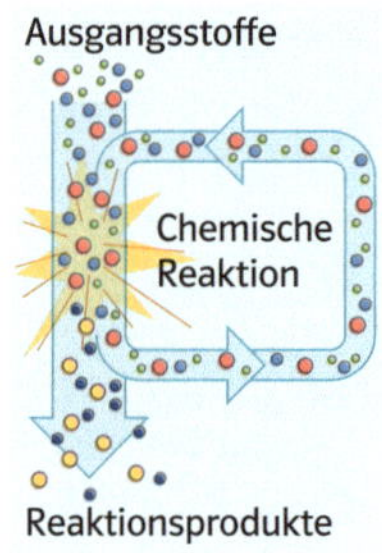

B3 Kreislaufprinzip

Wärmetauscher: Bei vielen Reaktionen wird Energie in Form von Wärme abgegeben. Diese ________________ kann genutzt werden, um kaltes Wasser zu erhitzen und _____________________ zu erzeugen. Dieser dient dann wieder an anderer Stelle zum _______________ von Reaktionsgemischen [**B4**]. Dadurch kann bei technischen Prozessen viel _____________ eingespart werden.

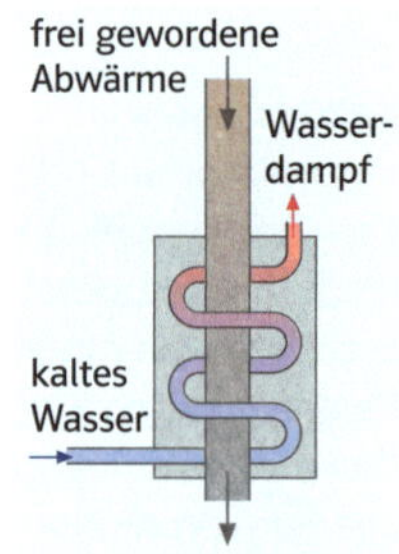

B4 Wärmetauscher

2 Ein großer Teil des in Deutschland produzierten Ammoniaks wird nach dem **Ostwald-Verfahren** zu Salpetersäure weiterverarbeitet. Formuliere die Reaktionsgleichungen und gib an, ob es sich um eine endotherme oder exotherme Reaktion handelt. Notiere außerdem für die Reaktionen **a)** bis **c)** ein passendes Fließschema.

a) Ammoniak wird mit Luftsauerstoff unter Anwesenheit eines Platinkatalysators in einem Kontaktofen [**B5**] verbrannt. Es entstehen Stickstoffmonooxid und Wasser.

____

b) Das Stickstoffmonooxid wird abgekühlt. Es reagiert dann in einem Oxidationsturm mit Luftsauerstoff zu Stickstoffoxid.

____

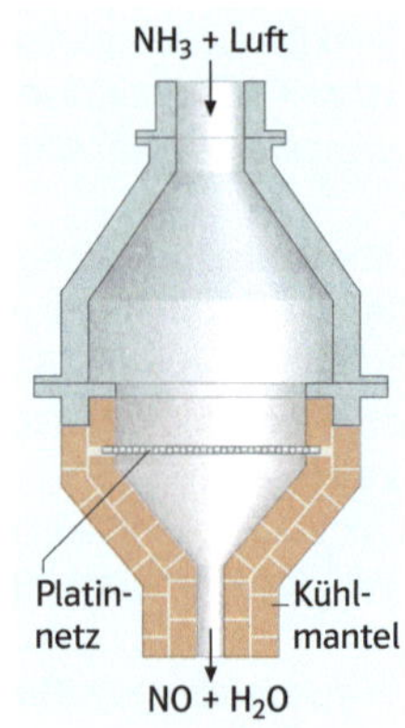

B5 Ammoniak-Verbrennungsofen (Kontaktofen)

c) In Rieseltürmen verbindet sich Stickstoffdioxid bei hohem Druck mit Wasser und Luftsauerstoff zu Salpetersäure (HNO_3).

____

Fließschema:

Kohlenstoffverbindungen und funktionelle Gruppen

Namen der Stoffklassen		Beispiele	
Strukturformeln und Namen der funktionellen Gruppen		**Namen und Strukturformeln**	
Alkene Ungesättigte Fettsäuren		Ethen	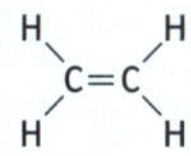
C=C-Doppelbindung (C=C-Zweifachbindung)	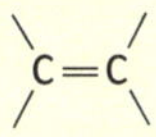	Ölsäure ((*Z*)-Octadec-9-en-säure)	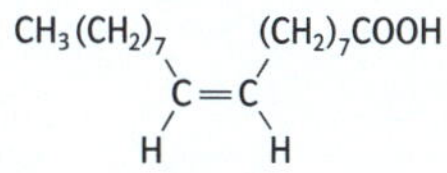
Alkohole		Ethanol	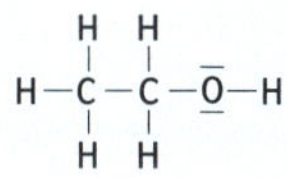
Hydroxygruppe	$-\overline{\underline{O}}-H$	Propantriol (Glycerin)	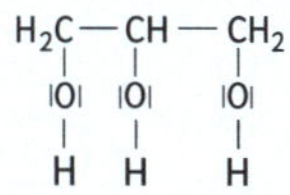
Aldehyde		Methanal (Formaldehyd)	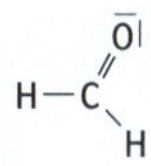
Aldehydgruppe	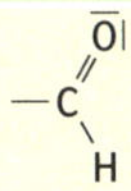	Ethanal (Acetaldehyd)	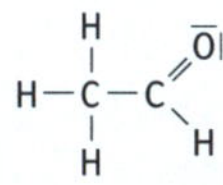
Ketone		Propanon (Aceton)	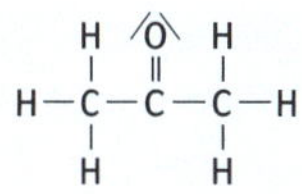
Ketogruppe	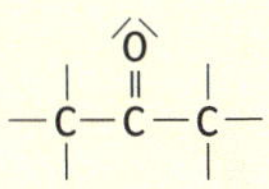	Butanon (Ethylmethylketon)	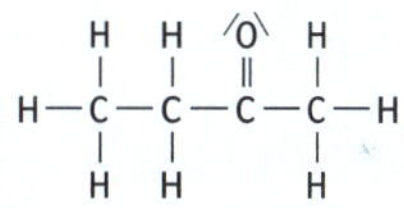
Carbonsäuren		Methansäure (Ameisensäure)	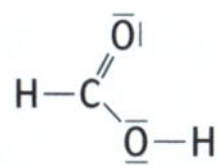
Carboxygruppe	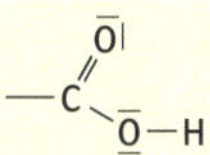	Ethansäure (Essigsäure)	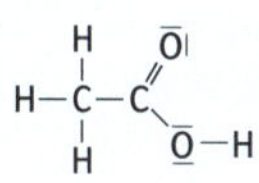
Ester (Carbonsäureester) Fette (Fettsäureglycerinester)		Ethansäurebutylester (Essigsäurebutylester, Butylethanoat, Butylacetat)	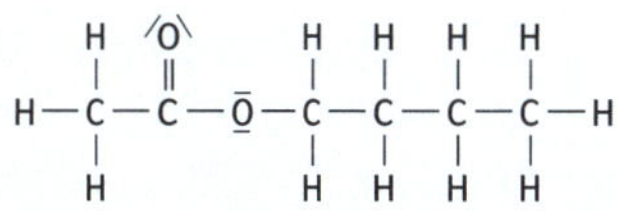
Estergruppe	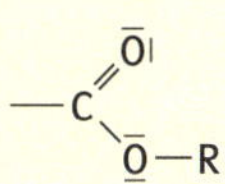	1-Ölsäure-2-linolsäure-3-linolensäure-glycerinester	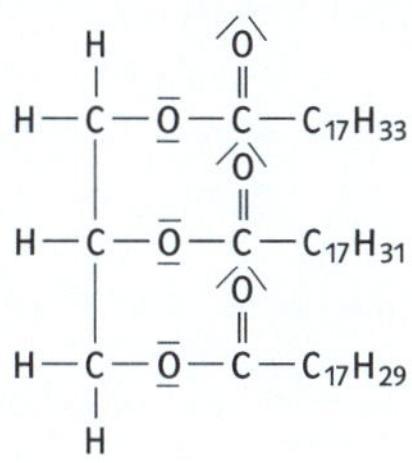

Chemische Elemente und Eigenschaften der elementaren Stoffe

Name	Zeichen	Ordnungszahl	Atommasse in u [4]	Dichte [1] in g/cm^3 (Gase: g/l)	Schmelztemperatur in °C	Siedetemperatur in °C
Actinium	Ac	89	227,0278*	10,1	1050	3200
Aluminium	Al	13	26,981538	2,70	660	2467
Antimon	Sb	51	121,760	6,68	630	1750
Argon	Ar	18	39,948	1,66	−189	−186
Arsen	As	33	74,92160	5,72	613 s	—
Astat	At	85	209,9862*	—	302	337
Barium	Ba	56	137,327	3,51	725	1640
Beryllium	Be	4	9,012182	1,85	1278	2970
Bismut	Bi	83	208,98038	9,8	271	1560
Blei	Pb	82	207,2	11,4	327	1740
Bor	B	5	10,811	2,34	2300	2550
Brom	Br	35	79,904	3,12	−7	59
Cadmium	Cd	48	112,411	8,65	321	765
Caesium	Cs	55	132,90545	1,88	28	669
Calcium	Ca	20	40,078	1,54	839	1484
Cer	Ce	58	140,116	6,65	799	3426
Chlor	Cl	17	35,453	2,99	−101	−35
Chrom	Cr	24	51,9961	7,20	1857	2672
Cobalt	Co	27	58,933200	8,9	1495	2870
Eisen	Fe	26	55,845	7,87	1535	2750
Fluor	F	9	18,9984032	1,58	−219	−188
Francium	Fr	87	223,0197*	—	27	677
Gallium	Ga	31	69,723	5,90	30	2403
Germanium	Ge	32	72,64	5,32	937	2830
Gold	Au	79	196,96655	19,32	1064	3080
Hafnium	Hf	72	178,49	13,3	2227	4602
Helium	He	2	4,002602	0,17	−272 p	−269
Indium	In	49	114,818	7,30	156	2080
Iod	I	53	126,90447	4,93	113	184
Iridium	Ir	77	192,217	22,41	2410	4130
Kalium	K	19	39,0983	0,86	63	760
Kohlenstoff	C	6	12,0107	2,25 [2]	3650 s [2]	—
Krypton	Kr	36	83,798	3,48	−157	−152
Kupfer	Cu	29	63,546	8,92	1083	2567
Lanthan	La	57	138,9055	6,17	921	3457
Lithium	Li	3	6,941	0,53	180	1342
Magnesium	Mg	12	24,3050	1,74	649	1107
Mangan	Mn	25	54,938049	7,20	1244	1962
Molybdän	Mo	42	95,94	10,2	2610	5560
Natrium	Na	11	22,989770	0,97	98	883
Neon	Ne	10	20,1797	0,84	−249	−246
Nickel	Ni	28	58,6934	8,90	1455	2730
Niob	Nb	41	92,90638	8,57	2468	4742
Osmium	Os	76	190,23	22,5	2700	5300
Palladium	Pd	46	106,42	12,0	1554	2970
Phosphor	P	15	30,973761	1,82 [3]	44 [3]	280
Platin	Pt	78	195,078	21,4	1772	3827
Polonium	Po	84	208,9824*	9,4	254	962
Praseodym	Pr	59	140,90765	6,77	931	3512
Protactinium	Pa	91	231,03588	15,4	1840	4030
Quecksilber	Hg	80	200,59	13,55	−39	356
Radium	Ra	88	226,0254*	5,0	700	1140
Radon	Rn	86	222,0176*	9,23	−71	−62
Rhenium	Re	75	186,207	20,5	3180	5627
Rhodium	Rh	45	102,90550	12,4	1966	3727
Rubidium	Rb	37	85,4678	1,53	39	686
Ruthenium	Ru	44	101,07	12,3	2310	3900
Sauerstoff	O	8	15,9994	1,33	−219	−183
Scandium	Sc	21	44,955910	3,0	1541	2831
Schwefel	S	16	32,065	2,07 (rh)	119 (mo)	444
Selen	Se	34	78,96	4,81	217	685
Silber	Ag	47	107,8682	10,5	962	2212
Silicium	Si	14	28,0855	2,32	1410	2355
Stickstoff	N	7	14,0067	1,17	−210	−196
Strontium	Sr	38	87,62	2,60	769	1384
Tantal	Ta	73	180,9479	16,6	2996	5425
Technetium	Tc*	43	97,9072*	11,5	2172	4877
Tellur	Te	52	127,60	6,0	449	990
Thallium	Tl	81	204,3833	11,8	303	1457
Thorium	Th	90	232,0381	11,7	1750	4790
Titan	Ti	22	47,867	4,51	1660	3287
Uran	U	92	238,02891	19,0	1132	3818
Vanadium	V	23	50,9415	5,96	1890	3380
Wasserstoff	H	1	1,00794	0,083	−259	−253
Wolfram	W	74	183,84	19,3	3410	5660
Xenon	Xe	54	131,293	5,49	−112	−107
Yttrium	Y	39	88,90585	4,47	1522	3338
Zink	Zn	30	65,409	7,14	419	907
Zinn	Sn	50	118,710	7,30	232	2270
Zirconium	Zr	40	91,224	6,49	1852	4377

Die Elemente mit den Ordnungszahlen 60 bis 71 und ab 93 sind nicht aufgeführt.

1) Dichteangaben für 20 °C und 1013 hPa
2) Angaben gelten für Graphit; Diamant: Schmelztemperatur 3550 °C, Dichte 3,51 g/cm^3
3) Angaben gelten für weißen Phosphor; roter Phosphor: Schmelztemperatur 590 °C (p), Dichte 2,34 g/cm^3
4) Atommasseneinheit u: 1 u = 0,000 000 000 000 000 000 000 001 660 54 g (*Atommasse des langlebigsten Isotops)

s = sublimiert
p = unter Druck
— = Werte nicht bekannt

Eigenschaften einiger Gase

Name, Formel	Dichte in g/l [1]	Siedetemp. in °C	Löslichkeit in Wasser [1) 2)]	Name, Formel	Dichte in g/l [1]	Siedetemp. in °C	Löslichkeit in Wasser [1) 2)]
Wasserstoff (H_2)	0,090	−253	0,022	Schwefelwasserstoff (H_2S)	1,539	−60	4,7
Helium (He)	0,178	−269	0,01	Chlorwasserstoff (HCl)	1,639	−85	525
Stickstoff (N_2)	1,250	−196	0,024	Kohlenstoffdioxid (CO_2)	1,977	−78,5 [3]	1,71
Sauerstoff (O_2)	1,429	−183	0,05	Luft	1,293	−194,4	0,03
Chlor (Cl_2)	3,214	−35	4,61	Schwefeldioxid (SO_2)	2,926	−10,0	79,8
Ammoniak (NH_3)	0,771	−33,4	1175				

1) bei 0 °C und 1013 hPa
2) Quotient aus dem Volumen der (lösbaren) Gasportion und dem Volumen des Wassers (bei 0 °C und 1013 hPa)
3) Sublimationstemperatur

Größen und Einheiten

Name	Zeichen	Größe, Beziehung	Erläuterungen	Einheitenname	Einheitenzeichen
Masse	m			[Kilo]gramm	[k]g
Volumen	V		Produkt aus drei Längen	Kubik[zenti]meter Liter Milliliter	[c]m³ 1 l = 1 dm³ 1 ml = 1 cm³
Dichte	ϱ	$\varrho = \frac{m}{V}$	m: Masse der Stoffportion V: Volumen der Stoffportion		g/cm³ 1 g/l = 0,001 g/cm³
Massenanteil	w	$w_1 = \frac{m_1}{m_S}$	m_1: Masse des Bestandteils 1 m_S: Summe aller Massen (Gesamtmasse)	Prozent	1 $1\% = \frac{1}{100}$
Volumenanteil	φ	$\varphi_1 = \frac{V_1}{V_S}$	V_1: Volumen des Bestandteils 1 V_S: Summe aller Volumina vor dem Mischen	Prozent	1 $1\% = \frac{1}{100}$
Massen-konzentration	β	$\beta = \frac{m_1}{V}$	m_1: Masse des gelösten Bestandteils V: Volumen der Lösung		g/l
Kraft	F	$F = m \cdot a$	a: Beschleunigung	Newton	$1\,N = \frac{1\,kg \cdot m}{s^2}$
Druck	p	$p = \frac{F}{A}$	A: Flächeninhalt	Pascal Bar Millibar	$1\,Pa = 1\frac{N}{m^2}$ $1\,bar = 10^5\,Pa$ 1 mbar = 1 hPa
Energie	E	$W = F \cdot s$	Energie ist die Fähigkeit zur Arbeit W s: Weglänge	Joule Kilojoule	1 J = 1 N · m kJ
Celsiustemperatur	t, ϑ			Grad Celsius	°C
thermodynamische Temperatur	T	$\frac{T}{K} = \frac{t}{°C} + 273{,}15$		Kelvin	K

Dezimale Vielfache und Teile von Einheiten

Vorsatz		Faktor
p	Piko	10^{-12}
n	Nano	10^{-9}
µ	Mikro	10^{-6}
m	Milli	10^{-3}
c	Zenti	10^{-2}
d	Dezi	10^{-1}
da	Deka	10
h	Hekto	10^2
k	Kilo	10^3
M	Mega	10^6
G	Giga	10^9

Umrechnung von Massen- und Volumeneinheiten

1 Tonne = 1000 Kilogramm = 1 000 000 Gramm
1 t = 1000 kg = 1 000 000 g = 10^6 g

1 Gramm = 1000 Milligramm = 1 000 000 Mikrogramm
1 g = 1000 mg = 1 000 000 µg = 10^6 µg

1 Kubikmeter = 1000 Kubikdezimeter = 1000 Liter
1 m³ = 1000 dm³ = 10^3 dm³ = 1000 l = 10^3 l

1 Kubikdezimeter = 1000 Kubikzentimeter = 1 Liter
1 dm³ = 1000 cm³ = 1 l

1 Kubikzentimeter = 0,001 Liter = 1 Milliliter
1 cm³ = 0,001 l = 1 ml

Stichwortverzeichnis

U1.1 Corbis (ZEFA/Hammid), Berlin; **U1.2** Getty Images (The Image Bank/Studio MPM), München; **U1.3** Imago (Kolvenbach), Berlin; **5.1** Thinkstock (Digital Vision), München; **5.2** shutterstock.com (Olga Lyubkina), New York, NY; **5.3** Thinkstock (g-miner), München; **5.4** Thinkstock (belchonock), München; **5.5** Thinkstock (iStock/scanrail), München; **6.1** Bettina Sommer, Köngen; **6.2** MEV Verlag GmbH, Augsburg; **6.3** Fotosearch Stock Photography (RF), Waukesha, WI; **7.5** Picture-Alliance (Chad Ehlers), Frankfurt; **7.6** Fotolia.com (Hemeroskopion), New York; **7.7** shutterstock.com (Africa Studio), New York, NY; **7.9** Bettina Sommer, Köngen; **10.1** Deutsches Museum, München; **11.6**; **14.2a**; **14.2b** Klett-Archiv, Stuttgart; **16.2** Klett-Archiv, Stuttgart; **17.4** Klett-Archiv (Zuckerfabrik Digital), Stuttgart; **18.6**; **18.7**; **18.8**; **22.1** Klett-Archiv, Stuttgart; **22.E1** Mauritius Images (Grafica), Mittenwald; **22.E2** Mauritius Images (Cash), Mittenwald; **24.3** Getty Images (Taxi/Denis Boissavy), München; **25.4** Mauritius Images (Ripp), Mittenwald; **26.1** Kage Mikrofotografie, Lauterstein; **26.2** Helga Lade Fotoagentur (Dr. Lorenz), Frankfurt; **26.3** Deutsches Museum, München; **29.3** Klett-Archiv (Bettina Sommer), Stuttgart; **29.4**; **29.5** Klett-Archiv (Zuckerfabrik Digital), Stuttgart; **33.1a**; **33.1b** Klett-Archiv, Stuttgart; **34.1** Okapia (Steinmetz), Frankfurt; **34.2** Picture-Alliance (Roland Scheidemann), Frankfurt; **35.0** Bettina Sommer, Köngen; **36.1**; **37.4**; **38.1** Klett-Archiv, Stuttgart; **38.2** Thomas Seilnacht, Bern; **39.3** Klett-Archiv, Stuttgart; **40.2** Klett-Archiv, Stuttgart; **41.1a**; **41.1b**; **41.1c**; **41.1d**; **41.4** Klett-Archiv (Zuckerfabrik Digital), Stuttgart; **41.3** Avenue Images GmbH (Inspirestock), Hamburg; **45.1** iStockphoto (RF), Calgary, Alberta; **45.2** Bettina Sommer, Köngen; **45.3** Klett-Archiv (Zuckerfabrik Digital), Stuttgart; **45.4** Klett-Archiv (Zuckerfabrik Digital), Stuttgart; **45.5** vario images (Juergen Moers), Bonn; **45.6** Bildarchiv Sammer, Neuenkirchen; **45.7** PantherMedia GmbH (Carl-Jürgen Bautsch), München; **46.1a** Corbis (Maximilian Stock Ltd/PhotoCuisine), Berlin; **46.1b** Fotolia.com (Stefan Körber), New York; **46.1c** Fotolia.com (PhotoSG), New York; **46.1d** StockFood GmbH (Schliack, Amos), München; **46.2** Klett-Archiv, Stuttgart; **46.3** ThyssenKrupp Steel Europe AG, Duisburg; **46.4** Mauritius Images (J.Bauer), Mittenwald; **47.5** YOUR PHOTO TODAY (BSIP), Taufkirchen; **47.7** f1 online digitale Bildagentur (Onoky), Frankfurt; **47.8a** Fotolia.com (foodinaire), New York; **47.8b** shutterstock.com (Toranico), New York, NY; **48.1** Getty Images (The Image Bank/Laurie Rubin), München; **48.2**; **48.3** Klett-Archiv (Zuckerfabrik Digital), Stuttgart; **49.8**; **52.1**; Klett-Archiv, Stuttgart; **52.2** Klett-Archiv (Zuckerfabrik Digital), Stuttgart; **52.4** Klett-Archiv, Stuttgart; **53.7** Klett-Archiv (Zuckerfabrik Digital), Stuttgart; **54.1** Klett-Archiv, Stuttgart; **54.2**; **54.3** Klett-Archiv (Edgar Brückl), Stuttgart; **55.7** Klett-Archiv (Zuckerfabrik Digital), Stuttgart; **55.8** Klett-Archiv (Hartmut Fahrenhorst), Stuttgart; **56.1** Klett-Archiv, Stuttgart; **57.5** Royal Danish Academy of Sciences and Letters, Kopenhagen; **58.2** Klett-Archiv, Stuttgart; **59.6** Klett-Archiv, Stuttgart; **60.1** Avenue Images GmbH (Blend Images), Hamburg; **60.2a**; **60.2b** Klett-Archiv, Stuttgart; **61.3a** Klett-Archiv (Ralph Grimmel), Stuttgart; **61.3b** Picture-Alliance (ZB/Soeren Stache), Frankfurt; **61.4** Corel Corporation Deutschland, Unterschleissheim; **62.1**; **62.2** Klett-Archiv, Stuttgart; **62.3** akg-images, Berlin; **63.4a**; **63.4b**; **63.5**; **63.6** Klett-Archiv, Stuttgart; **64.1** Klett-Archiv (Zuckerfabrik Digital), Stuttgart; **65.1** Alamy Images (Antiques & Collectables), Abingdon, Oxon; **65.2**; **65.3** Klett-Archiv (Peter Zehentmeier), Stuttgart; **66.1**; **66.2**; **72.3** Klett-Archiv, Stuttgart; **74.2** Bernhard Wagner, Breisach; **75.5a**; **75.5b** Regierungspräsidium Stuttgart, Landesamt für Denkmalpflege; **76.1** Klett-Archiv, Stuttgart; **76.3** Prof. Dr. Rüdiger Blume, Oerlinghausen; **77.4** Thinkstock (Hemera), München; **77.5** Thomas Seilnacht, Bern; **80.1a** Getty Images (Dorling Kindersley), München; **80.1b** Avenue Images GmbH (imagesource), Hamburg; **80.1c** iStockphoto (Roberto A. Sanchez), Calgary, Alberta; **80.1d** Getty Images/Potodisc/S.Pearce/Photolink, München; **80.1e** Getty Images (Iconica/Johner), München; **81.1** Bettina Sommer, Köngen; **81.3** Klett-Archiv (Aribert Jung), Stuttgart; **82.1** Klett-Archiv, Stuttgart; **82.2a** MEV Verlag GmbH, Augsburg; **82.2b** Klett-Archiv (Aribert Jung), Stuttgart; **82.3** Klett-Archiv (Zehentmeier), Stuttgart; **82.4** BigStockPhoto.com (Mircea), Davis, CA; **83.1** Klett-Archiv, Stuttgart; **85.1** Thinkstock (Anna Karwowska/Hemera), München; **85.2** Corbis (Bohemian Nomad Picturemakers), Berlin; **85.3** Avenue Images GmbH (Stockbyte Platinum), Hamburg; **85.4** Ullstein Bild GmbH (CARO/Klaus), Berlin; **85.5** shutterstock.com (tanya_emsh), New York, NY; **86.1** iStockphoto (isitsharp), Calgary, Alberta; **86.2** iStockphoto (AngiePhotos), Calgary, Alberta; **86.3** VISUM Foto GmbH (Joe Carini), Hamburg; **86.4a** Otto, Hamburg; **86.4b** Rahmenlos, Karlsfeld bei München; **86.5** Fotolia.com (Maksim Tselishchev), New York; **87.8** Fotolia.com (Christian Maurer), New York; **87.9** Thinkstock (UmbertoPantalone), München; **87.10** DSD - Duales System Holding GmbH & Co. KG, Köln; **88.3** Bettina Sommer, Köngen; **89.3** Fotolia.com (Tom Schmucker), New York; **92.1** Klett-Archiv (Bettina Sommer), Stuttgart; **92.2** MEV Verlag GmbH, Augsburg; **93.6** adidas AG, Herzogenaurach; **93.7** dreamstime.com (Stephan Pietzko), Brentwood, TN; **94.1** Fotolia.com (Gerhard Seybert), New York; **95.2a** Avenue Images GmbH (ImageSource), Hamburg; **95.2b** Getty Images (Photo and Co), München; **95.2c** Imago (Claus Bergmann), Berlin; **95.3a**; **95.3b** PlasticsEurope, Brüssel; **95.3c** Klett-Archiv (Eberhard Theophel), Stuttgart; **95.4a** copyright by BASF, Ludwigshafen/Rhein; **95.4b** Klett-Archiv, Stuttgart; **95.5a** raumPROBE, Stuttgart; **95.5b** Klett-Archiv (Ralph Grimmel), Stuttgart; **96.1** Fotolia.com (sarikhani), New York; **96.2** CC-BY-3.0 (Frank Murmann), siehe *1; **96.3a** Hoechst GmbH, Firmenarchiv, Frankfurt am Main; **96.3b** Helga Lade Fotoagentur (D. Rose), Frankfurt; **96.3c** f1 online digitale Bildagentur (C. Gray), Frankfurt; **96.3d** Thinkstock (gabrielasauciuc), München; **96.3e** Okapia, Frankfurt; **97.1** Corbis (ROBERT GALBRAITH/Reuters), Berlin; **97.3** gemeinfrei (Wikimedia/By Vberger); **97.4** Getty Images (MIKE CLARKE/AFP), München; **99.5** Fotolia.com (Max Tactic), New York; **99.6** Norrøna, www.norrona.com; **102.1a**; **102.1c**; **102.1e** Gudrun Sjödén, München; **102.1b** shutterstock.com (rgbspace), New York, NY; **102.1d** Fotolia.com (Eric Gevaert), New York; **102.1f** Getty Images, München; **103.2a** Caro Fotoagentur (Bastian), Berlin; **103.2b** Bettina Sommer, Köngen; **103.2c** BAUR Versand (GmbH & Co KG), Burgkunstadt; **104.2** European Bioplastics, Berlin; **104.3** Mauritius Images (Busse Yankushev), Mittenwald; **104.P1** Klett-Archiv (Axel Justus), Stuttgart; **107.1** shutterstock.com (ajt), New York, NY; **107.2** Thinkstock (Photodisc/Ableimages), München; **107.3** Peter Wirtz, Fotografie, Dormagen; **107.4** Thinkstock (iStock/ Honorata Kawecka), München; **107.5** copyright by BASF, Ludwigshafen/Rhein; **108.2** Kessler-Medien, Saarbrücken; **108.3** Picture-Alliance (dpa/Oliver Stratmann), Frankfurt; **108.4** Boehringer Ingelheim, Ingelheim am Rhein; **109.6** akg-images, Berlin; **109.7** Deutscher Brauer-Bund e.V., Berlin; **112.2a**; **112.2b**; **112.2c**; **115.2** Klett-Archiv, Stuttgart; **116.1** AIR LIQUIDE Deutschland GmbH, Düsseldorf; **118.2** OFRU Recycling GmbH + Co. KG, Babenhausen/Germany; **119.1** Fotosearch Stock Photography, Waukesha, WI; **119.2** Mauritius Images (Phototake), Mittenwald; **119.3** Thinkstock (iStock/Rudi Lange), München; **121.4**; **121.5** Deutsches Museum, München; **122.2** Picture-Alliance (dpa), Frankfurt; **124.1** Corbis (W.Cody), Berlin; **124.2** Argus (Hartmut Schwarzbach), Hamburg; **124.3** Peter Wirtz, Fotografie, Dormagen; **127.2** Kage Mikrofotografie, Lauterstein

***1 Lizenzbestimmungen zu CC-BY-3.0**
siehe: http://creativecommons.org/licenses/by/3.0/de/

Sollte es in einem Einzelfall nicht gelungen sein, den korrekten Rechteinhaber ausfindig zu machen, so werden berechtigte Ansprüche selbstverständlich im Rahmen der üblichen Regelungen abgegolten.

Periodensystem der Elemente

mittlere Atommasse in u — 186,2
Ordnungszahl — 75
Re — Elementsymbol
Elementname — Rhenium

Metalle
Halbmetalle
Nichtmetalle

fest
gasförmig
flüssig

Nebengruppen

	I (1)	II (2)	III A (3)	IV A (4)	V A (5)	VI A (6)	VII A (7)	VIII A (8/9/10)	
1	1,0 1 H Wasserstoff								
2	6,9 3 Li Lithium	9,0 4 Be Beryllium							
3	23,0 11 Na Natrium	24,3 12 Mg Magnesium							
4	39,1 19 K Kalium	40,1 20 Ca Calcium	45,0 21 Sc Scandium	47,9 22 Ti Titan	50,9 23 V Vanadium	52,0 24 Cr Chrom	54,9 25 Mn Mangan	55,8 26 Fe Eisen	58,9 27 Co Cobalt
5	85,5 37 Rb Rubidium	87,6 38 Sr Strontium	88,9 39 Y Yttrium	91,2 40 Zr Zirconium	92,9 41 Nb Niob	95,9 42 Mo Molybdän	98 43 Tc $4{,}2 \cdot 10^{6}$ a Technetium	101,1 44 Ru Ruthenium	102,9 45 Rh Rhodium
6	132,9 55 Cs Caesium	137,3 56 Ba Barium	57–71 Lanthanoide	178,5 72 Hf Hafnium	180,9 73 Ta Tantal	183,8 74 W Wolfram	186,2 75 Re Rhenium	190,2 76 Os Osmium	192,2 77 Ir Iridium
7	223 87 Fr 22 min Francium	226 88 Ra 1600 a Radium	89–103 Actinoide	267 104 Rf 78 min Rutherfordium	268 105 Db 29 h Dubnium	271 106 Sg 2 min Seaborgium	270 107 Bh 61 s Bohrium	270 108 Hs 23 s Hassium	278 109 Mt 8 s Meitnerium

Lanthanoide	138,9 57 La Lanthan	140,1 58 Ce Cer	140,9 59 Pr Praseodym	144,2 60 Nd Neodym	145 61 Pm 17,7 a Promethium	150,4 62 Sm Samarium	152,0 63 Eu Europium
Actinoide	227 89 Ac 22 a Actinium	232 90 Th $1{,}4 \cdot 10^{10}$ a Thorium	231 91 Pa $3{,}3 \cdot 10^{4}$ a Protactinium	238 92 U $4{,}5 \cdot 10^{9}$ a Uran	237 93 Np $2{,}1 \cdot 10^{6}$ a Neptunium	244 94 Pu $8{,}0 \cdot 10^{7}$ a Plutonium	243 95 Am 7370 a Americium